普通高等教育系列教材

SOLIDWORKS 2018 中文版
机械设计基础与实例教程

梁秀娟　井晓翠　等编著

机 械 工 业 出 版 社

本书以 SOLIDWORKS 2018 为平台，依照知识结构顺序和读者的学习规律合理安排设计实例内容，力求使读者的软件操作能力和设计水平同步提高。

全书共 9 章，第 1~8 章分别介绍了 SOLIDWORKS 操作基础、草图绘制、零件草绘特征、实体编辑、曲线与曲面造型、钣金设计、装配体的应用以及工程图的应用，第 9 章介绍了完整的变速箱设计综合实例。

本书附赠书中所有实例的结果源文件和所有内容的多媒体视频教程。

本书讲解细致、范例典型、实用性强，可以作为高校机械、工业设计等相关专业的教学参考书，也可作为各类培训机构的 SOLIDWORKS 培训教材，还可为机械工程技术人员和工业设计技术人员提供学习参考。

本书附赠授课电子课件和源文件，需要的教师可登录 www.cmpedu.com 免费注册，审核通过后下载，或联系编辑索取（QQ：2850823885，电话：010-88379739）。

图书在版编目（CIP）数据

SOLIDWORKS 2018 中文版机械设计基础与实例教程/梁秀娟等编著 .—北京：机械工业出版社，2020.6（2024.1 重印）
普通高等教育系列教材
ISBN 978-7-111-65255-7

Ⅰ.①S… Ⅱ.①梁… Ⅲ.①机械设计-计算机辅助设计-应用软件-高等学校-教材 Ⅳ.①TH122

中国版本图书馆 CIP 数据核字（2020）第 052454 号

机械工业出版社（北京市百万庄大街 22 号　邮政编码 100037）
策划编辑：胡　静　　责任编辑：胡　静　张淑谦
责任校对：张艳霞　　责任印制：郜　敏
中煤（北京）印务有限公司印刷

2024 年 1 月第 1 版·第 6 次印刷
184mm×260mm·19.5 印张·484 千字
标准书号：ISBN 978-7-111-65255-7
定价：65.00 元

电话服务　　　　　　　　　　网络服务
客服电话：010-88361066　　　机 工 官 网：www.cmpbook.com
　　　　　010-88379833　　　机 工 官 博：weibo.com/cmp1952
　　　　　010-68326294　　　金 书 网：www.golden-book.com
封底无防伪标均为盗版　　机工教育服务网：www.cmpedu.com

前　言

党的二十大提出，"加快建设制造强国"。实现制造强国，智能制造是必经之路。计算机辅助设计技术是智能制造的重要支撑技术之一，其推广和使用缩短了产品的设计周期，提高了企业的生产率，从而使生产成本得到了降低，增强了企业的市场竞争力，所以掌握计算机辅助设计对高等院校的学生来说是十分必要的。

SOLIDWORKS 是由达索公司发布的三维 CAD 软件，它可以最大限度地释放机械、模具、消费品设计师们的创造力，使他们可以花费更少的时间即可设计出更好、更具吸引力、更有创新力，在市场上更受欢迎的产品。随着新产品的不断升级和改进，SOLIDWORKS 2018 已成为市场上扩展性最佳的软件产品之一，也是集 3D 设计、分析、产品数据管理、多用户协作以及注塑件首件确认等功能于一体的软件。

写作缘起

本书是一线教学科研人员为满足 SOLIDWORKS 的教学需要而编写的。执笔者都是各科研院所从事计算机辅助设计教学研究或工作于工程设计一线的专业人员，他们年富力强，具有丰富的教学实践经验与教材编写经验，而且多年的教学工作使他们能够准确地把握学生的学习心理与实际需求。本书处处凝结着教育者的经验与体会，贯彻着他们的教学思想，希望能够给广大读者的学习起到抛砖引玉的作用，为广大读者的学习与自学提供一个捷径。

写作特点

本书以 SOLIDWORKS 2018 为平台，依照软件的知识结构和读者的学习规律组织内容，并通过大量的真实设计案例来强化训练，力求使读者的软件操作能力和设计水平都有大的提升。

全书共 9 章，分别介绍了 SOLIDWORKS 操作基础、草图绘制、零件草绘特征、实体编辑、曲线与曲面造型、钣金设计、装配体的应用、工程图的应用和综合实例，覆盖 SOLIDWORKS 设计的方方面面；在基础知识讲解的基础上，穿插讲解了变速箱设计的完整过程，将工程设计应用实例潜移默化于字里行间，以培养读者的工程设计应用能力。这是本书的一个鲜明特点。

在讲解方式上，本书采用"知识单元讲解+课堂实例演练+章后综合实例演练+综合复习思考"的编写模式。对于每一个知识单元，都先介绍软件功能和操作技术，然后通过专业案例演示软件在设计中的应用，读者可以跟随实例内容进行实践操作，边学边用。章后设计有综合性的上机操作题和复习思考题，上机操作题的答案均以图解形式给出主要操作步骤提示和对应的操作结果，既方便学习又节省篇幅；复习思考题则有助于读者厘清概念，强化理解，进而提高软件应用能力。

配套电子资料

根据封面提示下载本书配套电子资料，包含以下两部分内容。

● 书中所有实例的结果源文件。

● 全书所有内容的动画演示文件。

多媒体教学文件由编者亲自配音、全程讲解，可以帮助读者轻松地学习本书。

读者对象

本书讲解细致、范例典型、实用性强，可以作为高校机械、工业设计等相关专业的教学参考书，也可作为各类培训机构的 SOLIDWORKS 培训教材，还可为机械工程技术人员和工业设计技术人员提供学习参考。

本书由广东海洋大学的梁秀娟老师和石家庄三维书屋文化传播有限公司的井晓翠老师主要编写，胡仁喜、刘昌丽、康士廷、卢园、孙立明、李兵、闫聪聪、王玮、杨雪静、甘勤涛、王敏、孟培、王艳池、解江坤等参与部分章节的编写工作，同时在视频制作和资料的收集、整理、校对方面也做了大量的工作，在此向他们表示感谢！

由于编者水平有限，书中不足之处在所难免，望广大读者批评指正，我们不胜感激。

编　者

目 录

第1章 初识 SOLIDWORKS

本章主要介绍 SOLIDWORKS 的基础知识及基本应用，以使读者在使用 SOLIDWORKS 2018 时能更加快捷、流畅，同时还重点介绍了一些常用的 SOLIDWORKS 2018 的新增功能，以便新版本初学者及新手朋友学习掌握。

学习要点

- 操作环境设置
- 帮助信息指导
- SOLIDWORKS 的安装、修复和删除
- SOLIDWORKS 的操作界面

1.1 SOLIDWORKS 操作界面

SOLIDWORKS 软件是在 Windows 环境下开发的，因此它可以为设计师提供简便和熟悉的工作界面。本节将着重介绍 SOLIDWORKS 的操作界面和基本的工具栏，首先介绍如何启动 SOLIDWORKS。

1.1.1 启动 SOLIDWORKS

1.1.1 启动 SOLIDWORKS

安装完 SOLIDWORKS 2018 以后，通常会在桌面上生成快捷方式，双击即可启动 SOLIDWORKS。也可以在"开始"菜单中执行"所有程序"→"SOLIDWORKS 2018"，启动 SOLIDWORKS，这时将进入 SOLIDWORKS 2018 的启动界面，如图 1-1 所示。

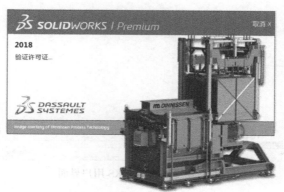

图 1-1 启动界面

单击"标准"工具栏中的"新建"按钮□，即可弹出如图 1-2 所示的"新建 SOLIDWORKS 文件"对话框。

- 🗐（零件）按钮：双击该按钮，可以生成单一的三维零部件文件。

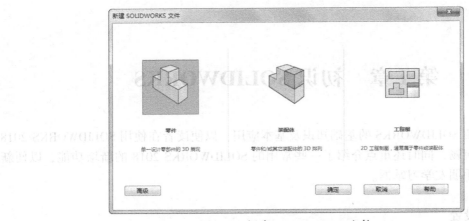

图 1-2　新建 SOLIDWORKS 文件

- 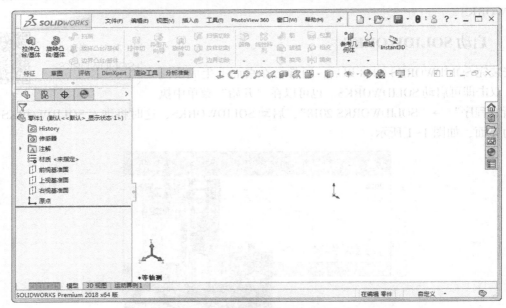（装配体）按钮：双击该按钮，可以生成零件或其他装配体的排列文件。
- （工程图）按钮：双击该按钮，可以生成属于零件或装配体的二维工程图文件。

选择"零件"按钮，单击"确定"按钮，即可进入完整的用户界面。

图 1-3 显示了 SOLIDWORKS 用户界面，用户界面包括菜单栏、工具栏以及状态栏等。菜单栏包含了所有的 SOLIDWORKS 命令，工具栏可根据文件类型（零件、装配体或工程图）来调整和放置并设定其显示状态，而 SOLIDWORKS 窗口底部的状态栏则可以提供与设计人员正执行的功能有关的信息。下面将分别介绍该操作界面中相关按钮的基本功能。

图 1-3　SOLIDWORKS 用户界面

1. 菜单栏

SOLIDWORKS 界面中的菜单栏显示在标题栏，如图 1-4 所示，其中最关键的功能集中在"插入"与"工具"菜单中。

SOLIDWORKS 的菜单项与工作环境有关，工作环境不同，相应的菜单以及其中的选项会有所

图 1-4　菜单栏

不同。用户在应用中会发现，当进行一定的任务操作时，不起作用的菜单命令会临时变灰，此时将无法应用该菜单命令。

执行"工具"→"选项"命令，打开"系统选项－普通"对话框，如图 1-5 所示。选择"备份/恢复"选项，在右侧可指定如下属性。

图 1-5　"系统选项－普通"对话框

- 显示提醒，如果文档未保存。
- 保存自动恢复文件的文件夹。
- 备份保留天数。

如果选择"显示提醒，如果文档未保存"，则当文档在指定间隔（分钟或更改次数）内保存时，将出现一个信息框。其中包含"保存文档"或"保存所有文档"的命令，它将在几秒后淡化消失，如图 1-6 所示。

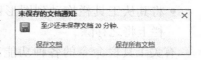

图 1-6　未保存的文档通知

2. 工具栏

SOLIDWORKS 有很多可以按需要显示或隐藏的内置工具栏。例如，选择菜单栏中的"视图"→"工具栏"命令，或者在工具栏中右击，在弹出的如图 1-7 所示的快捷菜单中选择"视图"命令，便会出现浮动的"视图"工具栏，并可以自由拖动将其放置在需要的位置上。

在图 1-7 所示的快捷菜单中选择"自定义"命令，弹出"自定义"对话框，在其中可以设定哪些工具栏在没有文件打开时可显示，或者根据文件类型（零件、装配体或工程图）来放置工具栏并设定其显示状态（自定义、显示或隐藏）。另外，在 SOLIDWORKS 窗口中，可对工具按钮做如下操作。

- 将其从工具栏上的一个位置拖动到另一个位置。

图1-7 快捷菜单选项及"自定义"对话框

- 将其从一个工具栏拖动到另一个工具栏。
- 将其从工具栏拖动到图形区域即可从工具栏上将之移除。

有关工具栏命令的各种功能和具体操作方法将在后面的章节中做具体介绍。

在使用工具时，鼠标指针移动到工具图标附近，便会弹出一个窗口显示该工具的名称及相应的功能，如图1-8所示；显示一段时间后，该内容提示会自动消失。

3. 状态栏

状态栏位于 SOLIDWORKS 窗口底端的水平区域，提供关于当前正在窗口中进行编辑的内容的状态以及鼠标指针的位置坐标、草图状态等信息内容。典型的信息包括以下几种。

图1-8 工具图标消息提示

4

- 重建模型图标 🛇：在更改了草图或零件而需要重建模型时，重建模型图标会显示在状态栏中。
- 草图状态：在编辑草图的过程中，状态栏会出现 5 种状态，包括"完全定义""过定义""欠定义""没有找到解"以及"发现无效的解"。在零件完成之前，应该完全定义草图。
- 单位系统：在编辑草图的过程中，单击"自定义"按钮，在弹出的列表中选择绘制草图的文档单位，如图 1-9 所示。

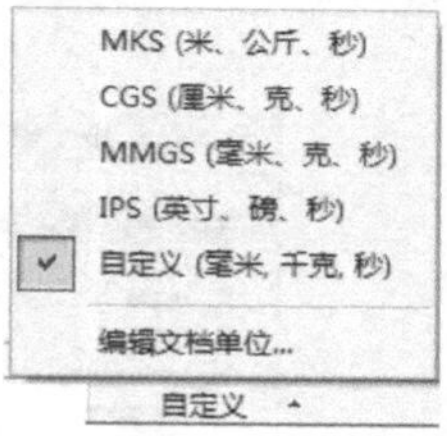

```
MKS (米、公斤、秒)
CGS (厘米、克、秒)
MMGS (毫米、克、秒)
IPS (英寸、磅、秒)
✓  自定义 (毫米、千克、秒)
编辑文档单位…
    自定义  ▲
```

4. 特征管理器

特征管理器（FeatureManager）位于 SOLIDWORKS 窗口的左

图 1-9　"单位系统"列表

侧，是 SOLIDWORKS 软件窗口中比较常用的部分。它提供了激活的零件、装配体或工程图的大纲视图，用户可以很方便地查看模型或装配体的构造情况，或者查看工程图中的不同图样和视图。

特征管理器和图形区域是动态链接的，使用时可以在任何窗格中选择特征、草图、工程视图和构造几何线。特征管理器用来组织和记录模型中各个要素及要素之间的参数信息和相互关系，以及模型、特征和零件之间的约束关系等，几乎包含了所有的设计信息。特征管理器的内容如图 1-10 所示。

（1）特征管理器的主要功能
- 以名称来选择模型中的项目，即通过在模型中选择其名称来选择特征、草图、基准面及基准轴。SOLIDWORKS 在这一项中很多功能操作与 Windows 类似，例如在选择的同时按住〈Shift〉键，可以同时选取多个连续项目；在选择的同时按住〈Ctrl〉键，可以同时选取多个非连续项目。
- 确认和更改特征的生成顺序。在特征管理器中利用拖动项目可以重新调整特征的生成顺序，这将更改重建模型时特征重建的顺序。
- 通过双击特征的名称可以显示特征的尺寸。
- 如要更改项目的名称，在名称上缓慢单击两次，然后输入新的名称即可，如图 1-11 所示。
- 压缩和解除压缩零件特征和装配体零部件。该功能在装配零件时是很常用的，同样，如要选择多个特征，请在选择的同时按住〈Ctrl〉键。
- 右击列表中的特征，然后选择父子关系，便可查看父子关系。
- 右击鼠标，在树显示中还可显示特征说明、零部件说明、零部件配置名称、零部件配置说明等项目。
- 可以将文件夹添加到特征管理器中。

（2）对特征管理器的操作

对特征管理器的操作是熟练应用 SOLIDWORKS 的基础，也是应用 SOLIDWORKS 的重点。特征管理器功能强大，在后面的内容中会多次用到，熟练应用设计树的功能，可以加快建模的速度，提高工作效率。

特征管理器在要求时可展开、折叠和滚动。要折叠所有项目，右击并选择"折叠项目"命令或按〈Shift+C〉组合键即可，如图 1-12 所示。

要切换左侧面板的显示（特征管理器、属性管理器等），可单击面板边界中部的按钮，并单击视图、FeatureManager 树区域或按〈F9〉键。

在新版本的 SOLIDWORKS 中，可在后退控制棒处于任何位置时保存模型。当打开文档时，可使用后退命令将控制棒从保存位置进行拖动。

图 1-10 特征管理器   图 1-11 更改项目名称   图 1-12 折叠所用项目

5. 属性管理器

属性管理器（PropertyManager）一般会在定义命令时自动出现。选择一草图特征进行编辑时，所选草图特征的属性管理器将自动出现，如图 1-13 所示。

激活属性管理器时，特征管理器会自动出现。欲扩展弹出的特征管理器，可以在弹出的特征管理器中单击文件名称旁边的"+"标签。弹出的 FeatureManager 树是透明的，因此不影响对其下模型的修改。

6. ConfigurationManager 配置栏

SOLIDWORKS 窗口左侧的 （ConfigurationManager）用于生成、选择和查看一个文件中的零件和装配体的多个配置。

ConfigurationManager 还可以分割并显示两个 ConfigurationManager 实例，或将 Configuration-Manager 同特征管理器、属性管理器、使用窗格的第三方应用程序相组合。

在 ConfigurationManager 配置栏上右击装配体，在快捷菜单中选择"属性"命令，可进行配置属性的更改。配置属性的内容包括增加配置名称，输入识别配置的说明，关于配置的附加说明信息，以及指定装配体或零件在材料明细表中的名称等，如图 1-14 所示。

图 1-13 属性管理器   图 1-14 "配置属性"属性管理器

1.1.2　SOLIDWORKS 的文件操作

1. 打开文件

SOLIDWORKS 软件可分为零件、装配体以及工程图 3 个模块，针对不同的功能模块，其文件类型各不相同。编辑零件文件 （零件）后存盘时，系统默认的扩展名为 .SLDPRT； （装配体）存盘时，系统默认的扩展名为 .SLDASM。

单击"新建 SOLIDWORKS 文件"对话框中的"零件"图标 ，可以打开一张空白的零件图文件；单击"快速"工具栏中的"打开"按钮，将弹出"打开"对话框，在其中可打开已经存在的文件，如图 1-15 所示。

图 1-15　"打开"对话框

在"打开"对话框中，系统会默认选择前一次读取的文件格式，如果想要打开不同格式的文件，在"文件类型"下拉列表框中选取适当的文件类型即可。

（1）文件格式及转换方式

对于 SOLIDWORKS 软件可以读取的文件格式以及允许的数据转换方式，这里综合归类如下。

- SOLIDWORKS 零件文件，扩展名为 .prt 或 .SLDPRT。
- SOLIDWORKS 装配体，扩展名为 .asm 或 .SLDASM。
- SOLIDWORKS 工程图文件，扩展名为 .drw 或 .SLDDRW。
- DXF 文件，AutoCAD 格式，包括 DXF 3D 文件，扩展名为 .dxf。在工程图文件中，Auto-CAD 格式可以输入几何体到工程图纸或工程图纸模板中。
- DWG 文件，AutoCAD 格式，扩展名为 .dwg。在 SOLIDWORKS 工程图纸中可以原来的格式输入整个 DWG。
- 图纸，或允许原有 DWG 实体在 SOLIDWORKS 工程图文件内直接显示。

（2）"打开"对话框

"打开"对话框中各选项的含义补充说明如下。

- "缩略图"选项：在对话框中显示 SOLIDWORKS 零件、装配体或工程图文件的预览，但不打开，该功能便于用户查找零件。

- "配置"选项：打开配置文件对话框（仅限装配体）。
- "显示状态"选项：打开的零件文件的显示状态。
- "模式"选项：打开带轻化零件的装配体或工程图文件的模式，包含"还原"模式和"快速查看"模式。
- "参考"按钮：单击该按钮，可以显示被当前所选装配体或工程图所参考的文件清单，用户可以在该文件清单中编辑所列文件的位置。
- 在"打开"按钮旁边有一个▼按钮，其下包括"打开"和"以只读打开"两种文件打开方式。以"以只读打开"方式打开的文件，同时允许另一用户对文件有写入访问权，用户本身不能保存或更改文件；以"打开"方式打开文件时，将在用户常用的文件夹中生成一个所选文件的快捷方式。

2. 保存文件

单击"快速"工具栏中的"保存"按钮，或者选择菜单栏中的"文件"→"保存"命令，在弹出的对话框中输入要保存的文件名，并设置文件保存的路径，便可将当前文件保存。另外，选择"另存为"命令，将弹出如图1-16所示的对话框，在"保存在"下拉列表框中更改将要保存的文件路径后，单击"保存"按钮也可将创建好的文件保存在指定的文件夹中。

图1-16 "另存为"对话框

"另存为"对话框中各选项的说明如下。

- 保存类型：用于设置文件的保存格式，包括以其他的文件格式保存。
- 说明：在该选项后面的文本框中可以输入对文件所提供模型的说明。
- 另存为副本并继续：选择该单选按钮，可将文件保存为新的文件名，而不替换激活的文件。
- 另存为副本并打开：以新文档名保存文档，而不更改源文件的参考。副本将保存至磁盘并保持开启状态。
- 保存：单击该按钮，系统会先将目前最新的图文资料存入磁盘。
- 取消：单击该按钮，系统会返回SOLIDWORKS工作窗口，用户可以继续编辑图形。

1.1.3 常用的工具命令

尽快熟悉SOLIDWORKS中的命令，是进行下一步工作的重点。本小节将介绍标准工具、视图工具、尺寸/几何关系工具、草图控制面板、特征控制面板等比较常用的工具。

1.1.3 常用的工具命令

1. 快速工具栏

SOLIDWORKS软件工作界面上方将显示快速工具，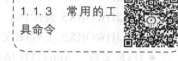

图1-17 快速工具栏

如图1-17所示，它包括的工具按钮的含义如下。

- （新建）按钮：单击该按钮，可打开"新建SOLIDWORKS文件"对话框，从而建立一个空白图文件。
- （打开）按钮：单击该按钮，可打开"打开"对话框，从而可打开磁盘驱动器中已有的相关文件。

- ■（保存）按钮：单击该按钮，可将目前编辑中的工作视图按原先读取的文件名称存盘。如果工作视图是新建的文件，则系统会自动启动另存新文件功能。
- ■（打印）按钮：单击该按钮，可将指定范围内的图文资料送往打印机或绘图机，执行打印出图功能或打印到文件功能。
- ■（撤销）按钮：单击该按钮，可以撤销本次或者上次的操作，返回未执行该命令前的状态，可重复返回多次。
- ■（选择）按钮：单击该按钮，可进入选取像素对象的模式。对于 SOLIDWORKS 软件来说，选择工具是整个软件中应用最为广泛的，利用该工具可以达到如下目的。
  - ➢ 选取草图中的实体。
  - ➢ 拖动草图实体，以便改变草图形状。
  - ➢ 选择模型的边线或面。
  - ➢ 拖动选框以选取多个草图实体。
  - ➢ 选择尺寸并拖动到新的位置。
  - ➢ 双击要修改的尺寸。
  - ➢ 利用选择工具可以选择多个项目，其方法是按住〈Ctrl〉键的同时单击要选择的项目。
  - ➢ 利用框选可以根据当前的文件类型在要选择的项目周围拖出一个矩形边界，所有完全位于矩形边界内的项目均被选中。
- ■（文件属性）按钮：单击该按钮，显示激活文档的摘要信息。
- ■（选项）按钮：单击该按钮，更改 SOLIDWORKS 的选项。

2. "标准"工具栏

图 1-18 "标准"工具栏

SOLIDWORKS 软件提供的"标准"工具栏如图 1-18 所示，它包括的工具按钮的含义如下。

- ■（从零件/装配体制作工程图）按钮：单击该按钮，可利用当前编辑的零件或者装配体制作生成工程图。
- ■（从零件/装配体制作装配体）按钮：单击该按钮，可利用当前的零件/装配体制作生成新的装配体。
- ■（编辑外观）按钮：单击该按钮，会弹出图1-19 所示的"颜色"属性管理器，设置好其中的属性选项后，可以将该外观环境快速应用到面、特征、零部件以及装配体上，并可选择相应属性来分析、测量和检查零部件。

3. "装配体"控制面板

SOLIDWORKS 软件提供的"装配体"控制面板如图1-20 所示，用于控制零部件的管理、移动及配合。

- ■（插入零部件）按钮：单击该按钮，可插入零部件、现有零件/装配体。
- ■（线性零部件阵列）：单击该按钮，可以一

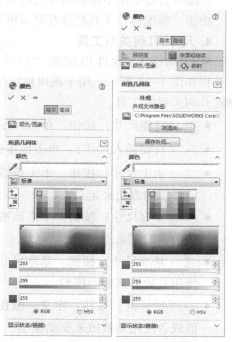

图 1-19 "颜色"属性管理器

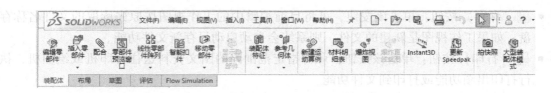

图 1-20 "装配体"控制面板

个或两个方向在装配体中生成零部件线性阵列，也可以使用线型阵列来沿阵列方向旋转阵列实例。

- 🖾（智能扣件）：单击该按钮，使用 SOLIDWORKS Toolbox 标准硬件库将扣件添加到装配体。
- 🖑（显示隐藏的零部件）按钮：单击该按钮，可切换装配体零部件的显示状态。暂时关闭零部件的显示或者更改显示的透明度，可以更容易地处理被遮蔽的零部件。
- 🖉（配合）按钮：单击该按钮，可指定装配体中任意两个或多个零件的配合。所有配合类型会始终显示在属性管理器中，但只有适用于当前选择的配合才可供使用。
- 🖼（移动零部件）按钮：单击该按钮，可通过拖动鼠标来移动零部件在设定的自由度内移动。
- 🖱（旋转零部件）按钮：单击该按钮，再右击零部件，按住鼠标右键，然后拖动零部件，零部件可在其自由度内旋转。
- 🖗（爆炸视图）按钮：单击该按钮，可以生成和编辑装配体的爆炸视图，包括根据要求设定爆炸方向及爆炸距离等。
- 🖗（爆炸直线草图）按钮：单击该按钮，可在装配体中添加爆炸视图的 3D 草图，或在爆炸直线草图中添加爆炸直线来表示装配体零部件之间的关系。

由于"装配体"工具栏涉及很多相关内容，常用到的操作将在本书后面章节中做相关说明。

4. 尺寸/几何关系工具

SOLIDWORKS 软件提供的"尺寸/几何关系"工具栏如图 1-21 所示，用于提供标注尺寸和添加及删除几何关系的工具。

图 1-21 "尺寸/几何关系"工具栏

- ⌖（智能尺寸）按钮：单击该按钮，可以给草图实体和其他对象或几何图形标注尺寸。
- ⊢（自动插入尺寸）：单击该按钮，根据选择的实体应用正确的尺寸。
- ⊡（水平尺寸）按钮：单击该按钮，可在两个实体之间指定水平尺寸。水平方向以当前草图的方向来定义。
- ⊡（竖直尺寸）按钮：单击该按钮，可在两点之间生成竖直尺寸。竖直方向由当前草图的方向定义。
- ⊞（基准尺寸）按钮：基准尺寸属于参考尺寸，单击该按钮将不能更改其数值，不能使用其数值来驱动模型。
- ⌘（尺寸链）按钮：定义一组在工程图或草图中由零坐标测量的尺寸，不能更改其数值或者使用其数值来驱动模型。
- ⊞（水平尺寸链）按钮：在激活的工程图或草图上单击该按钮，可以生成水平尺寸链。

标注尺寸工具会保持为尺寸链模式，直到选择另一种模式或工具。

- 📇（竖直尺寸链）按钮：单击该按钮，可以在工程图或草图中生成竖直尺寸链。
- 🔀（角度运行尺寸）：单击该按钮，创建从零度基准测量的角度尺寸集。
- 🔁（路径长度尺寸）：单击该按钮，创建路径长度的尺寸。
- ⅄（倒角尺寸）按钮：单击该按钮，可以在工程图中为倒角标注尺寸。倒角尺寸具有与自身相关的引线显示、文字显示及 X 显示的选项。
- ⊥（添加几何关系）按钮：单击该按钮，系统会打开"添加几何关系"属性管理器，供用户对工作文件里的 2D 草图图形附加新的几何限制条件。
- ⊥（显示/删除几何关系）按钮：单击该按钮，系统会打开"显示/删除几何关系"属性管理器，列出可供用户删除的 2D 草图图形已有的几何限制条件。
- ⊏（完全定义草图）按钮：单击该按钮，可以将尺寸自动插入到草图中，并给草图自动标注尺寸到模型实体。
- ＝（搜索相等关系）：单击该按钮，扫描草图的相等长度或半径元素，在相等长度或半径元素之间设定相等关系。
- 🔲（孤立更改的尺寸）：单击该按钮，可孤立从上次工程图保存后已更改的尺寸。

有关"尺寸/几何关系"工具栏中各个工具按钮的具体操作，详细介绍可参考本书后面章节的相关内容。

5. "视图布局"控制面板

SOLIDWORKS 软件提供的"视图布局"控制面板如图 1-22 所示，其工具按钮的含义说明如下。

图 1-22 "视图布局"控制面板

- 🖼（模型视图）按钮：单击该按钮，可将模型视图插入到工程图文件中。
- 🖼（投影视图）按钮：单击该按钮，可从任何正交视图中插入投影视图。如要选择投影的方向，可将鼠标指针移动到所选视图的相应一侧。
- 🖼（辅助视图）按钮：单击该按钮，可生成投影视图，不同的是，它可以垂直于现有视图中的参考边线来展开视图。
- 🔁（剖面视图）按钮：单击该按钮，可以用一条剖切线分割父视图，在工程图中生成一个剖面视图。
- 🔍（局部视图）按钮：单击该按钮，可显示一个视图的某个部分（通常以放大比例显示）。
- 🖼（标准三视图）按钮：单击该按钮，可以为所显示的零件或装配体生成 3 个相关的默认正交视图。
- 🖼（断开的剖视图）按钮：单击该按钮，可通过绘制轮廓在工程视图上生成断开的剖视图。
- 🖼（断裂视图）按钮：单击该按钮，可将工程图视图用较大比例显示在较小的工程图纸上。
- 🖼（剪裁视图）按钮：单击该按钮，可直接剪裁剖面视图。
- 🖼（交替位置视图）按钮：单击该按钮，可通过幻影线显示，将一个工程视图精确叠加于另一个工程视图之上。

11

只有具备一定机械工程制图的基础，才能在出图时做出清晰明了的工程图样。对于"工程图"工具栏，详细内容参考后面章节中的相关说明。

6. "特征"控制面板

SOLIDWORKS 软件提供的"特征"控制面板如图 1-23 所示，其部分工具按钮的含义说明如下。

图 1-23 "特征"控制面板

- ⬛（拉伸凸台/基体）按钮：单击该按钮，可将选取的草图轮廓图形依直线路径成长为 3D 实体模型。
- ⬛（拉伸切除）按钮：单击该按钮，可将工程图文件里原先的 3D 模型扣除草图轮廓图形，绕着指定的旋转中心轴成长为 3D 模型，保留残余的 3D 模型区域。
- ⬛（旋转凸台/基体）按钮：单击该按钮，可将用户选取的草图轮廓图形绕着用户指定的旋转中心轴成长为 3D 模型。
- ⬛（旋转切除）按钮：单击该按钮，可通过绕轴心旋转绘制的轮廓来切除实体模型。
- ⬛（扫描）按钮：单击该按钮，可以沿开环或闭合路径，通过扫描闭合轮廓生成实体模型。
- ⬛（放样凸台/基体）按钮：单击该按钮，可以在弹出的属性管理器中的两个或多个轮廓之间添加材质按钮，生成实体特征。
- ⬛（圆角）按钮：单击该按钮，可对用户选取的 3D 模型图形的棱边加入一个斜角连缀平面。
- ⬛（倒角）按钮：单击该按钮，可以沿边线、一串切边或顶点生成倾斜的边线。
- ⬛（筋）按钮：单击该按钮，可对工程图文件里的 3D 模型按照用户指定的断面图形加入一个筋特征。
- ⬛（抽壳）按钮：单击该按钮，可对工程图文件里的 3D 实体模型加入平均厚度薄壳特征。
- ⬛（拔模）按钮：单击该按钮，可对工程图文件里的 3D 模型的某个曲面或平面加入拔模倾斜面。
- ⬛（异型孔向导）按钮：单击该按钮，可以在预先定义的剖面插入孔。
- ⬛（线性阵列）按钮：单击该按钮，可以对一个或两个线性方向阵列特征、面以及实体等。
- ⬛（圆周阵列）按钮：单击该按钮，可以绕轴心阵列特征、面以及实体等。
- ⬛（镜像[一]）按钮：单击该按钮，可以绕面或基准面镜像特征、面以及实体等。
- ⬛（参考几何体）按钮：单击该按钮，可以弹出图 1-24 所示的参考几何体指令组，再根据需要选择不同的基准，然后在设定的基准上插入草图即可编辑或更改零件图。
- ⬛（曲线）按钮：单击该按钮，可以弹出图 1-25 所示的曲线指令组。
- ⬛（Instant3D）按钮：单击该按钮，可启用拖动控标、尺寸及草图来动态修改特征

⊖ 镜像在 SOLIDWORKS 中为镜向。

有关"特征"控制面板中各个工具按钮的一些比较常用操作,可参见本书后面章节中的相关说明。

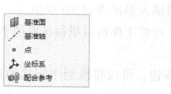

图1-24 参考几何体指令组

图1-25 曲线指令组

7. "草图"控制面板

SOLIDWORKS 软件提供的"草图"控制面板如图1-26所示,其部分工具按钮的含义说明如下。

图1-26 "草图"控制面板

- （草图绘制）按钮:在任何默认基准面或自己设定的基准上,通过单击该工具按钮,可以在特定的面上生成草图。

- （3D草图绘制）按钮:单击该按钮,可以在工作基准面上或在3D空间的任意点生成3D草图实体。

- （直线）按钮:单击该按钮,并依序指定线段图形的起点以及终点位置,可在工程图文件中生成一条绘制的直线。

- （中心矩形）按钮:单击该按钮,并依序指定矩形图形的两个角点位置,可在工程图文件中生成一个矩形。

- （圆）按钮:单击该按钮,并用鼠标左键指定圆形的圆心位置后,拖动鼠标指针,可在工程图文件中生成一个圆形。

- （圆心/起点/终点画弧）按钮:单击该按钮,并依序指定圆弧图形圆心、起点以及终点的位置,可在工程图文件中生成一个圆弧。

- （切线弧）按钮:单击该按钮,并依序指定圆弧图形起点以及终点的位置,可在工程图文件中生成一个在起点处与某个既有的直线或圆弧像素相切的圆弧。

- （三点圆弧）按钮:单击该按钮,并依序指定圆弧起点、终点以及弧上任一点的位置,可在工程图文件中生成一个圆弧。

- （绘制圆角）按钮:先在工程图文件中单击两个不平行的线性草图图形,再单击该工具按钮,系统会打开"绘制圆角"属性管理器,供用户对工作窗口中被选取的2D对象进行圆角操作。

- （中心线）按钮:单击该按钮,并依序指定中心线起点以及终点的位置,可在工程图文件中生成一条中心线。

- （样条曲线）按钮:单击该按钮,并依序指定曲线图形每个"经过点"的位置,可在工程图文件中生成一条不规则曲线。

- $\boxed{\cdot}$（点）按钮：单击该按钮后，将鼠标指针移动到屏幕绘图区中所需要的位置单击即可在工程图文件中生成一个星点。

- $\boxed{\textrm{▦}}$（基准面）按钮：单击该按钮，可插入基准面到 3D 草图。

- $\boxed{\textrm{凹}}$（镜像实体）按钮：单击该按钮，可将工作窗口里被选取的 2D 对象对称于某个中心线草图图形进行镜像操作。

- $\boxed{\textrm{回}}$（转换实体引用）按钮：单击该按钮，可以将模型中所选的边线或草图实体转换为草图实体。

- $\boxed{\textrm{匚}}$（等距实体）按钮：单击该按钮，可以在草图实体中添加一定距离的等距面、边线、曲线或草图实体。

- $\boxed{\textrm{≇}}$（剪裁实体）按钮：单击该按钮，可以剪裁出直线、圆弧、椭圆、圆、样条曲线或中心线，直到它与另一直线、圆弧、圆、椭圆、样条曲线或中心线的相交处。如果草图线段没有和其他草图线段相交，则整条草图线段都将被删除。

有关"草图"控制面板中各个工具按钮的具体操作，详细内容可参见本书后面章节中的相关说明。

8. 视图工具

SOLIDWORKS 软件提供的"视图"工具栏和"视图"菜单栏如图 1-27 所示，其工具按钮的含义说明如下。

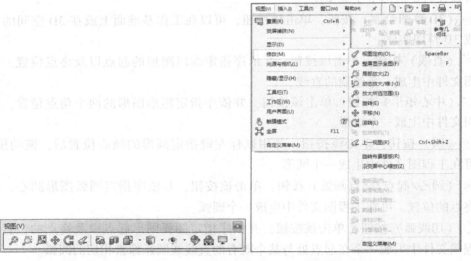

图 1-27 "视图"工具栏及"视图"菜单栏

- $\boxed{\textrm{⍉}}$（上一视图）按钮：单击该按钮，可以显示上一视图。

- $\boxed{\textrm{⌕}}$（整屏显示全图）按钮：单击该按钮，可将目前工作窗口中的 3D 模型图形以及相关的图文资料以可能的最大显示比例全部纳入绘图区的图形显示区域内。

- $\boxed{\textrm{⌕}}$（局部放大）按钮：单击该工具按钮后，按住鼠标左键不放，可将指定的矩形范围内的图文资料放大后显示在整个绘图范围内。

- $\boxed{\textrm{⌕}}$（动态放大/缩小）按钮：单击该工具按钮后，将鼠标指针移到绘图区中的任意位置，按住鼠标左键不放拖动鼠标，即可放大或缩小工作窗口中图文资料的图形显示比例。

- （放大所选范围）按钮：单击该按钮，可将用户在工作图文件中选取的几何图形或特征对象以可能的最大显示比例全部纳入绘图区的图形显示区域内。

- （旋转）按钮：将鼠标指针移到绘图区中任意位置单击，按住鼠标左键拖动，即可转动工作图文件中的 3D 模型图形。

- （平移）按钮：将鼠标指针移到绘图区的任意位置单击，按住左键拖动鼠标，可移动工程图文件中图文资料显示的位置。

- （视图定向）按钮：该按钮下集合了多种视图的显示方式，单击该工具按钮后，会弹出图 1-28 所示的下拉列表。

- （线架图）按钮：单击该按钮，可使 SOLIDWORKS 软件以线架构模式显示工程图文件中的 3D 模型图形。在这种模式下，3D 模型图形的可见棱边以及不可见的棱边线条都同样以实线来显示。

图 1-28 "视图定向"
下拉列表

- （隐藏线可见）按钮：单击该按钮，SOLIDWORKS 软件将以不同的颜色分别显示工程图文件中 3D 模型的可见棱边。不特别指定时，SOLIDWORKS 软件默认使用黑色实线显示 3D 模型的可见棱边线条。

- （消除隐藏线）按钮：单击该按钮，SOLIDWORKS 软件将暂时不显示工程图文件中 3D 模型图形的隐藏线。

- （带边线上色）按钮：单击该按钮，SOLIDWORKS 软件将以带边线上色模式显示工程图文件中的 3D 模型图形。

- （上色）按钮：单击该按钮，SOLIDWORKS 将以上色模式显示工程图文件中的 3D 模型图形。

- （上色模式中的阴影）按钮：单击该按钮，SOLIDWORKS 将以上色模式显示工程图文件中的 3D 模型图形，同时显示模型中的阴影。

- （剖面视图）按钮：先在工程图文件中单击某个参考平面，再单击该工具按钮，即可对工作图文件中的 3D 模型图形产生一个瞬时性质的剖面视图。

1.1.4 显示控制

本小节将介绍有关"视图"工具栏中各个工具按钮的具体操作。SOLIDWORKS 提供的一系列显示控制命令可以使用户在设计模型的过程中从不同角度，以不同方式，在不同距离观察模型。

1. 缩放视图

常用的视角控制方法是改变模型在图形区中的显示方向和大小。要放大模型，请在图形窗口中将鼠标指针放置到某一位置，此位置即为缩放的中心点，滚动滚轮即可实现放大与缩小的功能。

另外，用户还可以单击"局部放大"按钮 进行放大操作。拖动的同时会创建缩放框，释放鼠标左键即可定义缩放框的终止点，终止点与起始点成对角，释放鼠标左键后，SOLID-WORKS 立即放大目标几何体。如果要缩小模型，可使用鼠标上的滚轮来手工放大或缩小目标几何体。如果没有滚轮，将鼠标指针放置到目标几何体的上方，然后按住〈Shift〉键和鼠标中键上下拖动即可。图 1-29 所示为模型的缩放操作。

单击"视图"工具栏中的"整屏显示全图"按钮 可以重新调整对象，使所有的对象都显示在屏幕上。

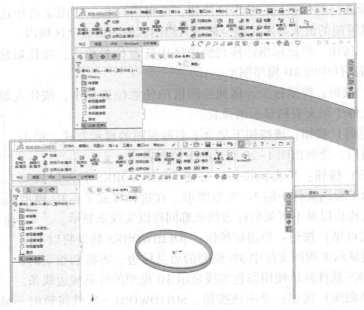

图 1-29　缩放图形

2. 平移视图

在设计过程中，用户要观察的图形部分可能不在绘图区范围内，这样就要将图形进行移动，以观察特定的部分。要平移图形，可以在按住〈Ctrl〉键的同时按住鼠标中键拖动三维图形，如图 1-30 所示，然后释放鼠标中键即可将图形移动到新位置。

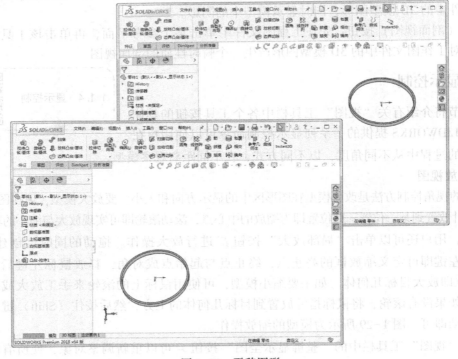

图 1-30　平移图形

如果是在草绘或者工程图的二维状态下，可以直接按鼠标中键对图形进行平移操作。

3. 旋转视图

在 SOLIDWORKS 中，对模型的旋转操作是围绕鼠标指针进行的，并且只有在三维环境中才能进行该操作。要对模型进行旋转，可以按住鼠标中键拖动鼠标，随着鼠标移动方向的不同，模型可随之进行旋转，如图 1-31 所示。

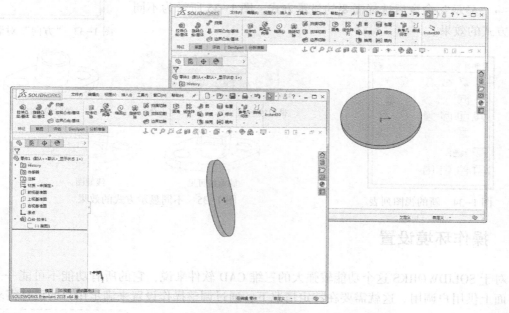

图 1-31　旋转操作

4. 常用视角

除了上面介绍的几种调整视图的方式外，SOLIDWORKS 还提供了几种比较常用的视角。单击"视图定向"按钮 ，即可弹出视图列表，该列表中提供了几种常用的视角。

用户只要从视图列表中选择合适的视角，模型就会自动调整为该视角。图 1-32 所示为线框图模式下的"等轴测"视角、前视和上视的不同效果。

图 1-32　不同视角下的效果
a) 等轴测　b) 前视　c) 上视

另外，用户还可以定制自己所需要的视角。选择"视图"→"修改"→"视图定向"命令，即可弹出如图 1-33 所示的"方向"对话框。单击"新视图"按钮 ，将弹出"命名视图"对话框，然后在"视图名称"文本框中为该视图命名，如"视图 1"，并单击"保存"按钮，即可对该视图进行保存。这时弹出的"方向"窗口中将出现最近保存的视图，如图 1-34 所示。

5. 模型显示方式

图 1-33 "方向"对话框

"视图"工具栏中提供了 5 种显示方式,包括带边线上色、上色、消除隐藏线、隐藏线可见和线架图。要改变模型的显示方式,可以直接单击"视图"工具栏中的显示方式按钮或者选择"视图"→"显示"命令后选择需要的显示方式。图 1-35 所示为不同显示方式的效果。

图 1-34 新的视图列表

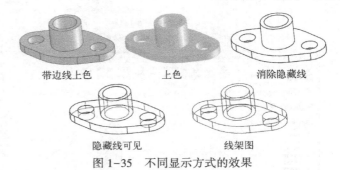

带边线上色　　　　　上色　　　　　消除隐藏线

隐藏线可见　　　　　线架图

图 1-35 不同显示方式的效果

1.2 操作环境设置

对于 SOLIDWORKS 这个功能较强大的三维 CAD 软件来说,它的所有功能不可能一一罗列在界面上供用户调用。这就需要在特定情况下,通过调整操作设置来满足用户的设计需求。

1.2.1 工具栏的设置

1.2.1　工具栏的设置

SOLIDWORKS 工具栏中包含了所有菜单命令的快捷方式。通过使用工具栏,可以大大提高 SOLIDWORKS 的设计效率。根据个人的习惯自己定义工具栏,合理利用工具栏设置,既可以在操作上方便快捷,又不会使操作界面过于复杂。SOLIDWORKS 的一大特色就是提供了所有可以自己定义的工具栏按钮。

1. 自定义工具栏

用户可根据文件类型(零件、装配体或工程图)来放置工具栏,并设定其显示状态,即可选择想显示的工具栏,并清除想隐藏的工具栏。此外,还可设定哪些工具栏在没有文件打开时可显示。SOLIDWORKS 还会自动保存显示哪些工具栏以及根据每个文件类型确定在什么地方显示。例如,若选择零件文件,打开的状态下只显示"标准"工具栏和"特征"工具栏,则无论何时生成或打开装配体文件,将只显示这些工具栏。

具体自定义设置:选择菜单栏中的"工具"→"自定义"命令,或在工具栏区域右击,在弹出的快捷菜单中选择"自定义"命令,弹出如图 1-36 所示的"自定义"对话框;在"工具栏"选项卡下,勾选想显示的工具栏复选框,同时取消勾选想隐藏的工具栏复选框。

当鼠标指针指在工具按钮时,会出现对此工具的说明。

如果显示的工具栏位置不理想,可以将鼠标指针指向工具栏空白的地方,然后拖动工具栏到想要的位置。如果将工具栏拖到 SOLIDWORKS 窗口的边缘,工具栏将自动定位在该边缘。

2. 自定义工具栏中的命令

具体自定义设置:选择菜单栏中的"工具"→"自定义"命令,或在工具栏区域右击,在弹出的快捷菜单中选择"自定义"命令，然后单击"命令"标签，打开"命令"选项卡，之后在"类别"列表中选择要改变的工具栏，如图 1-37 所示。

图 1-36 "自定义"对话框

图 1-37 "命令"选项卡

通过 SOLIDWORKS 提供的自定义命令，用户可以对工具栏中的按钮进行重新安排。

（1）移动操作

在"命令"选项卡中找到需要的命令，单击要使用的命令按钮图标，将其拖放到工具栏上的新位置，即可实现重新安排工具栏上按钮的目的。

（2）删除操作设置

单击要删除的按钮，并将其从工具栏拖放回图形区域，即可完成删除操作。

新版本软件的"视图"工具栏中添加了一些与 3D 草图相关的工具，包括控制基准面、基准轴、临时轴、原点以及坐标系、参考曲线等工具。

1.2.2 系统设置

1.2.2 系统设置

根据使用习惯或自己国家的标准，用户可以对 SOLIDWORKS 系统操作环境进行必要的设置。例如，可以在"文件属性"中设置尺寸的标准为 GB，当设置生效后，在随后的设计工作中就会全部按照中华人民共和国标准来标注尺寸。

选择菜单栏中的"工具"→"选项"命令，打开"系统选项"对话框。该对话框有"系统选项"和"文档属性"两个选项卡，通过该对话框可进行系统设置。在"系统选项"选项卡中设置的内容都将保存在注册表中，它不是文件的一部分，因此，这些设置会影响到当前和将来的所有文件。在"文档属性"选项卡中设置的内容仅应用于当前文件。"文档属性"标签仅在有文件打开时可用。

每个选项卡下列出的选项都以树形格式显示在选项卡的左侧，单击其中一个项目时，该项目包含的选项会出现在选项卡右侧。下面将分别介绍系统选项设置和系统文件属性设置。

1. 系统选项设置

选择菜单栏中的"工具"→"选项"命令，便可打开"系统选项-普通"对话框，"系统选项"选项卡如图 1-38 所示。

图 1-38 "系统选项"选项卡

"系统选项"选项卡中有很多项目，包括一些必备的设置以及高级功能设置，因此有必要对常用的一些项目进行详细说明。下面重点介绍其中 5 个常用的选项，即"普通""工程图""草图""显示""选择"选项。

(1)"普通"选项

● 启动时打开上次所使用的文档：如果用户希望在打开 SOLIDWORKS 时自动打开最近使用的文件，在该下拉列表框中选择"始终"即可，否则选择"从不"。

● 输入尺寸值：勾选该复选框，对一个新的尺寸进行标注后，会自动显示尺寸值修改框；否则，必须在双击标注尺寸后才会显示该框。系统默认设置为勾选状态。

● 每选择一个命令仅一次有效：勾选该复选框，每次使用草图绘制或者尺寸标注工具进行操作之后，系统会自动取消其勾选状态，从而避免该命令的连续执行。双击某一工具可使其保持为选择状态以继续使用。

● 采用上色面高亮显示：勾选该复选框，当使用选择工具选择面时，系统会将该面用单色显示（默认为绿色）；否则，系统会将该面的边线用蓝色虚线高亮度显示。系统默认设置为勾选状态。

● 在资源管理器中显示缩略图：勾选该复选框，在 Windows 资源管理器中会显示每个 SOLIDWORKS 零件或装配体文件的缩略图，而不是图标。该缩略图将以保存时的模型视图为基础，并使用 16 色的调色板，如果其中没有模型使用的颜色，则用相似的颜色代替。此外，该缩略图也可以在"打开"对话框中使用。系统默认设置为勾选状态。

● 为尺寸使用系统分隔符：勾选该复选框，系统将使用默认的系统小数分隔符来显示小数数值。如果要使用不同于系统默认的小数分隔符，则取消勾选该复选框，此时其右侧的文件框便被激活，可以在其中输入小数分隔符。系统默认设置为勾选状态。

- 使用英文菜单：通过勾选此复选框，可以改为英文版本。作为一个全球装机量很大的计算机三维 CAD 软件，SOLIDWORKS 支持多种语言。
- 使用英文特征和文件名称：勾选该复选框，系统会识别英文命名的特征名和文件名。
- 激活确认角落：勾选该复选框，当对某些需要进行确认的操作时，在图形窗口的右上角将会显示确认角落。系统默认设置为勾选状态。
- 自动显示 PropertyManager：勾选该复选框，对特征进行编辑时，系统将自动显示该特性的属性管理器。系统默认设置为勾选状态。
- 在分割面板时自动调整 PropertyManager 大小：勾选该复选框，在分割面板时将会自动调整。
- 录制后自动编辑宏：勾选该复选框，可对宏编辑器进行录制并在保存宏后打开。
- 在退出宏时停止 VSTA 调试器：勾选该复选框，将会停止 VSTA 调试器的操作。
- 启用 FeatureXpert：勾选该复选框，可以运行 FeatureXpert，以尝试修复错误，FeatureXpert 可更改特征管理器中的特征顺序，或调整相切属性，以便使零件重建成功。FeatureXpert 甚至还可以修复丢失参考的参考基准面。
- 如果出现重建错误：可以通过选择"停止""继续"或"提示"来控制重建模型过程中第一个错误处的操作。停止重建模型，以在继续前修复模型，在特征管理器中，将光标停留在带有错误的特征之上以便于读者查阅。
- 作为零部件描述的自定义属性：可以设定或输入名称来定义自定义说明标签。在此选项下有 3 个可选选项，可以根据需要进行选取。

（2）"工程图"选项

SOLIDWORKS 是一个基于造型的三维机械设计软件，它的基本设计思路是"实体造型"→"虚拟装配"→"二维图样"。SOLIDWORKS 推出了二维转换工具，通过它能够在保留原有数据的基础上，让用户方便地将二维图样转换到 SOLIDWORKS 的环境中，从而完成详细的工程图。因此，对于工程图选项的充分了解是很必要的。

利用 SOLIDWORKS 的快速制图功能，用户还可以迅速生成与三维零件和装配体暂时脱开的二维工程图，但依然保持与三维的全相关性。这样的功能使得从三维到二维的瓶颈得以彻底解决。

"工程图"选项的内容如图 1-39 所示，各选项功能说明如下。

- 在插入时消除重复模型尺寸：勾选该复选框，复制的尺寸在模型尺寸被插入时不插入到工程图中。系统默认设置为勾选状态。
- 在插入时消除重复模型注释：勾选该复选框，复制的注释在模型尺寸被插入时不插入到工程图中。系统默认设置为勾选状态。
- 默认标注所有零件/装配体尺寸以输入到工程图中：勾选该复选框，当插入零件或装配体的标准三维视图到工程图中时，在三维零件或装配体中标注的尺寸将自动放置于距视图中的几何体适当距离处。系统默认设置为勾选状态。
- 自动缩放新工程视图比例：勾选此复选框，当插入零件或装配体的标准三视图到工程图时，将会调整三视图的比例，以配合工程图纸的大小，而不管已选的图纸大小。系统默认设置为勾选状态。
- 添加新修订时激活符号：勾选此复选框，在将一修订添加到修订表格时，允许单击图形区域放置修订符号。

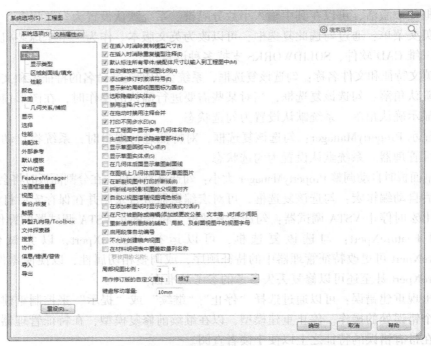

图 1-39 "工程图"选项

- **显示新的局部视图图标为圆**：勾选复选框，新的局部视图轮廓显示为圆。取消勾选此复选框时，显示为草图轮廓。这样做可以提高系统的显示性能。
- **选取隐藏的实体**：勾选该复选框，用户可以选择隐藏实体的切边和边线。当鼠标经过隐藏的边线时，边线将以双点画线显示。
- **禁用注释/尺寸推理**：勾选该复选框，将对注释和尺寸推理进行限制。
- **在拖动时禁用注释合并**：在拖动到彼此时禁用两个节点合并或一注释和一尺寸的合并。
- **打印不同步水印**：SOLIDWORKS 的工程制图中有一个分离制图功能。它能迅速生成与三维零件和装配体暂时脱开的二维工程图，但依然保持与三维的全相关性。当勾选该复选框后，如果工程与模型不同步，分离工程图在打印输出时会自动印上一个"SOLIDWORKS 不同步打印"的水印。系统默认设置为勾选状态。
- **在工程图中显示参考几何体名称**：勾选该复选框，当将参考几何实体输入工程图时，它们的名称将在工程图中显示出来。
- **生成视图时自动隐藏零部件**：勾选该复选框，当生成新的视图时，装配体的任何隐藏零部件都将自动列举在"工程视图属性"对话框中的"隐藏/显示零部件"选项卡下。
- **显示草图圆弧中心点**：勾选该复选框，将在工程图中显示出模型中草图圆弧的中心点。
- **显示草图实体点**：勾选该复选框，草图中的实体点将在工程图中一同显示。
- **在几何体后面显示草图剖面线**：勾选该复选框，模型的几何体将在剖面线上显示。
- **在图纸上几何体后面显示草图图片**：为工程图视图显示草图图片为背景图像。
- **在断裂视图中打印折断线**：勾选该复选框，将打印断裂视图工程图中的折断线。系统默认设置为勾选状态。
- **折断线与投影视图的父视图对齐**：将投影视图中的断裂与父视图中的断裂对齐。
- **自动以视图增殖视图调色板**：勾选该复选框，当使用选择工具选择面时，系统会将该面用单色显示（默认为绿色）；否则，系统会将该面的边线用蓝色虚线高亮度显示。系统默认设置为勾选状态。

- 在添加新图纸时显示图纸格式对话：勾选该复选框，当添加新的图纸时，将显示图纸格式对话，从而对图纸格式进行编辑。
- 在尺寸被删除或编辑（添加或更改公差、文本等）时减少间距：勾选该复选框，间距会随着尺寸和文本的变化而自动调整。
- 重新使用所删除的辅助、局部、及剖面视图中的视图字母：在工程图中删除的视图（辅助视图、局部视图、剖面视图）重新使用字母。
- 启用段落自动编号：输入以 1 和空格开头（数字后是期限，然后是空格）的注释时将启用段落偏号模式。
- 在材料明细表中覆盖数量列名称：勾选该复选框，在下面的文本框中需输入要使用的名称，用于覆盖。
- 局部视图比例：局部视图比例是指局部视图相对于原工程图的比例，在其右侧的文本框中可以指定该比例。
- 用作修订版的自定义属性：在将文件登录到 PDMWorks（SOLIDWORKS Office Professional 产品）时，指定文件的自定义属性被看成修订数据。
- 键盘移动增量：当使用方向键移动工程图视图、注解或尺寸时，指定移动的单位值。

（3）"草图"选项

SOLIDWORKS 软件所有的零件都是建立在草图基础上的，大部分 SOLIDWORKS 的特征也都是由二维草图绘制开始的。

提高草图的功能会直接影响到对零件编辑能力的提高，所以能够熟练地使用草图绘制工具对绘制草图是非常重要的。"草图"选项包含的内容如图 1-40 所示。

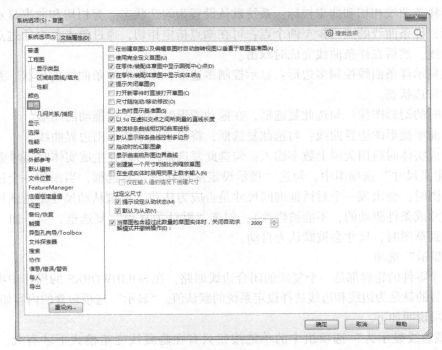

图 1-40　"草图"选项

- 在创建草图以及编辑草图时自动旋转视图以垂直于草图基准面：无论何时打开草图时，将视图旋转到与草图基准面正交。
- 使用完全定义草图：是指草图中所有的直线和曲线及其位置均由尺寸或几何关系或两者说明，勾选此复选框后，草图用来生成特征之前必须是完全定义的。
- 在零件/装配体草图中显示圆弧中心点：勾选此复选框，草图中所有的圆弧圆心点都将显示在草图中。系统默认设置为勾选状态。
- 在零件/装配体草图中显示实体点：系统默认设置为勾选状态。勾选此复选框，草图中实体的端点将以实心圆点的方式显示。该圆点的颜色反映了草图中该实体的状态：黑色表示该实体是完全定义的；蓝色表示该实体是欠定义的，即草图中的实体中有些尺寸或几何关系未定义，可以随意改变；红色表示该实体是过定义的，即草图中的实体中有些尺寸或几何关系或两者处于冲突中，或是多余的。
- 提示关闭草图：系统默认设置为勾选状态。当利用具有开环轮廓的草图生成凸台时，如果此草图可以用模型的边线来封闭，系统就会显示"封闭草图到模型边线"对话框。单击"是"按钮，即选择用模型的边线来封闭草图轮廓，同时不可选择封闭草图的方向。
- 打开新零件时直接打开草图：勾选此复选框，新建零件时可以直接使用草图绘制区域和草图绘制工具。
- 尺寸随拖动/移动修改：勾选此复选框，可以通过拖动草图中的实体或在"移动/复制属性管理器"选项卡中移动实体来修改尺寸值。拖动完成后，尺寸将自动更新。
- 上色时显示基准面：勾选此复选框，如果在上色模式下编辑草图，网格线会显示基准面看起来也好像上了色。
- 以 3d 在虚拟交点之间所测量的直线长度：系统默认设置为勾选状态。勾选该复选框，将从虚拟交点测量直线长度，而非 3D 草图中的端点。
- 激活样条曲线相切和曲率控标：系统默认设置为勾选状态。为相切和曲率显示样条曲线控标，样条曲线的点可少至两个点；可在端点指定相切，通过单击每个通过点来生成样条曲线，然后在样条曲线完成时双击。
- 默认显示样条曲线控制多边形：显示控制多边形，以操纵样条曲线的形状。系统默认设置为勾选状态。
- 拖动时的幻影图像：勾选此复选框，在拖动图形时会显示被拖动的图形。
- 显示曲率梳形图边界曲线：勾选此复选框，将显示曲率梳形图边界曲线。
- 在生成实体时启用荧屏上数字输入：勾选此复选框，可以在生成实体时随时更改尺寸。
- "过定义尺寸"选项组中，勾选"提示设定从动状态"复选框，当添加一个过定义尺寸到草图时，会出现一个对话框询问尺寸是否应为从动（所谓从动尺寸是指该尺寸是由其他尺寸或条件驱动的，不能被修改）；勾选"默认为从动"复选框，当添加一个过定义尺寸到草图时，尺寸会被默认为自动。

（4）"显示"选项

任何一个零件的轮廓都是一个复杂的闭合边线回路，在 SOLIDWORKS 的操作中离不开对边线的操作，目的就是为边线和边线选择设定系统的默认值。"显示"选项包含的内容如图 1-41 所示，部分选项说明如下。

- "隐藏边线显示为"选项组中的单选按钮只有在隐藏线变暗模式下才有效。选择"实线"，则将零件或装配体中的隐藏线以实线显示；选择"虚线"，则以浅灰色线显示视图中不可见的边线，而可见的边线仍正常显示。

- "零件/装配体上的相切边线显示"选项组中，选中"为可见"单选按钮，将显示切边；选中"为双点画线"单选按钮，将使用双点画线线性显示切边；选中"移除"单选按钮，将不显示切边。
- "在带边线上色模式下的边线显示"选项组中，选中"消除隐藏线"单选按钮，所有在消除隐藏线模式下出现的边线也会在带边线上色模式下显示。选中"线架图"单选按钮，将显示零件或装配体的所有边线。

图1-41 "显示"选项

- 关联编辑中的装配体透明度：该下拉列表框用来设置在关联编辑中的装配体透明度，可以选择"保持装配体透明度"和"强制装配体透明度"，其右边的移动滑块用来设置透明度的值。所谓关联，是指在装配体中，若在零部件中生成一个参考其他零部件的几何特征，则装配体的关联性也会相应改变。
- "反走样"选项组中，选中"无"单选按钮，将禁用反走样；选中"仅限反走样边线/草图"单选按钮，将使带边线上色、线架图、消除隐藏线及隐藏线可见模式中的锯齿状边线平滑；选中"全屏反走样"单选按钮，如果视频卡支持全屏反走样，并已通过稳定性测试，则可供使用。必须为反走样设定图形卡控制面板设置，以使应用程序可控制。为零件和装配体将反走样应用到整个图形区域，走样在缩放、平移及旋转过程中被禁用。
- 高亮显示所有图形区域选中特征的边线：勾选此复选框，当单击模型特征时，所选特征的所有边线会以高亮显示。
- 图形视区中动态高亮显示：勾选此复选框，当移动鼠标指针经过草图、模型或工程图时，系统将以高亮度显示模型的边线、面及顶点。
- 以不同的颜色显示曲面的开环边线：勾选此复选框，系统将以不同的颜色显示曲面的开环边线，这样可以更容易地区分曲面开环边线和任何相切图线或侧影轮廓边线。
- 显示上色基准面：勾选此复选框，系统将显示上色基准面。
- 激活通过透明度选择：勾选此复选框，就可以通过装配体中零部件的透明度进行不同选择。
- 显示与屏幕齐平的尺寸：选择此选项可在基准面中显示尺寸文字。不选择此选项可在尺寸的3D注解视图基准面中显示尺寸文字。
- 显示与屏幕齐平的注释：勾选此复选框，在基准面中会显示注释。
- 显示参考三重轴：勾选此复选框，在图表区域将显示参考三重轴。
- 在图形视图中显示滚动栏：该选项在文档打开时不可使用。在零件和装配体文档的图形视图中启用滚动栏。
- 显示草稿品质环境封闭：使用环境封闭时，选择使用渲染模型的草稿品质。
- 显示SpeedPak图形圆：启用或禁止SpeedPak图形圆的显示。启用图形圆时，指针周围区域内只能看见可选择的几何体。禁用图形圆时，指针周围区域内的所有几何体都将保持可见。
- 四视图视口的投影类型：控制四视图显示。其中，选择"第一角度"选项控制前视、左视、上视和等轴测，选择"第三角度"选项控制前视、右视、上视和等轴测。

（5）"选择"选项

"选择"选项包含的内容如图1-42所示，部分选项说明如下。

- "默认批量选择方法"选项组中，选中"套索"选项，则启用手画线选取。选中"框形"选项，则启用框选取。
- "隐藏边线选择"选项组中，勾选"允许在线架图及隐藏线可见模式下选择"复选框，则在这两种模式下，可以选择隐藏的边线或顶点。勾选"允许在消除隐藏线及上色模式下选择"复选框，则在这两种模式下，可以选择隐藏的边线或顶点。消除隐藏线模式是指系统仅显示在模型旋转的角度下可见的线条，不可见的线条将被消除。上色模式是指系统将对模型使用颜色渲染。

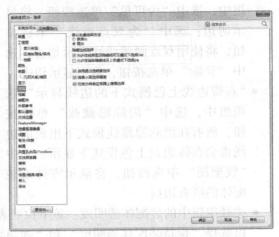

图1-42 "选择"选项

2. 系统文档属性设置

"文档属性"选项卡中的内容仅应用于当前的文件，该选项卡仅在文件打开时可用。对于新建文件，如果没有特别指定该文件属性，将使用建立该文件的模板中的文件设置（如网格线、边线显示、单位等）。由于篇幅所限，这里仅重点介绍"出详图"相关选项以及"单位"选项等。

选择菜单栏中的"工具"→"选项"命令，打开"系统选项-出详图"对话框，单击"文档属性"标签，在"文档属性"选项卡中可设置文件属性，如图1-43所示。

图1-43 "文档属性"选项卡

（1）"出详图"选项设定

- "显示过滤器"选项组：选择要作为默认显示的注解类型，或选择显示所有类型，包括

"装饰螺纹线"复选框、"基准点"复选框、"基准目标"复选框、"特征尺寸"复选框、"参考尺寸"复选框、"DimXpert尺寸"复选框、"上色的装饰螺纹线"复选框、"形位公差"复选框、"注释"复选框、"表面粗糙度"复选框、"焊接"复选框以及"显示所有类型"复选框。

- 始终以相同大小显示文字：勾选该复选框，可将所有注解和尺寸都以相同大小显示（无论是否缩放）。
- 仅在生成此项的视图上显示项目：勾选该复选框，可只在模型的方向与添加注解时的方向一致时才显示注解。旋转零件或选择不同的视图方向，会将注解从显示中移除。
- 显示注解：勾选该复选框，可显示"显示过滤器"中选定的所有注解类型。对装配体而言，此选项不仅对属于装配体的注解适用，也对显示在个别零件文档中的注解适用。
- 为所有零部件使用装配体设定：勾选该复选框，可让所有注解的显示采用装配体文档的设定，而忽略个别零件文档的设定。除此选项之外，再选择显示装配体注解，可显示不同组合的注解。
- 隐藏悬空尺寸和注解：勾选该复选框，零件或装配体可隐藏；工程图可隐藏悬空注解，包括由已删除特征得出的参考工程图中的悬空尺寸和注解以及由已压缩特征得出的悬空参考尺寸。

（2）"尺寸"项目设定

单击"尺寸"项目，该项目中的选项就会出现在选项卡右侧，如图1-44所示。

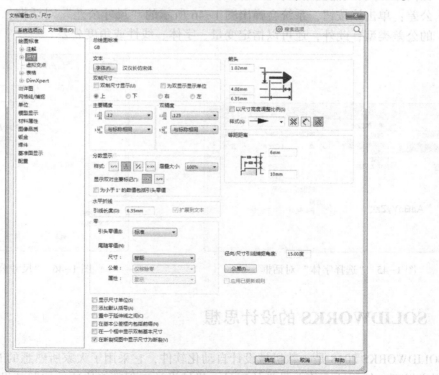

图1-44 "尺寸"选项

- 总绘图标准：显示绘图标准。
- 文本：指定尺寸公差文字使用的字体、样式、高度、效果等。单击"字体"按钮，系统会弹出图 1-45 所示的"选择字体"对话框。

- 双制尺寸：设置双制单位显示尺寸。
- 主要精度：为主要的单位和公差设置精度。
- 双精度：为次要的单位和公差设置精度。
- 分数显示：对样式、层叠大小、显示双对主要标记进行设置。
- 水平折线：输入引线非弯曲部分的长度。
- 引头零值：包括"标准""显示""移除"选项。
- 尾随零值：包括"智能""标准""显示""移除"选项。
- 箭头：用来指定标注尺寸中箭头的显示状态。
- 以尺寸高度调整比例：根据尺寸延伸线的高度来调整箭头的大小比例。
- 等距距离：用来设置标准尺寸间的距离。其中，"距离上一尺寸"是指与前一个标准尺寸间的距离；"距离模型"是指模型与其准尺寸第一个尺寸之间的距离。
- 显示尺寸单位：勾选该复选框，可以在工程图中显示尺寸单位。
- 添加默认括号：勾选该复选框，将添加默认括号，并在括号中显示工程图的参考尺寸。
- 置中于延伸线之间：勾选该复选框，标注的尺寸文字将被置于尺寸界线的中间位置。
- 在基本公差框内包括前缀：对于 ANSI 标准，任何添加到带基本公差的尺寸的前缀都将出现在公差框内。
- 径向/尺寸引线捕捉角度：修改拖动直径、径向或倒角尺寸时所用的捕捉角度。
- 公差：单击该按钮，系统会弹出图 1-46 所示的"尺寸公差"对话框，可以设置要显示的公差类型；此外，还可以指定变量、字体、线性或角度公差。

图 1-45 "选择字体"对话框

图 1-46 "尺寸公差"对话框

1.3 SOLIDWORKS 的设计思想

SOLIDWORKS 2018 是一款机械设计自动化软件，它采用了大家所熟悉的 Microsoft Windows 图形用户界面。使用这套简单易学的工具，机械设计工程师能快速地按照其设计思想绘制出草图，尝试运用特征、尺寸来制作模型和详细的工程图。

利用 SOLIDWORKS 2018 不仅可以生成二维工程图，而且可以生成三维零件，并可以利用这些三维零件来生成二维工程图及三维装配体，如图 1-47 所示。

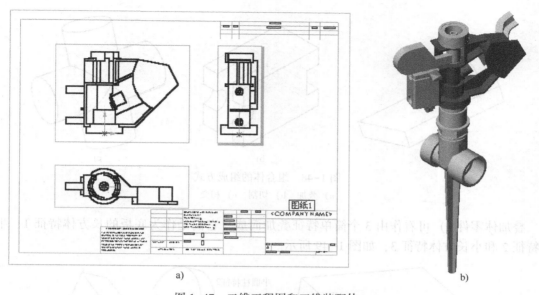

a)   b)

图 1-47　二维工程图和三维装配体

a）二维零件工程图　b）三维装配体

1.3.1　基于特征的零件建模基本过程

传统的机械设计要求设计人员必须具有较强的三维空间想象能力和表达能力。当设计师接到一个新的零件设计任务时，他的脑海中必须构造出该零件的三维形状，然后按照三视图的投影规律，用二维工程图将零件的三维形状表达出来。随着计算机相关技术，尤其是计算机图形学的发展，CAD 技术也逐渐由二维绘图向三维设计过渡。三维 CAD 系统采用三维模型进行产品设计，设计过程如同实际产品的构造和加工制造过程一样，反映产品真实的几何形状，并使设计过程更加符合设计师的设计习惯和思维方式。设计师可以更加专注于产品设计本身，而不是产品的图形表示。

SOLIDWORKS 是基于特征的实体造型软件。"基于特征"这个术语的意思是：零件模型的构造是由各种特征来生成的，零件的设计过程就是特征的累积过程。

所谓特征，是指可以用参数驱动的实体模型。特征通常应满足如下条件。

- 特征必须是一个实体或零件中的具体构成之一。
- 特征能对应于某一形状。
- 特征应该具有工程上的意义。
- 特征的性质是可以预料的。

改变与特征相关的形状与位置的定义，可以改变与模型相关的形位关系。对于某个特征，既可以将其与某个已有的零件相联结，也可以把它从某个已有的零件中删除。任何复杂的机械零件，从特征的角度看，都可以看成是由一些简单的特征所组成的，所以可以把它们叫作组合体。

组合体按其组成方式可以分为特征叠加、特征切割和特征相交 3 种基本形式，如图 1-48 所示。

零件建模前，一般应进行深入的特征分析，清楚零件是由哪几个特征组成的，明确各个特征的形状、它们之间的相对位置和表面连接关系；然后按照特征的主次关系，按一定的顺序进行建模。下面就对上述 3 个简单的零件进行特征分析。

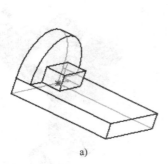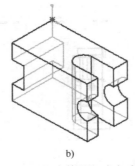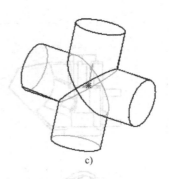

图 1-48 组合体的组成方式

a) 叠加 b) 切割 c) 相交

叠加体零件 a) 可看作由 3 个简单特征叠加而成，它们是作为底板的长方体特征 1、半圆柱特征 2 和小长方体特征 3，如图 1-49 所示。

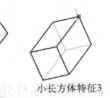

长方体特体1　　　　　半圆柱特征2　　　　　小长方体特征3

图 1-49 叠加体零件特征分析

切割体零件 b) 可以看作由一个长方体被 3 个简单特征切割而成，如图 1-50 所示。

相交体零件 c) 可以看作由两个圆柱体特征相交而成，如图 1-51 所示。

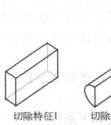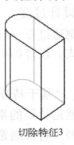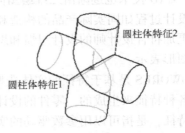

切除特征1　切除特征2　切除特征3

圆柱体特征1　圆柱体特征2

图 1-50 切割体零件特征分析　　　　图 1-51 相交体特征分析

一个复杂的零件可能是由许多个简单特征经过相互之间的叠加、切割或相交组合而成的。零件建模时，特征的生成顺序很重要。不同的建模过程虽然可以构造出同样的实体零件，但其造型过程及实体的造型结构却直接影响到实体模型的稳定性、可修改性、可理解性及可应用性。通常，实体零件越复杂，其稳定性、可靠性、可修改性、可理解性就越差。因此，在技术要求允许的情况下，应尽量简化实体零件的特征结构。

SOLIDWORKS 2018 按创建顺序将构成零件的特征分为基本特征和构造特征两类。最先建立的特征就是基本特征，它常常是零件最重要的特征。建立好基本特征后，才能创建其他各种特征，基本特征之外的这些特征统称为构造特征。另外，按照特征生成方法的不同，又可以将构成零件的特征分为草绘特征和复杂特征。草绘特征是指在特征的创建过程中，设计者必须通过草绘特征截面才能生成的特征。创建草绘特征是零件建模过程中的主要工作。复杂特征是利用已有的特征和系统内部定义好的一些参数定义的特征，如阵列特征和镜像特征等。

1.3.2 三维设计的 3 个基本概念

1. 实体造型

实体造型就是在计算机中用一些基本元素来构造机械零件的完整几何模型。传统的工程设计方法是设计人员在图纸上利用几个不同的投影图来表示一个三维产品的设计模型，图纸上还有很多人为的规定、标准、符号和文字描述。对于一个较为复杂的部件，需要用若干张图样来描述。尽管这样，图样上还是密布着各种线条、符号和标记等。工艺、生产和管理等部门的人员需要认真阅读这些图样，理解设计意图，通过不同视图的描述想象出设计模型的每一个细节。这项工作非常艰苦，由于一个人的能力有限，设计人员不可能保证图样的每个细节都正确。尽管经过层层设计主管检查和审批，图样上的错误总是在所难免。

对于过于复杂的零件，设计人员有时只能采用代用毛坯，边加工设计边修改的方法，经过长时间的艰苦工作后才能给出产品的最终设计图样。所以，传统的设计方法严重影响着产品的设计制造周期和产品质量。

利用实体造型软件进行产品设计时，设计人员可以在计算机上直接进行三维设计，在屏幕上能够见到产品的真实三维模型，所以这是工程设计方法的一个突破。在产品设计中的一个总趋势就是：产品零件的形状和结构越复杂，更改越频繁，采用三维实体软件进行设计的优越性就越突出。

在计算机中建立零件模型后，工程师就可以在计算机上很方便地进行后续环节的设计工作了，如部件的模拟装配、总体布置、管路铺设、运动模拟、干涉检查以及数控加工与模拟等。所以，它为在计算机集成制造和并行工程思想指导下实现整个生产环节采用统一的产品信息模型奠定了基础。

大体上完整表示实体的方法有单元分解法、空间枚举法、射线表示法、半空间表示法、构造实体几何（CSG）以及边界表示法（B-rep）6 类。

2. 参数化

传统的 CAD 绘图技术都用固定的尺寸值定义几何元素，输入的每一条线都有确定的位置。要想修改图面内容，只能删除原有线条后重画。而新产品的开发设计需要多次反复修改，进行零件形状和尺寸的综合协调和优化。对于定型产品的设计，需要形成系列，以便针对用户的生产特点提供不同吨位、不同功率、不同规格的产品型号。参数化设计可使产品的设计图随着某些结构尺寸的修改和使用环境的变化而自动修改图形。

参数化设计一般是指设计对象的结构形状比较定型，可以用一组参数来约束尺寸关系。参数的求解较为简单，参数与设计对象的控制尺寸有着显式的对应关系，设计结果的修改受到尺寸的驱动。生产中最常用的系列化标准件就属于这一类型。

3. 特征

特征是一个专业术语，它兼有形状和功能两种属性，包括特定几何形状、拓扑关系、典型功能、绘图表示方法、制造技术和公差要求。特征是产品设计与制造者最关注的对象，是产品局部信息的集合。特征模型利用高一层次的具有过程意义的实体（如孔、槽、内腔等）来描述零件。

基于特征的设计是把特征作为产品设计的基本单元，并将机械产品描述成特征的有机集合。

特征设计有突出的优点，在设计阶段就可以把很多后续环节要使用的有关信息存储到数据库中。这样便于实现并行工程，使设计绘图、计算分析、工艺性审查到数控加工等后续环节工作都能顺利完成。

1.3.3 设计过程

在 SOLIDWORKS 中，零件、装配体和工程都属于对象，它采用了自上而下的设计方法创建对象，图 1-52 显示了这种设计过程。

图 1-52 中所表示的层次关系充分说明：在 SOLID-WORKS 中，零件设计是核心，特征设计是关键，草图设计是基础。

草图指的是二维轮廓或横截面。对草图进行拉伸、旋转、放样或沿某一路径扫描等操作后即生成特征，如图 1-53 所示。

特征是指可以通过组合生成零件的各种形状（如凸台、切除、孔等）及操作（如圆角、倒角、抽壳等），图 1-54 给出了几种特征示例。

图 1-52 自上而下的设计方法

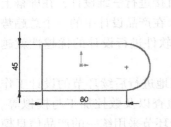

图 1-53 二维草图经拉伸生成特征

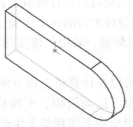

图 1-54 特征

1.3.4 设计方法

1. 零件设计

零件是 SOLIDWORKS 中最主要的对象。传统的 CAD 设计方法是由平面（二维）到立体（三维），如图 1-55a 所示。工程师首先设计出图样，工艺人员或加工人员根据图样还原出实际零件。然而在 SOLIDWORKS 中却是工程师直接设计出三维实体零件，然后根据需要生成相关的工程图，如图 1-55b 所示。

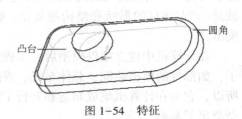

图 1-55 传统的 CAD 设计方法和 SOLIDWORKS 的设计方法

a) 二维到三维 b) 生成工程图

此外，SOLIDWORKS 零件设计的构造过程类似于真实制造环境下的生产过程，如图 1-56 所示。

2. 装配件设计

装配件是若干零件的组合，是 SOLIDWORKS 中的对象，通常用来实现一定的设计功能。在 SOLIDWORKS 中，用户先设计好所需的零件，然后根据配合关系和约束条件将零件组装在一起，生成装配件。使用配合关系，可相对于其他零部件来精确地定位零部件，还可定义零部件如何相对于其他零部件移动和旋转。通过继续添加配合关系，还可以将零部件移到所需位置。配合会在零部件之间建立几何关系，例如共点、垂直、相切等。每种配合关系只对于特定的几何实体组合有效。

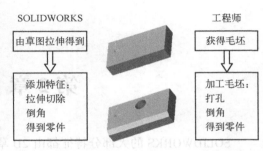

图 1-56　在 SOLIDWORKS 中生成零件

图 1-57 所示为一个简单的装配体，由顶盖和底座两个零件组成，其设计、装配过程如下所述。

1）首先设计出两个零件。

2）新建一个装配体文件。

3）将两个零件分别拖入到新建的装配体文件中。

4）使顶盖底面和底座顶面"重合"，顶盖底一个侧面和底座对应的侧面"重合"，再将顶盖和底座装配在一起，从而完成装配工作。

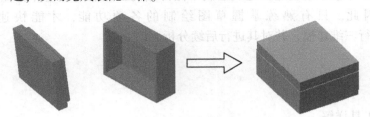

图 1-57　在 SOLIDWORKS 中生成装配体

3. 工程图设计

工程图就是常说的工程图样，是 SOLIDWORKS 系统中的对象，用来记录和描述设计结果，是工程设计中的主要档案文件。

用户由设计好的零件和装配件，按照图纸的表达需要，通过 SOLIDWORKS 系统中的命令可以生成各种视图、剖面图、轴侧图等，然后添加尺寸说明，即可得到最终的工程图。图 1-58 显示了一个零件的多个视图，它们都是由实体零件自动生成的，无须进行二维绘图设计，这也体现了三维设计的优越性。此外，若对零件或装配体进行了修改，则对应的工程图文件也会相应地修改。

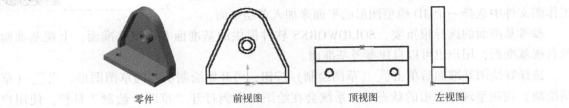

零件　　　　前视图　　　　顶视图　　　左视图

图 1-58　SOLIDWORKS 中生成的工程图

1.4　复习思考题

1）在 SOLIDWORKS 中，常用的工具栏包括哪些？其主要作用是什么？

2）"草图"工具栏中的草图绘制命令和 3D 草图绘制命令有何区别？

3）"系统选项"选项卡中常用的 4 种选项是什么？各自都包含什么选项？其作用是什么？

第 2 章　草图的绘制

SOLIDWORKS 的大部分特征都由 2D 草图绘制开始。草图（Sketch）是一个平面轮廓，用于定义特征的截面形状、尺寸和位置等，是 3D 模型的基础，可以在任何默认基准面（前视基准面、上视基准面及右视基准面）上生成。另外，还可使用 SOLIDWORKS 生成 3D 草图。在 3D 草图中，实体存在于 3D 空间中，它们不与特定草图基准面相关。2D 和 3D 草图绘制之间既有不同之处，也有相似之处。

SOLIDWORKS 中模型的创建都是从绘制草图开始的，然后生成基体特征，并在模型上添加更多特征。因此，只有熟练掌握草图绘制的各项功能，才能快速、高效地应用 SOLIDWORKS 进行三维建模，并对其进行后续分析。

学习要点
- 草图介绍
- 草图绘制
- 草图绘制工具详解

2.1　草图介绍

在 SOLIDWORKS 软件中，建立 3D 模型图的基本操作程序可分为 3 个步骤，即绘制草图轮廓、标注尺寸/加入几何限制条件和成长为 3D 特征。只有依据这种程序，才能准确有效地绘制出需要的三维模型。

2.1.1　草图绘制要点

在绘制草图图形之前，必须先指定草绘平面，也就是要在工作图文件中选择一个 3D 模型图形的平面来加入草绘平面。

2.1.1　草图绘制
要点

参考基准面的选择很重要，SOLIDWORKS 软件提供的基准面有前视基准面、上视基准面及右视基准面，用户也可以自建参考基准面。

选择好绘图基准面后单击 ⌐（草图绘制）按钮，可开始绘制所需的草图图形。当 ⌐（草图绘制）按钮呈现被单击的状态时，系统会在绘图区右侧打开"草图"绘制工具栏，使用户可以方便地对草图进行操作。通过选择菜单栏中的"工具"→"草图绘制实体"命令打开级联菜单，然后在其中选取适当的作图命令也可绘制草图。

要画好一个草图，首先必须掌握基本绘图工具的应用，然后再进一步熟悉草图的编辑功能。SOLIDWORKS 软件提供的草图作图命令包含直线、圆心/起/终点画弧、切线弧、三点圆弧、圆、不规划曲线、矩形及中心线等。SOLIDWORKS 软件提供的草图编辑命令包含镜像、圆角、偏移像素、剪裁、延伸等。本章后面会一一讲解。

工程图文件里的草图图形为后续要成长为 3D 模型图形作准备，因此要形成一个合理的草图轮廓图形，必须注意草图绘制的以下要求。

- 草图轮廓图形必须是一个封闭的几何图形，工程图文件中有 3D 模型图形的棱边线条，也可当作草图图形的一部分。
- 草图轮廓图形的边缘线条不能彼此交叉。中心线草图以及点草图可视为参考特征，不属于草图轮廓。这些内容将在本书后面的章节中进行介绍。

2.1.2　右键快捷方式

在进行草图绘制的时候，熟悉右键快捷方式可以很好地提高操作效率。在选择对象模式下（即"选择"按钮呈现被单击的状态 � ）右击，屏幕上会出现快捷菜单，这样可以便捷地使用下一个操作命令，如图 2-1 所示。

图 2-1　右键快捷菜单

SOLIDWORKS 软件会将下一步可能用到的工具罗列在右键快捷菜单中，以方便用户按照自己的设计/作图需要在这个快捷菜单中启动某个草图作图命令，进而更改几何图形的视图模式，对草图图形标注尺寸，对草图图形加入新的几何限制条件或执行画面重绘动作等，使用起来相当方便。

2.1.3　图形视图角度

在进行草图绘制之前，一般需要选择一定的视角，尤其在现有实体上插入草图平面时，需要寻找合适的平面。下面将简单介绍图形视图操作。

选择菜单栏中的"视图"→"修改"→"视图定向"命令，或按空格键，弹出图 2-2 所示的"方向"对话框，在该对话框中选择适当的视角方位名称项目，然后双击即可切换到指定的图形视图方位。

SOLIDWORKS 软件默认的视角方位选项有"正视于""前视""后视""左视""右视""上视""下视""等轴测""上下二等角轴测视图""左右二等角轴测视图"，如图 2-3 所示。

需要变更工程图文件的图形视图角度来选取某个 3D 模型图形的平面时，可以单击"视图"工具栏中的▦按钮，然后选择视图工程图文件中需要的几何图形，以方便插入草图平面。

另外，按住鼠标中键拖动旋转工程图文件里的 3D 模型图形，同样可以达到改变视图角度的目的。

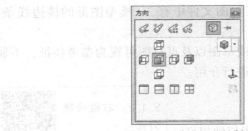

图 2-2 "方向"对话框

图 2-3 "视图"工具按钮选项

2.2 线性草图绘制

在使用 SOLIDWORKS 进行草图绘制之前,还要了解草图绘制工具栏中各种工具的功能,然后才能循序渐进地学习各种工具的具体操作方法。

2.2.1 草图工具栏

SOLIDWORKS 通常将"草图"面板放置在靠界面上方,如图 2-4 所示。

另外,选择菜单栏中的"视图"→"工具栏"→CommandManager 命令,取消前面的✓符号,此时的"草图"工具栏位于窗口的右侧,可将其调整为浮动状态,如图 2-5 所示。

图 2-4 "草图"面板

图 2-5 "草图"工具栏

在第 1 章曾提到,用户也可以根据自己的需要增加或改变"草图"工具栏中的按钮,例如将椭圆工具命令拖放到"草图"工具栏中,如图 2-6 所示。

图 2-6 "自定义"对话框

36

如果要删除一个不常用的工具栏中的按钮，只要单击它，将其从工具栏拖动并放回按钮区域即可。更改结束后，单击"自定义"对话框中的"确定"按钮，即可完成对工具栏的设置操作。

2.2.2 绘制和修改直线

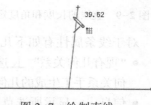

2.2.2 直线的绘制

1. 绘制直线

确定好基准面后进入草绘界面，单击"草图"控制面板上的"直线"按钮 ⁄，指定线段图形的起点以及终点位置，即可在工作窗口中加入一个直线草图图形。具体操作步骤如下。

01 执行草图绘制命令中的"直线"命令，此时的指针形状变为 ⟩。

02 在图形区域的适当位置单击确定直线的起点，然后采用以下方法之一来完成直线绘制。

● 将指针拖动到直线的终点释放鼠标左键。

● 释放鼠标左键，将指针移动到直线的终点单击。

提示：如果打开了网格线捕捉，则水平直线或竖直直线会自动捕捉到网格点。图 2-7 所示为利用直线工具绘制的直线。

2. 修改直线

如果想要通过拖动来修改直线，需切换为选择按钮，然后进行以下操作。

图 2-7　绘制直线

● 如要改变直线的长度，选择一个端点并拖动此端点可以延长或缩短直线，如图 2-8a 所示。

● 如要移动直线，选择该直线并将它拖动到另一个位置即可。

● 如要改变直线的角度，请选择一个端点并拖动它来改变直线的角度，如图 2-8b 所示。

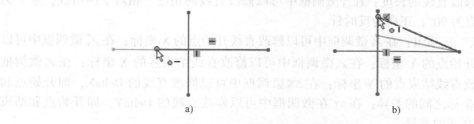

a)　　　　　　　　　　　　b)

图 2-8　直线的长度和角度的改变

具体的伸长缩短量以及角度大小可以通过线条窗口来修改，如图 2-9 所示。如果该直线具有竖直或水平几何关系，在拖动到新的角度之前，在"线条属性"属性管理器中删除竖直或水平几何关系才可更改直线的长度或角度。

注意：在"线条属性"属性管理器中为角度设定数值时，尺寸中的另一直线必须为水平构造线。如果在参数下选择添加尺寸，也必须删除几何关系才可更改直线的长度或角度。

如果想要进一步改变直线属性，可以在打开的草图中选择直线，然后在"属性"属性管理器中编辑其属性。例如选择两条直线的两个点后，单击"合并"按钮，即可生成图 2-10 所示的效果。

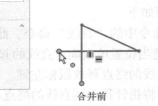
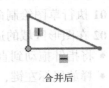

图 2-9　直线的长度和角度定义　　图 2-10　"属性"属性管理器中定义两端点合并

对于线条属性有如下几点需要说明。

- "现有几何关系" <u>⊥</u> 选项组：表示在草图绘制过程中自动显示推理的几何关系或使用添加几何关系手工生成的几何关系。当在列表中选择某一几何关系时，标注在图形区域高亮显示。
- 信息 ⓘ：显示所选草图实体的状态，包括"完全定义""欠定义"等。
- "选项"选项组：勾选"作为构造线"复选框，可以将实体转换到构造几何线；勾选"无限长度"复选框，可以生成一条在以后编辑剪裁时所用的无限长度直线。
- "参数"选项组：如果直线不受几何关系约束，则可以指定以下参数（或额外参数）的任何适当组合来定义直线。当更改一个或多个参数时，其他参数会自动更新。在 <u>↗</u> 微调框中可以修改直线的长度；在 <u>∠</u> 微调框中可以修改直线的角度。相对于网格线，水平为 180°，竖直为 90°，正向为反时针。
- "额外参数"选项组：在 <u>↗</u> 微调框中可以修改直线开始点的 X 坐标；在 <u>↗</u> 微调框中可以修改直线开始点的 Y 坐标；在 <u>↗</u> 微调框中可以修改直线结束点的 X 坐标；在 <u>↗</u> 微调框中可以修改直线结束点的 Y 坐标；在 **ΔX** 微调框中可以修改直线的 DeltaX，即开始点和结束点 X 坐标之间的差异；在 **ΔY** 在微调框中可以修改直线的 DeltaY，即开始点和结束点 Y 坐标之间的差异。

另外，"草图"控制面板上的绘制中心线工具 <u>↗</u> 与"直线"命令的操作相同，只是它们的作用不同而已，这里不再赘述。

2.2.3　绘制四边形和多边形

在 SOLIDWORKS 中，可绘制的多边形主要包括矩形、平行四边形以及多边形等。

2.2.3　绘制四边形

1. 绘制四边形

（1）绘制

确定好基准面之后，在草绘平面上单击"草图"控制面板上的"边角矩形"按钮 □ 或"3 点边角矩形"按钮 ◇，然后指定起点以及终点位置，即可在工作窗口中加入一个四边形草图图形。具体操作步骤如下。

01 单击"草图"控制面板上的"边角矩形"按钮□或"3点边角矩形"按钮◇，指针形状变为 ✎。

02 在图形区域的适当位置单击确定起点，然后移动指针到合适的位置单击即可完成创建。图 2-11 所示为创建的四边形以及尺寸的动态显示。

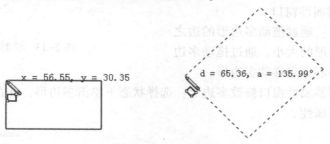

图 2-11 绘制四边形

（2）修改

对于四边形的修改，有如下要点需要进行说明。

- 如果想要更改四边形的大小和形状，可以在选择状态下选择并拖动一个边或顶点。
- 在拖动时如果想要迫使草图线段分离，可以选择菜单栏中的"工具"→"草图设置"→"独立拖动单一草图实体"命令。
- 如果想要改变四边形中单个直线的属性，可以在打开的草图中选择直线，并在"线条属性"属性管理器中编辑属性。关于"线条属性"属性管理器的内容在前面已经介绍过了，这里不再赘述。

技巧：在拖动以任何角度生成平行四边形时，按住〈Ctrl〉键，可以通过拖动边角和边来调整平行四边形的形状和大小；不按住〈Ctrl〉键而拖动可以任何角度生成矩形。通过拖动边角和边可以调整矩形的大小，但不能以拖动来改变矩形的角度。图 2-12 所示为按住〈Ctrl〉键创建平行四边形的过程。

图 2-12 创建带角度的平行四边形

2. 绘制多边形

（1）绘制

确定好基准面之后，在草绘平面上单击"草图"控制面板

2.2.3 绘制多边形

上的"多边形"按钮◎，再指定多边形的一个边以及另一个角点的位置，即可在工作窗口中加入一个多边形草图图形。具体操作步骤如下。

01 执行草图绘制命令中的"多边形"命令，此时的指针形状变为 ✎。

02 根据需要在"多边形"属性管理器中设定多边形的属性。

03 在图形区域的适当位置单击确定多边形的中心点，拖动鼠标，然后在适当的位置单击确定多边形的形状。

在拖动鼠标时，平行四边形的尺寸会动态显示，图 2-13 所示为利用多边形工具绘制的多边形以及尺寸的动态示意。

（2）修改

对多边形的修改方式有两种，即通过拖动和通过属性管理器属性窗口。

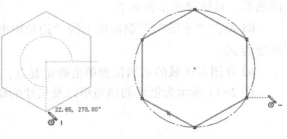

图 2-13　绘制多边形

- 通过拖动修改：通过拖动多边形的边之一来改变多边形的大小。通过拖动多边形的顶点或中心点来移动多边形。
- 通过属性管理器属性窗口修改多边形：选择状态下单击多边形，并在"多边形"属性管理器中编辑其属性。

（3）选项说明

图 2-14 所示为选择一多边形后的"多边形"属性管理器，其中各选项的说明如下。

- 作为构造线：勾选该复选框，可以将实体转换到构造几何线。构造几何线仅用来协助生成最终会被包含在零件中的草图实体及几何体。当草图被来生成特征时，构造几何线被忽略。
- 参数：利用该选项组可以指定其中参数的任何适当组合来定义多边形。当更改一个或多个参数时，其他参数自动更新。利用⬡边数选项可以修改设定多边形中的边数。一个多边形可有 3~40 个边。其中，"内切圆"单选按钮用于确定在多边形内显示内切圆以定义多边形的大小，

图 2-14　"多边形"属性管理器

"外接圆"单选按钮用于确定在多边形外显示外接圆以定义多边形的大小。⬡选项用于修改多边形中心的 X 坐标。⬡选项用于修改多边形中心的 Y 坐标。⬡选项用于确定圆的直径，所表示的是内切圆或外接圆的直径。⬡选项用于修改多边形旋转的角度。单击"新多边形"按钮可以生成另一个新多边形。

2.2.4　绘制圆形

2.2.4　绘制圆形

在 SOLIDWORKS 中，圆形的绘制主要包括圆及周边圆两种。

1. 绘制圆

（1）绘制

确定好基准面之后，在草绘平面上单击"草图"控制面板上的"圆"按钮⊙，再指定圆的圆心以及半径，即可在工作窗口中加入一个圆草图图形。具体操作步骤如下。

01 执行草图绘制命令中的"圆"命令，此时的指针形状变为⌀。

02 在图形区域的适当位置单击确定圆的圆心，然后移动指针并单击确定圆的半径。

在确定了圆的圆心之后拖动鼠标，圆的尺寸会动态显示，图 2-15

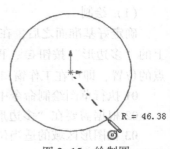

R = 46.38

图 2-15　绘制圆

所示为利用圆工具绘制的圆以及尺寸的动态示意图。

（2）修改

修改方式有如下两种。

- 通过鼠标修改。如果想要修改圆的属性，可以在选择状态下将指针放置在圆的边缘或圆心，通过拖动来修改圆的属性，如图 2-16 所示。其中，拖动圆的边线远离其中心可以放大圆，拖动圆的边线靠近其中心可以缩小圆，拖动圆的中心可以移动圆。
- 通过属性管理器属性窗口修改。欲改变圆属性，可以在选择状态下选择圆，并在"圆"属性管理器中编辑其属性。

（3）选项说明

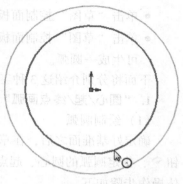

图 2-16　拖动修改圆的半径

图 2-17 所示为选择了一个圆后的"圆"属性管理器，其中各选项的含义说明如下。

- 现有几何关系 ⊥：表示在草图绘制过程中自动显示推理的几何关系或使用添加几何关系手工生成的几何关系。当在列表中选择一几何关系时，标注在图形区域高亮显示。
- 信息 ⓘ：显示所选草图实体的状态，包括"完全定义""欠定义"等。
- 添加几何关系：利用该选项组可将几何关系添加到所选实体，选项组清单中只包括所选实体可能使用的几何关系。
- 选项：利用"作为构造线"复选框可以将实体转换为构造几何线。
- 参数：如果圆不受几何关系约束，可以指定其中参数的任何适当组合来定义圆。ⒸX 选项用于修改圆心点的 X 坐标；ⒸY 选项用于修改圆心点的 Y 坐标；⟋ 选项用于修改圆的半径。

图 2-17　"圆"属性管理器

2. 绘制周边圆

确定好基准面之后，在草绘平面上单击"草图"控制面板上的"周边圆"按钮 ⟳，再指定圆周上的 3 个点，即可在工作窗口中生成一个圆草图图形。具体操作步骤如下。

01 执行草图绘制命令中的"周边圆"命令，此时的指针形状变为 ✎。

02 在图形区域的适当位置单击确定圆周上的第一点，开始圆的绘制。

03 移动指针并在图形区域的适当位置单击确定圆周上的第二点。

04 移动指针并在图形区域的适当位置单击确定圆周上的第三点。

在确定了圆周上的第一点之后拖动鼠标，圆的尺寸会动态显示。其他的相关操作，如修改圆的属性等，与绘制圆相同，这里不再赘述。

2.2.5　绘制圆弧

圆弧的绘制方法有如下 3 种。

- 单击"草图"控制面板上的"圆心/起/终点画弧"按钮

2.2.5　绘制圆弧

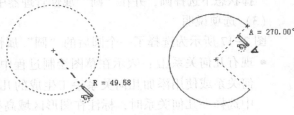，以圆心、起点以及终点生成一圆弧。

- 单击"草图"控制面板上的"切线弧"按钮 ，生成一条与草图实体相切的弧线。
- 单击"草图"控制面板上的"三点圆弧" 按钮，指定三点（起点、终点及中点）即可生成一圆弧。

下面将分别介绍这3种工具的具体使用方法。

1. "圆心/起/终点画弧"命令

（1）绘制圆弧

确定好基准面之后，在草绘平面上单击"草图"控制面板上的"圆心/起/终点画弧"按钮，指定圆弧的圆心、起点以及终点位置，即可在工作窗口中加入一个圆弧草图图形。具体操作步骤如下。

01 执行草图绘制命令中的"圆心/起/终点画弧"命令，此时的指针形状变为。

02 在图形区域的适当位置单击确定圆弧的圆心，然后单击将圆弧端点放置到所需位置，如图2-18所示。

图2-18 绘制圆弧

（2）修改圆弧

如果要修改圆弧的属性，可以在"圆弧"属性管理器中修改。图2-19所示为选择了一个圆弧后的"圆弧"属性管理器，其中各选项的含义说明如下。

- 现有几何关系 ：即时显示在草图绘制过程中自动推理或使用添加几何关系手工生成的几何关系。当在列表中选择一几何关系时，标注在图形区域高亮显示。
- 信息 ：显示所选草图实体的状态，包括"完全定义""欠定义"等。
- 添加几何关系：利用该选项组可将几何关系添加到所选实体，选项组清单中只包括所选实体可能使用的几何关系。
- 选项：勾选"作为构造线"复选框，可以将实体转换到构造几何体。
- 参数：如果圆弧不受几何关系约束，可以指定适当的参数组合来定义圆弧。当更改一个或多个参数时，其他参数会自动更新。用于修改圆弧中心点的X坐标；用于修改圆弧中心点的Y坐标；用于修改圆弧开始点的X坐标；用于修改圆弧开始点的Y坐标；用于修改圆弧结束点的X坐标；用于修改圆弧结束点的Y坐标；用于修改圆弧的半径；用于修改圆弧的角度，即被圆弧所包容的角度。

2. "切线弧"命令

确定好基准面之后，在草绘平面上单击"草图"控制面板上的"切线弧"按钮，指定直线、圆弧、椭圆或样条曲线的端点（即圆弧与直线、圆弧、椭圆或样条曲线的切点），并指定圆弧的终点位置，即可在工作窗口中加入一个圆弧草图图形。具体操作步骤如下。

01 执行草图绘制命令中的"切线弧"命令，将指针移动到直线、圆弧、椭圆或样条曲线的端点处，此时的指针形状变为。

图2-19 "圆弧"属性管理器

02 移动指针确定圆弧的终点位置，同时圆弧的半径也就确定了，如图 2-20 所示。

3. "三点圆弧"工具

确定好基准面之后，在草绘平面上单击"草图"控制面板上的"三点圆弧"按钮 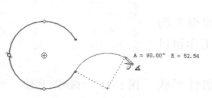，指定圆弧边缘上的 3 个点位置，即可在工作窗口中加入一个圆弧草图图形。具体操作步骤如下。

01 执行草图绘制命令中的"三点圆弧"命令，将指针移动到图形界面中，此时的指针形状变为 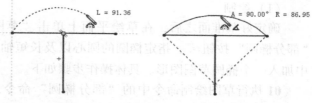，单击确定圆弧的起点位置。

02 移动指针确定圆弧的终点位置。

03 调整指针的位置，圆弧达到要求，单击确定圆弧的半径。绘制过程如图 2-21 所示。

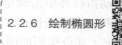

图 2-20 绘制切线弧　　　　　　　　　　图 2-21 "三点圆弧"工具绘制圆弧

2.2.6 绘制椭圆形

在 SOLIDWORKS 中，椭圆形的绘制主要分为椭圆及部分椭圆两种。

2.2.6 绘制椭圆形

1. 绘制椭圆

（1）绘制

确定好基准面之后，在草绘平面上单击"草图"控制面板上的"椭圆"按钮 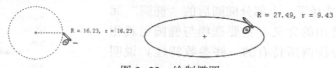，指定椭圆的圆心以及长短轴，即可生成一个椭圆草图图形。具体操作步骤如下。

01 执行草图绘制命令中的"椭圆"命令，此时的指针形状变为 。

02 在图形区域的适当位置单击确定椭圆的圆心，移动指针并单击确定椭圆的长轴（也可以是短轴）。

03 移动指针并单击来确定椭圆的另一轴。

在确定了椭圆的圆心之后拖动鼠标，椭圆的属性尺寸会动态显示，图 2-22 所示为利用"椭圆"工具绘制的椭圆以及尺寸的动态显示。

图 2-22 绘制椭圆

（2）修改

如果要改变椭圆属性，可以在打开的草图中选择椭圆，并在"椭圆"属性管理器中编辑其属性。图 2-23 所示为选择了一个椭圆后的"椭圆"属性管理器，其中各选项的含义说明如下。

● 现有几何关系 ⊥：在草图绘制过程中自动显示推理的或使用添加几何关系手工生成的几何关系。当在列表中选择一几何关系时，标注在图形区域高亮显示。

● 信息 ⓘ：显示所选草图实体的状态，包括"完全定义""欠定义"等。

● 添加几何关系：利用该选项组可将几何关系添加到所选实体，选项组清单中只包括所选实体可能使用的几何关系。

- 选项：勾选"作为构造线"复选框，可以将实体转换为构造几何线。
- 参数：如果椭圆不受几何关系约束，可以指定适当的参数组合来定义椭圆。当更改一个或多个参数时，其他参数会自动更新。其中，有些参数只供部分椭圆使用。C_x用于修改椭圆中心X坐标的值；C_y用于修改椭圆中心Y坐标的值；用于修改椭圆的第一半径；用于修改椭圆的第二半径。

2. 绘制部分椭圆

（1）绘制

确定好基准面之后，在草绘平面上单击"草图"控制面板上的"部分椭圆"按钮 ⊙，指定椭圆的圆心以及长短轴，即可在工作窗口中加入一个椭圆草图图形。具体操作步骤如下。

01 执行草图绘制命令中的"部分椭圆"命令，此时的指针形状变为 。

图 2-23　"椭圆"属性
管理器（一）

02 在图形区域的适当位置单击确定椭圆的圆心，移动指针并单击来确定椭圆的长轴（或短轴）。

03 移动指针并单击确定椭圆的另一轴。

04 绕圆周拖动指针定义椭圆的范围，单击来完成部分椭圆的绘制。

在确定了部分椭圆的圆心之后拖动鼠标，部分椭圆的属性尺寸会动态地显示。图 2-24 所示为利用"部分椭圆"工具绘制的部分椭圆以及尺寸的动态显示。

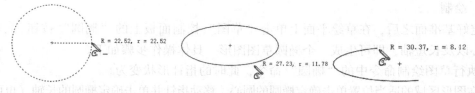

图 2-24　绘制部分椭圆

（2）修改

如果要改变部分椭圆的属性，可以在打开的草图中选择部分椭圆，并在"椭圆"属性管理器中编辑其属性。

图 2-25 所示为选择了一个部分椭圆后的"椭圆"属性管理器，其中各选项的含义（主要选项与椭圆工具相同，这里只介绍部分椭圆所特有的一些参数特性）说明如下。

- ：用于修改部分椭圆起始点的 X 坐标。
- ：用于修改部分椭圆起始点的 Y 坐标。
- ：用于修改部分椭圆终止点的 X 坐标。
- ：用于修改部分椭圆终止点的 Y 坐标。
- ：用于修改部分椭圆的角度。

图 2-25　"椭圆"属性管理器（二）

2.2.7 绘制抛物线

1. 绘制

确定好基准面之后，在草绘平面上单击"草图"控制面板上的"抛物线"按钮∪，指定抛物线的焦点，并拖动以放大抛物线，即可在工作窗口中加入一个抛物线图形。具体操作步骤如下。

01 执行草图绘制命令中的"抛物线"命令，此时的指针形状变为。

02 在图形区域的适当位置单击确定抛物线的焦点，移动指针并单击确定抛物线的起点位置。

03 移动指针并单击来确定抛物线的终点位置。这样抛物线的范围就绘制完成了。

在确定了抛物线的焦点之后拖动鼠标，抛物线的属性尺寸会动态显示。图 2-26 所示为利用"抛物线"工具绘制的抛物线以及抛物线尺寸的动态显示。

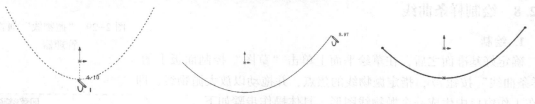

图 2-26 绘制抛物线

2. 修改

在选择状态下单击抛物线，可以修改抛物线，以下是几种修改方式。

- 如要展开曲线，将顶点拖离焦点即可。如要收缩曲线，将顶点拖向焦点即可，效果如图 2-27 所示。
- 如要改变抛物线一个边的长度而不修改抛物线的曲线，选择一个端点并拖动即可，效果如图 2-28 所示。

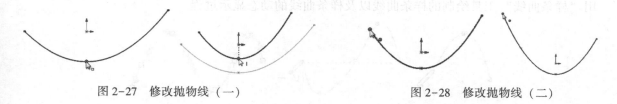

图 2-27 修改抛物线（一）   图 2-28 修改抛物线（二）

- 如要将抛物线移动到新的位置，选择抛物线的曲线并将其拖动到合适的位置即可。
- 如果想要改变抛物线属性，可以在打开的草图中选择抛物线，并在"抛物线"属性管理器中编辑其属性。

3. 选项说明

图 2-29 所示为选择了一条抛物线后的"抛物线"属性管理器，其中各选项的含义说明如下。

- 现有几何关系┻：在草图绘制过程中自动显示推理的几何关系或使用添加几何关系手工生成的几何关系。当在列表中选择一几何关系时，标注在图形区域高亮显示。
- 信息ⓘ：显示所选草图实体的状态，包括"完全定义""欠定义"等。
- 添加几何关系：可将几何关系添加到所选实体，选项组清单中只包括所选实体可能使用的几何关系。

- 选项：勾选"作为构造线"复选框，可以将实体转换到构造几何线。
- 参数：如果抛物线不受几何关系约束，则可以指定适当的参数（或额外参数）组合来定义抛物线。当更改一个或多个参数时，其他参数会自动更新。↷用于修改抛物线起始点的 X 坐标；↷用于修改抛物线起始点的 Y 坐标；↷用于修改抛物线终止点的 X 坐标；↷用于修改抛物线终止点的 Y 坐标；↷用于修改抛物线焦点的 X 坐标；↷用于修改抛物线焦点的 Y 坐标；↷用于修改抛物线顶点的 X 坐标；↷用于修改抛物线顶点的 Y 坐标。

图 2-29 "抛物线"属性
管理器

2.2.8 绘制样条曲线

1. 绘制

确定好基准面之后，在草绘平面上单击"草图"控制面板上的"样条曲线"按钮 ∿，指定抛物线的焦点，并拖动以放大抛物线，即可在工作窗口中生成一个抛物线图形。具体操作步骤如下。

2.2.8　绘制样条曲线

01 执行草图绘制命令中的"样条曲线"命令，此时的指针形状变为 ∿。

02 在图形区域的适当位置单击确定样条曲线的起始点位置，并将第一个线段拖出来确定样条曲线的第二点位置。

03 移动指针并单击来确定样条曲线其他各点的位置，然后在最后一个通过点上双击结束绘制。

在确定了样条曲线第一点的位置之后移动鼠标，样条曲线会动态显示。图 2-30 所示为利用"样条曲线"工具绘制的样条曲线以及样条曲线的动态显示过程。

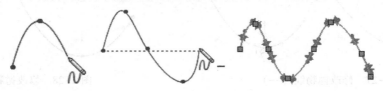

图 2-30　绘制样条曲线

2. 修改

1）如果想要给样条曲线点添加几何关系，可以选择点并在激活的属性管理器中使用"添加几何关系"选项组，在样条曲线点和端点之间指定几何关系。

2）如果想要改变样条曲线的形状，可以在选择状态下拖动如图 2-31 所示的控制点或箭头控标。

3）在选择样条曲线以后，单击鼠标右键，会打开图 2-32 的菜单，通过选择其上的命令可以进一步修改样条曲线，各选项作用说明如下。

- 添加相切控制 ∿：如图 2-33 所示，通过单击以定位控标，增加了相切控制。

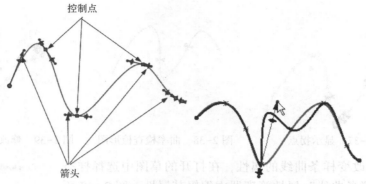

图 2-31 修改样条曲线

- 添加曲率控制 ⅍：如图 2-34 所示，通过沿向量控标往任一方向拖动来调整曲率的半径。

- 插入样条曲线型值点 ⌐：如图 2-35 所示，指针变成 ⬱ 形状，如果指针没有位于样条曲线上，指针将变成 ⬱ 形状。在样条曲线上，单击一个或多个需插入点的位置，便可以插入样条曲线型值点。

- 简化样条曲线 ⌁：如图 2-36 所示，通过简化样条曲线可以减少样条曲线中点的数量，并提高包含复杂样条曲线的模型的系统性能。

- 显示拐点 ⅄：拐点符号 ⬚ 在样条曲线从凹陷变化到凸起的点处出现，如图 2-37 所示。

- 显示曲率检查 ⌇：曲率检查梳形图提供了斜面以及零件、装配体及工程图文件中大部分草图实体曲率的直观增强功能，如图 2-38 所示。

- 修改曲率比例：可以通过在属性管理器中移动比例滑竿来调整曲率梳形图的大小，如图 2-39 所示。

图 2-32 修改样条曲线命令

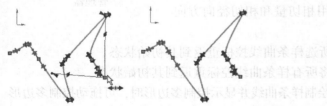

图 2-33 添加相切控制

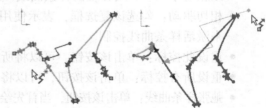

图 2-34 调整曲率半径

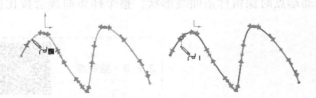

图 2-35 鼠标光标变化

图 2-36 "简化样条曲线"对话框

图 2-37　显示拐点

图 2-38　曲率检查梳形图

图 2-39　修改曲率比例

4）如果想要改变样条曲线的属性，在打开的草图中选择样条曲线，可以在"样条曲线"属性管理器中编辑其属性。图 2-40 所示为选择了一条样条曲线后的"样条曲线"属性管理器，其中各选项的含义说明如下。

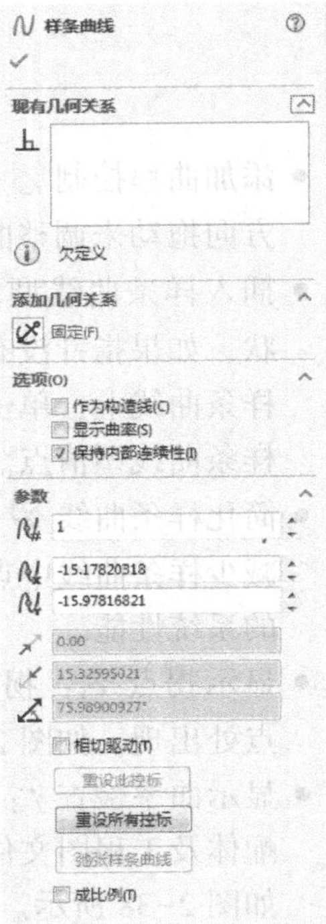

- 现有几何关系⊥：在草图绘制过程中自动显示推理的几何关系或使用添加几何关系手工生成的几何关系。当在列表中选择一几何关系时，标注在图形区域高亮显示。
- 信息ⓘ：显示所选草图实体的状态，包括"完全定义""欠定义"等。
- 添加几何关系：可将几何关系添加到所选实体，选项组清单中只包括所选实体可能使用的几何关系。
- 选项：勾选"作为构造线"复选框，可以将实体转换到构造几何线。
- 参数：如果样条曲线不受几何关系约束，指定适当的参数组合来定义样条曲线。N用于修改样条曲线点数，在图形区域高亮显示所选样条曲线点；N用于修改指定样条曲线点的 X 坐标；N用于修改指定样条曲线点的 Y 坐标；↗用于修改样条曲线点处的样条曲线曲率度数，控制相切向量；◿用于修改相对于 X、Y 或 Z 轴的样条曲线倾斜角度，控制相切方向。
- 相切驱动：勾选该复选框，表示使用相切量和相切径向方向来激活样条曲线控制。
- 重设此控标：单击该按钮，可以将所选样条曲线控标重返到其初始状态。
- 重设所有控标：单击该按钮，可以将所有样条曲线控标重返到其初始状态。
- 弛张样条曲线：单击该按钮，当首先绘制样条曲线并显示控制多边形时，可拖动控制多边形上的任何节点以更改其形状。如果拖动引起样条曲线不平滑，可重新选择样条曲线来显示。
- 成比例：勾选该复选框，表示在拖动端点时保留样条曲线形状，整个样条曲线会按比例调整大小。

图 2-40　"样条曲线"属性
管理器

2.2.9　绘制点

1. 绘制

确定好基准面之后，在草绘平面上单击"草图"控制面板

2.2.9　绘制点

48

上的"点"按钮 ▫ ，指定点的位置并单击，可将点插入到草图和工程图中。具体操作步骤如下。

01 执行草图绘制命令中的"点"命令，此时的指针形状变为 ✎。

02 在图形区域的适当位置单击确定点的位置，然后在图形区域单击确定放置点。

2. 修改

如果要改变点的属性，在打开的草图中选择点，可以在"点"属性管理器中编辑其属性。图 2-41 所示为选择了一个点后的"点"属性管理器，其中各选项的含义说明如下。

1）现有几何关系 ⊥：在草图绘制过程中自动显示推理的几何关系或使用添加几何关系手工生成的几何关系。当在列表中选择一几何关系时，标注在图形区域高亮显示。

2）添加几何关系：利用该选项组可将几何关系添加到所选实体，选项组清单中只包括所选实体可能使用的几何关系。

3）参数：如果点不受几何关系约束，则可以指定参数来定义点。▫x 用于修改点的 X 坐标；▫y 用于修改点的 Y 坐标。

图 2-41 "点"属性管理器

2.3 实体草图绘制

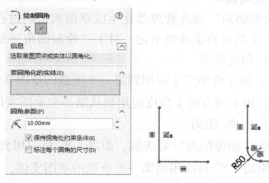

2.3.1 绘制圆角

2.3.1 绘制圆角

"绘制圆角"工具可在两个草图实体的交叉处剪裁掉角部，从而生成一个切线弧。此工具在 2D 和 3D 草图中均可使用。

1. 绘制

确定好基准面之后，在草绘平面上单击"草图"控制面板上的"绘制圆角"按钮 ⌐，选择要圆角的草图实体，即可创建一个圆弧图形。具体操作步骤如下。

01 打开一幅已经存在的草图，选择要圆角的草图实体。

02 在"绘制圆角"属性管理器中设定圆角属性，如图 2-42 所示， ⌐ 可以定义圆角半径为 10。

03 单击"确定" ✔ 按钮可接受圆角设置，或单击"撤销" ✗ 按钮可移除圆角。用户可以以相反顺序撤销一系列圆角。

图 2-42 中给出了执行圆角后的效果对比。

图 2-42 圆角效果

2. 选项含义

"圆角"属性管理器中各选项的含义说明如下。

- 圆角参数 ⌐：具有相同半径的连续圆角不会单独标注尺寸，它们自动与该系列中的第一个圆角具有相等几何关系。

- 保持拐角处约束条件：勾选此复选框，如果顶点具有尺寸或几何关系，将保留虚拟交点。如果不勾选此复选框，且顶点具有尺寸或几何关系，将会询问是否想在生成圆角时删除这些几何关系。
- 标注每个圆角的尺寸：勾选该复选框，可将尺寸添加到每个圆角。当消除选定时，在圆角之间添加相等几何关系。

2.3.2 绘制倒角

1. 绘制

确定好基准面之后，在草绘平面上单击"草图"控制面板上的"绘制倒角"按钮 ⌐，选择要倒角的草图实体，即可创建一个倒角。具体操作步骤如下。

01 打开一幅已经存在的草图，选择要倒角的草图实体。

02 在"绘制倒角"属性管理器中设定倒角属性，如图 2-43 所示，选择要进行倒角处理的草图实体（可以选择非交叉实体，实体被拉伸，边角被圆角处理）。

03 单击"确定"按钮 ✓ 可接受倒角，单击"撤销" ⊠ 按钮可移除倒角。用户可以以相反顺序撤销一系列倒角。

图 2-44 所示为执行倒角后的效果对比。

图 2-43 "绘制倒角"属性管理器

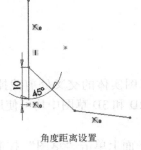

图 2-44 倒角效果

2. 选项说明

"绘制倒角"属性管理器在生成草图倒角的过程中控制倒角属性，"特征"控制面板上的"倒角"工具可将实体倒角化。对于"绘制倒角"属性管理器，其中各选项的含义说明如下。

（1）角度距离

：用于将距离 1 应用到第一个所选的草图实体。

：用于将方向 1 角度应用到从第一个草图实体开始的第二个草图实体。

（2）距离-距离

勾选"相等距离"复选框，距离 1 将应用到两个草图实体。取消勾选"相等距离"复选框，距离 1 将应用到第一个所选的草图实体，距离 2 将应用到第二个所选的草图实体。

2.3.3 等距实体

按特定的距离等距一个或多个草图实体所选模型边线或模型面即为等距实体。例如，可以等距诸如样条曲线或圆弧、模型边线组、环之类的草图实体。

1. 创建等距实体

确定好基准面之后，在草绘平面上单击"草图"控制面板上的"等距实体"按钮 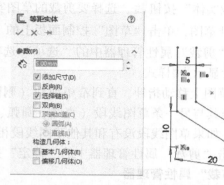，选择要等距的草图实体，即可创建一个等距实体图形。其具体操作步骤如下。

01 在打开的草图中选择一个或多个草图实体、一个模型面或一条模型边线等。

02 单击"草图"控制面板上的"等距实体"按钮。

03 在属性管理器中设定好参数后，单击"确定"按钮✔可接受等距实体，单击"撤销"按钮✕可等距实体。

图 2-45 所示为设置"等距实体"属性管理器后得到的等距实体效果。

等距实体可以等距有限直线、圆弧和样条曲线，但不能等距先前等距的样条曲线或会产生自我相交几何体的实体。

SOLIDWORKS 软件会在每个原始实体和相对应的草图实体之间生成边线上的几何关系。如果重建模型时原始实体改变，则等距实体也会随之改变。

图 2-45 "等距实体"属性管理器设置及效果

2. 选项说明

对于"等距实体"属性管理器，其各选项的含义说明如下。

- 等距距离 ⌁：设置该选项后面的数值，可以利用特定距离来等距草图实体。若想查看动态预览效果，可按住鼠标左键并在图形区域拖动。释放鼠标时，等距实体即可完成。

- 添加尺寸：勾选该复选框表明在草图中包括等距距离，这不会影响到包括在原有草图实体中的任何尺寸。

- 反向：勾选该复选框，可以更改单向等距的方向。

- 选择链：勾选该复选框，可以生成所有连续草图实体的等距。

- 双向：勾选该复选框，表示在双向生成等距实体。

- 顶端加盖：勾选该复选框，可以通过选择双向并添加一顶盖来延伸原有非相交草图实体，可以生成圆弧或直线为延伸顶盖类型。

2.3.4 转换实体引用

2.3.4 转换实体引用

通过将边线、环、面、曲线、外部草图轮廓线、一组边线或一组草图曲线投影到草图基准面上，可以在草图上生成一个或多个草图实体。

确定好基准面之后，在草绘平面上单击"草图"控制面板上的"转换实体引用"按钮 ⌷，选择要转换实体引用的草图实体模型，即可将草图模型转换实体引用。具体操作步骤如下。

01 在打开的草图中单击模型边线、环、面、曲线、外部草图轮廓线、一组边线或一组曲线等。

02 单击"草图"控制面板上的"转换实体引用"按钮 ⌷，建立如下几何关系。

- 在边线上：在新的草图曲线和实体之间生成。这样如果实体更改，曲线也会随之更新。

- 固定：在草图实体的端点上内部生成，使草图保持"完全定义"状态。当使用显示/删除几何关系时，不会显示此内部几何关系。拖动这些端点可移除固定几何关系。

2.3.5 草图剪裁

2.3.5 草图剪裁

1. 剪裁草图

确定好基准面之后，在草绘平面上单击"草图"控制面板上的"剪裁实体"按钮 ，选择要剪裁的草图实体，即可剪裁草图图形。具体操作步骤如下。

01 打开草图，单击"草图"控制面板上的"剪裁实体"按钮 。

02 在"剪裁"属性管理器中的"选项"选项组中选择所需剪裁的功能命令按钮，此时草图中的指针显示为 样式。

03 在草图上移动指针，直到希望剪裁（删除）的草图线段以红色高亮显示，单击鼠标，线段删除至其与另一条草图线段（直线、圆弧、圆、椭圆、样条曲线或中心线）或模型边线的交点处。如果草图线段没有和其他草图线段相交，则整条草图线段都将被删除。

04 单击"剪裁"属性管理器中的"确定"按钮 接受剪裁实体。

2. "剪裁"属性管理器

图 2-46 "剪裁"属性管理器

选择剪裁命令之后，"剪裁"属性管理器如图 2-46 所示，用户可以用它来控制剪裁实体的方法，其中各选项的含义说明如下。

（1）"强劲剪裁"选项

单击"强劲剪裁"按钮 ，可以通过拖动鼠标剪裁单一草图实体到最近的交叉实体，也可以剪裁一个或多个草图实体到最近的交叉实体并与该实体交叉。操作方法如下。

01 单击位于第一个实体旁边的图形区域，然后拖动穿过要剪裁的草图实体，指针在穿过并剪裁草图实体时变成 样式。

02 按住鼠标左键并拖动穿过想剪裁的每个草图实体。

03 完成剪裁草图时释放左键，然后单击"确定"按钮 。

操作图示如图 2-47 所示。

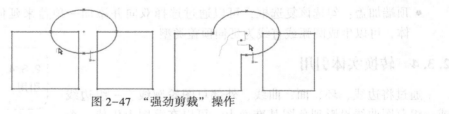

图 2-47 "强劲剪裁"操作

（2）"边角"选项

单击"边角"按钮 ，可以修改两个所选的草图实体（延伸或剪裁），直到它们与虚拟边角交叉为止；沿着其自然路径延伸一个或两个实体时，就会生成虚拟边角。

操作过程中应该注意如下几个方面。

● 草图实体可以不同，例如，可以选择直线和圆弧、抛物线和直线等。

● 边角操作不受选择草图实体的顺序影响。

● 如果所选的两个实体之间不可能有几何上的自然交叉，则剪裁操作无效。

"边角"操作方法如下。

01 在"边角"属性管理器中的"选项"下单击"边角"按钮 ，然后选择两个边界草图实体。

02 选择要结合的草图实体，然后单击"确定"按钮✔。

操作图示如图 2-48 所示。

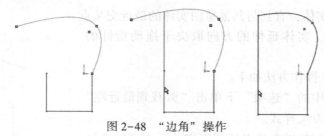

图 2-48 "边角"操作

（3）"在内剪除"选项

单击"在内剪除"按钮⊧⊧，可剪裁交叉于两个所选边界或位于两个所选边界之间的开环实体。操作时应该注意如下几个方面。

- 选择的作为两个边界实体的草图实体可以不同。
- 选择要剪裁的草图实体必须与每个边界实体交叉一次，或与两个边界实体完全不交叉。
- 剪裁操作将会删除所选边界内部所有的有效草图实体。
- 要剪裁的有效草图实体包括开环草图段，但不包括闭环草图实体（如圆）。
- 对于闭环草图实体，如椭圆等，将会生成一个边界区域，方式与选择两个开环实体作为边界相同。

"在内剪除"操作方法如下。

01 单击"在内剪除"按钮⊧⊧，选择两个边界草图实体。

02 选择要剪裁的草图实体，单击"确定"按钮✔。

操作图示如图 2-49 所示。

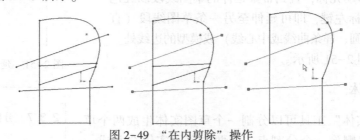

图 2-49 "在内剪除"操作

（4）"在外剪除"选项

单击"在外剪除"按钮⊧⊧，可剪裁位于两个所选边界之外的开环实体。操作时应该注意如下方面。

- 选择的作为两个边界实体的草图实体可以不同。
- 边界不受所选草图实体端点的限制。
- 剪裁操作将会删除所选边界外部所有有效草图实体。
- 如果要剪裁的草图实体与边界实体之一只交叉一次，则只剪裁边界实体外的截面，同时将边界实体内的截面延伸到下一实体。
- 只有开环草图线段才是要剪裁的有效实体。

"在外剪除"具体操作与"在内剪除"选项基本一致，在此不作赘述。

（5）"剪裁到最近端"选项

单击"剪裁到最近端"按钮 $\boxplus$，可剪裁或延伸所选草图实体。操作中应该注意如下几个方面。

- 删除所选草图实体，直到与其他草图实体的最近交叉点。
- 延伸所选实体。实体延伸的方向取决于拖动指针的方向。

"剪裁到最近端"操作方法如下。

01 在属性管理器中的"选项"下单击"剪裁到最近端"按钮 $\boxplus$，此时指针变为 样式。

02 选择要剪裁的到最近交叉点的草图实体，也可以选择要延伸的草图实体，然后拖动到交叉点。

03 单击"确定"按钮 。

操作图示如图2-50所示。

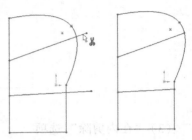

图2-50 "剪裁到最近端"操作

2.3.6 延伸草图

2.3.6 草图延伸

利用"延伸实体"命令可以增加草图实体（直线、中心线或圆弧）的长度。在通常情况下，使用延伸实体可将草图实体延伸，以与另一个草图实体相遇。

确定好基准面之后，在草绘平面上单击"草图"控制面板上的"延伸实体"按钮 $\boxed{\top}$，选择要延伸的草图实体，即可延伸草图图形。具体操作步骤如下。

01 打开草图，单击"草图"控制面板上的"延伸实体"按钮 $\boxed{\top}$，此时草图中的指针显示为 样式。

02 在草图上移动光标，直到希望延伸的草图线段以红色高亮显示，单击鼠标左键，即可延伸至另一条草图线段（直线、圆弧、圆、椭圆、样条曲线或中心线）或模型的边线处。

操作图示如图2-51所示。

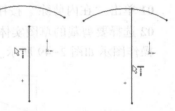

图2-51 延伸实体效果

2.3.7 分割实体

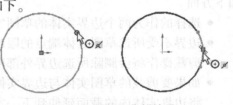

2.3.7 分割实体

利用"分割实体"工具可以分割一个草图实体生成两个草图实体；或者可以删除一个分割点，将两个草图实体合并成一个单一草图实体。用户可以使用两个分割点来分割一个圆、完整椭圆或闭合样条曲线。

确定好基准面之后，在草绘平面上单击"草图"控制面板上的"分割实体"按钮 $\boxed{\Gamma}$，选择要分割的草图实体后即可分割实体。具体操作步骤如下。

01 打开草图，单击"草图"控制面板上的"分割实体"按钮 $\boxed{\Gamma}$，此时草图中的显示为 样式。

02 单击草图实体上的分割位置，即可将实体分割成两个实体，并且这两个实体之间会添加一个分割点。

操作图示如图2-52所示。

图2-52 圆的分割效果

2.3.8 镜像实体

生成镜像实体时，SOLIDWORKS 软件会在每一对相应的草图点（镜像直线的端点、圆弧的圆心等）之间应用对称关系。如果更改被镜像的实体，其镜像图像也会随之更改。另外，镜像实体在 3D 草图中不可使用。

确定好基准面之后，在草绘平面上单击"草图"控制面板上的"镜像实体"按钮 ⑭，选择要镜像的草图实体，即可创建一个镜像实体图形。具体操作步骤如下。

01 在打开的草图中选择一个或多个草图实体、一个模型面或一条模型边线等作为镜像实体。

02 单击"草图"控制面板上的"镜像实体"按钮 ⑭。

03 在属性管理器中的"参数"下设定镜像 ⑭，选择要镜像的实体。

04 在属性管理器中的"参数"下设定镜像点 ⑭，选择边线或直线，然后单击"确定"按钮 ✔ 接受镜像实体，或单击"撤销"按钮 ✕ 撤销镜像实体。

操作图示如图 2-53 所示。

图 2-54 所示为"镜像"属性管理器在生成镜像实体过程中控制等距实体的属性，其中各选项的含义说明如下。

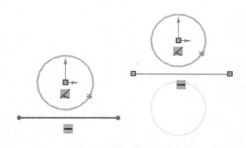

图 2-53 镜像实体效果

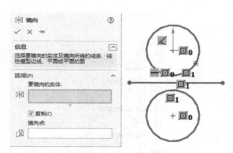

图 2-54 "镜像"属性管理器

- "要镜像的实体" ⑭：选择要镜像的某些或所有实体。
- "复制"复选框：勾选该复选框表示包括原始实体和镜像实体；取消勾选表示仅包括镜像实体。
- "镜像点" ⑭：选择镜像所绕的任意直线、模型线性边线或工程图线性边线。

2.3.9 动态镜像实体

 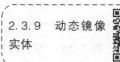

与"镜像实体"工具 ⑭ 不同的是，动态镜像实体 ⑭ 是先选择镜像所绕的实体，然后绘制要镜像的草图实体。操作中应该注意如下方面。

- 预先存在的草图实体不可镜像。
- 原始草图实体和镜像草图实体都包括在最终结果中。

动态镜像实体的具体操作步骤如下。

01 在打开的草图中选择直线或模型边线。

02 单击"草图"控制面板上的"动态镜像实体"按钮 ⑭，此时对称符号出现在已经选择的直线或边线的两端。

03 编辑要镜像的草图实体，实体会在绘制时
被镜像。

操作图示如图 2-55 所示。

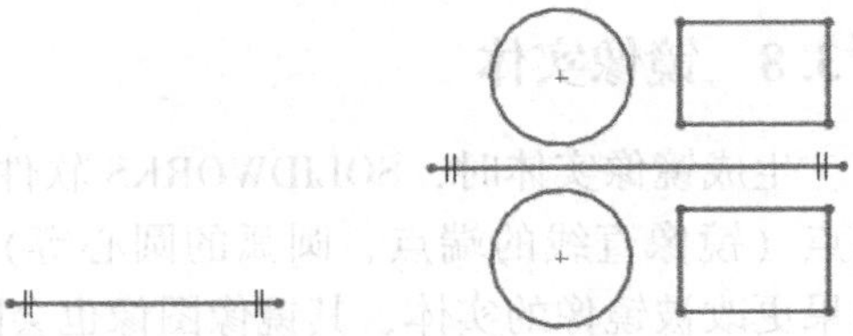

图 2-55 动态镜像实体效果

2.3.10 线性阵列

1. 阵列草图

使用"线性阵列"工具可以生成草图实体的
线性阵列。具体操作步骤如下。

2.3.10 线性阵列

01 在模型面上打开一张草图，并绘制一个或多个需复制的项目。

02 选择草图实体，单击"草图"控制面板上的"线性草图阵列"按钮 ，此时的指针变
为 样式。

03 弹出图 2-56 所示的"线性阵列"属性管理器，设置草图排列的位置，并选择要复制的
项目等。

04 单击"确定"按钮 ，即可完成对草图的阵列。

利用"线性阵列"命令绘制的草图如图 2-57 所示。

图 2-56 "线性阵列"属性管理器

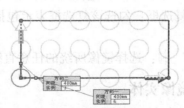

图 2-57 草图阵列和复制

2. 选项说明

"线性阵列"属性管理器中各选项的含义介绍如下。所选草图实体的名称出现在要复制的项
目中。

（1）"方向 1"选项组

- 实例数：利用该文本框可以设置阵列实例的总数，包括原始草图实体。
- 间距：利用该文本框可以设置阵列实例之间的距离。如果勾选"固定"复选框，则间距
  值在阵列完成时会显示为明确的数值。

- 角度：利用该文本框可以设置阵列的旋转角度。
- "反向"按钮 ：单击该按钮，可以设置反转阵列的方向。

（2）"方向 2"选项组

该选项组下的选项与"方向 1"选项组的内容相同，这里不再赘述。

（3）"在轴之间标注角度"复选框

如果勾该复选框，则表示阵列沿 X 轴和 Y 轴的夹角。两个方向之间的角度还可以通过第一和第二个实例上相应点（在每个方向上）的构造性直线定义。

（4）"要阵列的实体"选项组

在"要阵列的实体"选项组中，通过鼠标在图形区域选择要阵列的草图实体，也可以按〈Delete〉键删除要阵列的实体。

（5）"可跳过的实例"选项组

单击可跳过的实例，并使用指针在图形区域选择不想包括在阵列中的实例。

关于"圆周阵列" 命令与线性 命令相似，限于本书的篇幅，这里不再介绍具体的操作方法。

2.3.11 修改草图

2.3.11 修改草图

利用 SOLIDWORKS 提供的"修改草图"工具可以方便地对草图进行移动、旋转或缩放，具体操作步骤如下。

01 选择一个草图。

02 选择菜单栏中的"工具"→"草图工具"→"修改"命令，系统会弹出如图 2-58 所示的"修改草图"对话框。

参数说明如下。

- 比例相对于：选中"草图原点"单选按钮，表示相对于草图原点改变整个草图的缩放比例；选中"可移动原点"单选按钮，表示相对于可移动原点缩放草图。
- 缩放因子：设置缩放的比例。
- 旋转：输入指定的旋转角度值。
- 平移：两个文本框中输入 X 值和 Y 值，确定草图的平移量。
- 定位所选点：通过在草图上选择一个定位点来移动草图坐标。

03 设定好参数后单击"关闭"按钮退出对话框。

图 2-58 "修改草图"对话框

除了可以利用"修改草图"对话框修改草图外，用户还可以利用指针对草图进行移动和旋转。如图 2-59 所示，当指针变为 样式时，按住鼠标左键拖动鼠标可移动草图，按住鼠标右键拖动鼠标可围绕黑色原点符号旋转草图。

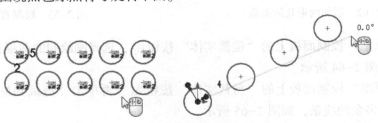

图 2-59 移动和旋转草图

2.4 草图绘制实例

利用本章所学的内容绘制图 2-60 所示的草图。

01 进入 SOLIDWORKS 工作界面，单击"快速"工具栏中的"新建"按钮 □，在弹出的"新建 SOLIDWORKS 文件"对话框中单击"零件"按钮，确定进入零件设计状态。在 Feature-Manager 中选择前视基准面，此时前视基准面变为绿色。

02 单击"草图"控制面板上的"草图绘制"按钮 □，进入草图绘制界面。

03 单击"草图"控制面板上的"中心线"按钮 ✓，绘制水平中心线，定义长度为 200。

04 单击"草图"控制面板上的"圆"按钮 ⊙，在中心线两头绘制两个圆。设置圆心半径都为 37.5，如图 2-61 所示。

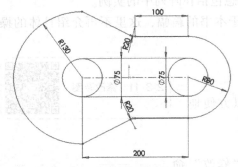

图 2-60 要绘制的草图

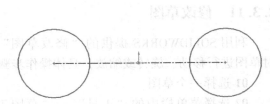

图 2-61 绘制圆

05 以同样的方法再绘制两个同心圆，半径分别为 130 和 80；在图形绘制区域右击，在弹出的快捷菜单中选择"添加几何关系"命令，然后在属性管理器中选择绘制的两个圆，为其添加同心以及固定几何关系。此时图形中出现约束几何关系图标，如图 2-62 所示。

06 单击"草图"控制面板上的"直线"按钮 ✓，沿着 R80 圆的顶部绘制切线，设定长度为 100；然后连接 R130 的圆顶端端点，如图 2-63 所示。

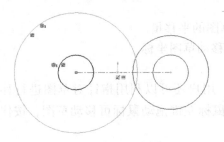

图 2-62 添加约束几何关系

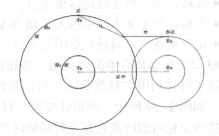

图 2-63 绘制直线

07 单击"草图"控制面板上的"镜像实体"按钮 ₭，选择刚绘制的两根直线，"镜像点"选择中心线，如图 2-64 所示。

08 单击"草图"控制面板上的"剪裁实体"按钮 ᵰ，再单击"剪裁到最近端"按钮 ┼，剪裁草图实体中多余的线条，如图 2-65 所示。

09 选择菜单栏中的"视图"→"隐藏/显示"→"草图几何关系"命令，单击此命令的

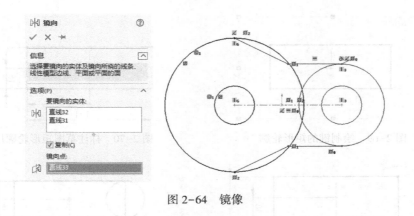

图 2-64 镜像

选择，这时的草图如图 2-66 所示，消隐了草图上的几何关系。

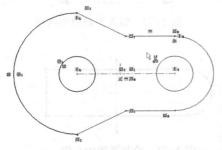

图 2-65 剪裁多余线条

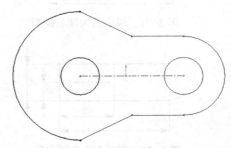

图 2-66 消隐几何关系

10 单击"草图"控制面板上的"绘制圆角"按钮，绘制半径为 20 的圆角。此时的草图如图 2-67 所示。

11 单击"草图"控制面板上的"智能尺寸"按钮，标注图示中各尺寸。标注时应首先标注圆的尺寸，然后标注圆心的距离尺寸，最后标注角度，如图 2-68 所示。至此，草图绘制完成。

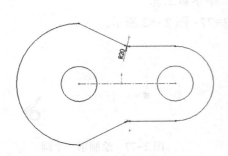

图 2-67 绘制圆角

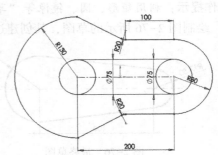

图 2-68 添加草图尺寸

2.5 上机操作

1）创建键的草图，其创建过程如图 2-69~图 2-75 所示。

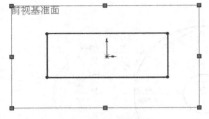

图 2-69 绘制键的矩形轮廓

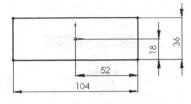

图 2-70 标注草图矩形轮廓尺寸

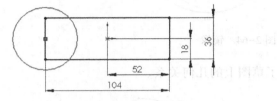

图 2-71 以中点为圆心画圆

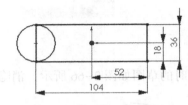

图 2-72 输入半径值生成圆

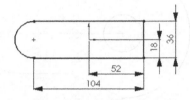

图 2-73 剪裁多余草图实体

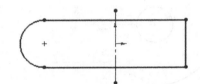

图 2-74 绘制镜像中心线

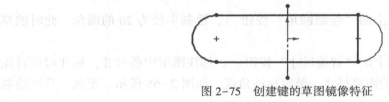

图 2-75 创建键的草图镜像特征

操作提示：利用矩形、圆、镜像等"草图绘制"命令和工具。

2）绘制图 2-76 所示的草图，其创建过程如图 2-77~图 2-82 所示。

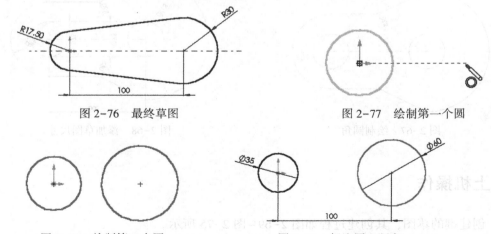

图 2-76 最终草图

图 2-77 绘制第一个圆

图 2-78 绘制第二个圆

图 2-79 标注圆心距离

60

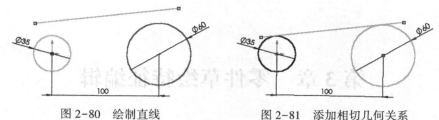

图 2-80　绘制直线　　　　　　图 2-81　添加相切几何关系

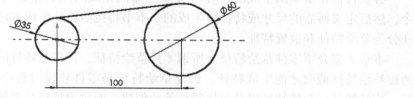

图 2-82　绘制中心线

操作提示： 利用直线、圆、镜像等"草图绘制"命令和工具。

2.6　复习思考题

1）在进行草图绘制时，应注意哪些事项？

2）在绘制圆时，"圆"命令和"周边圆"命令的异同有哪些？

3）使用"圆心/起/终点画弧"工具、"切线弧"工具和"三点圆弧"工具绘制圆弧的异同有哪些？

4）镜像实体与动态镜像实体的区别是什么？

第3章 零件草绘特征编辑

有些特征是由草图生成的，有些特征（如抽壳或圆角）是通过选择适当的工具或菜单命令，然后定义所需的尺寸或特性所生成的。本书将按照特征生成方法的不同，将构成零件的特征分为草绘特征和放置特征。

本章主要介绍零件草绘特征。所谓零件草绘特征，是指在特征的创建过程中，设计者必须通过草绘特征截面才能生成特征。创建草绘特征是零件建模过程中的主要工作，包括拉伸特征、旋转特征、扫描特征以及放样特征等的创建。而放置特征是系统内部定义好的一些参数化特征，如孔、圆角等。放置特征将在本书第4章中详细介绍。

学习要点
- 拉伸特征
- 旋转特征
- 扫描特征
- 放样特征
- 阵列和镜像特征
- 筋特征

任何一个复杂的零件，都是由许多个简单特征经过相互之间的叠加、切割或相交组合而成的。对于 SOLIDWORKS 软件来说，其零件的建模过程，实际上就是许多个简单特征相互之间叠加、切割或相交的组合过程。

一般来说，不同的建模过程虽然能构造出同样的实体零件，但其造型过程及实体的图形结构却直接影响到实体模型的稳定性、可修改性及可理解性。因此，在技术要求允许的情况下，应尽量简化实体零件的特征结构。

3.1 拉伸特征

3.1 拉伸特征

拉伸特征是由草绘平面经过拉伸而成的，它适合于构造等截面的实体特征。图 3-1 所示为利用拉伸凸台/基体特征生成的零件。

3.1.1 拉伸

要生成拉伸特征，可以采用下面的操作。

01 保持草图处于激活状态，单击"特征"控制面板上的"拉伸凸台/基体"按钮 。

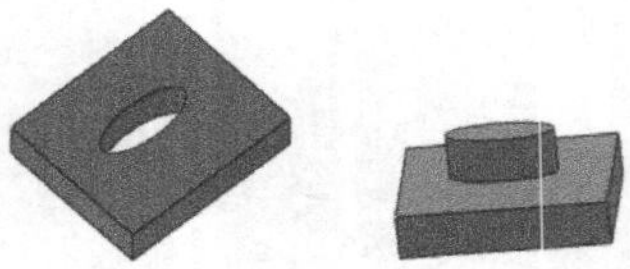

图 3-1　拉伸凸台/基体
特征生成的零件

02 在界面左侧的"凸台-拉伸"属性管理器中设定"方向1"选项组中的终止条件，即在 ↗ 下拉列表框中选择拉伸的终止条件。

03 在右侧的图形区域检查预览。如果需要，单击"反向"按钮 ↗，可以向相反方向拉伸。

04 在 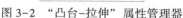 "深度" 微调框中输入拉伸的深度为 10，如图 3-2 所示。

05 单击"确定"按钮 ✓，即可完成基体/凸台拉伸特征的生成，如图 3-3 所示。

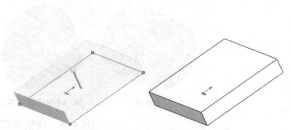

图 3-2 "凸台-拉伸"属性管理器　　　　　图 3-3 矩形草绘平面拉伸效果

"凸台-拉伸"属性管理器中一些选项的含义如下所述。

1）从：利用该选项组下拉列表中的选项可以设定拉伸特征的开始条件，下拉列表中包括：草图基准面、曲面/面/基准面、顶点、等距（从与当前草图基准面等距的基准面开始拉伸，这时需要在输入等距值中设定等距距离）。

2）方向 1：决定特征延伸的方式，并设定终止条件类型。如有必要，单击"反向"按钮 ↗ 可以与预览中所示方向相反的方向延伸特征。下拉列表中列出了如下几种拉伸方法。

- 给定深度：设定深度 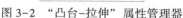，从草图的基准面以指定的距离延伸特征。
- 成形到一顶点：在图形区域选择一个顶点 ⬡，从草图基准面拉伸特征到一个平面，这个平面将平行于草图基准面且穿越指定的顶点。
- 成形到一面：在图形区域选择一个要延伸到的面或基准面作为面/平面 ◆，从草图的基准面拉伸特征到所选的曲面以生成特征。
- 到离指定面指定的距离：在图形区域选择一个面或基准面作为面/基准面 ◆，然后输入等距距离 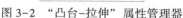。选择转化曲面可以使拉伸结束在参考曲面转化处，而非实际的等距。必要时，选择反向等距以便以反方向等距移动。
- 成形到实体：在图形区域选择要拉伸的实体作为实体/曲面实体 ▧。在装配件中拉伸时可以使用"成形到实体"，以延伸草图到所选的实体。
- 两侧对称：设定深度 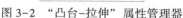，从草图基准面向两个方向对称拉伸特征。

3）"拉伸方向" ↗：表示在图形区域选择方向向量以垂直于草图轮廓的方向拉伸草图。可以通过选择不同的平面产生不同的拉伸方向，如图 3-4 所示。

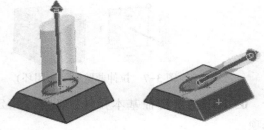

图 3-4 不同拉伸方向效果

3.1.2 拔模及薄壁特征

1. 拔模

SOLIDWORKS 软件可以根据需要新增拔模到拉伸特征中，具体操作如下。

01 编辑草图，保持草图处于激活状态，单击"特征"控制面板上的"拉伸凸台/基体"按钮 。

02 在特征编辑状态下，单击"凸台-拉伸"属性管理器中的"拔模开/关"按钮 ，设定拔模角度为 30°。如有必要，可以选择向外拔模。拔模效果如图 3-5 所示。

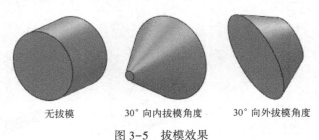

无拔模   30°向内拔模角度   30°向外拔模角度

图 3-5　拔模效果

2. 薄壁

SOLIDWORKS 还可以对闭环和开环草图进行薄壁拉伸，所不同的是，如果草图本身是一个开环图形，则拉伸凸台/基体工具只能将其拉伸为薄壁；如果草图是一个闭环图形，则既可以选择将其拉伸为薄壁特征，也可以选择将其拉伸为实体特征。

要生成拉伸薄壁特征，可按下面的步骤进行操作。

01 保持草图处于激活状态，单击"特征"控制面板上的"拉伸凸台/基体"按钮 。

02 弹出"凸台-拉伸"属性管理器，勾选"薄壁特征"复选框，如果草图是开环系统则只能生成薄壁特征。

03 在"方面1"选项组的"拉伸类型"下拉列表框中指定拉伸薄壁特征的方式为"给定深度"，在"深度"微调框中输入 50。

04 在"薄壁特征"选项组的"厚度" 微调框中设置薄壁的厚度为 5，如图 3-6 所示。得到的效果图如图 3-7 和图 3-8 所示。

图 3-6　"薄壁特征"设置

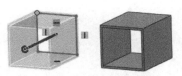

图 3-7　拉伸薄壁效果（闭环）

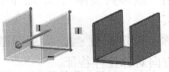

图 3-8　拉伸薄壁效果（开环）

05 对于薄壁特征基本拉伸，还可以指定以下附加选项。

- 如果生成的是一个闭环的轮廓草图，可以勾选"顶端加盖"复选框，此时将为特征的顶端加上封盖，生成一个中空的零件，如图 3-9a 所示。

- 如果生成的是一个开环的轮廓草图，可以勾选"自动加圆角"复选框，此时自动在每个具有相交

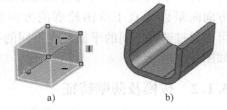

图 3-9　加盖及加圆角应用到薄壁特征
a）加盖　b）加圆角

夹角的边线上生成圆角，如图 3-9b 所示。

06 单击"确定" ✔ 按钮，即可完成薄壁特征的拉伸操作。

3. 选项说明

对"凸台-拉伸"属性管理器中的"薄壁特征"选项组补充说明如下。

1）类型：用于设定薄壁特征拉伸的类型，其下拉列表中包括如下选项。

● 单向：设定从草图以一个方向（向内或向外）拉伸的厚度 ⬥。

● 两侧对称：设定同时以两个方向从草图拉伸的厚度 ⬥。

● 双向：对两个方向分别设定不同的拉伸厚度，即方向 1 厚度 ⬥ 和方向 2 厚度 ⬥。

2）自动加圆角：该选项仅限于打开的草图（图中并未出现），表示在每一个具有直线相交夹角的边线上生成圆角。

3）⬧（圆角半径）：当勾选"自动加圆角"复选框时，用于设定圆角的内半径。

4）顶端加盖：为薄壁特征拉伸的顶端加盖，生成一个中空的零件。同时必须指定加盖厚度 ⬥。

5）⬥（加盖厚度）：选择薄壁特征从拉伸端到草图基准面的加盖厚度。

6）与厚度相等：该选项仅限于钣金零件（图 3-6 中并未出现），表示自动将拉伸凸台的深度连接到基体特征的厚度。

3.1.3 切除拉伸

要生成切除拉伸特征，可按下面的步骤进行操作。

01 保持草图处于激活状态，单击"特征"工具栏中的"拉伸切除"按钮 ⬚。

02 在出现的"切除-拉伸"属性管理器中选择"方向 1"选项组。

03 在按钮 ⬈ 右边的下拉列表中选择"切除-拉伸"的终止条件。

04 勾选"反侧切除"复选框。该复选框仅限于拉伸的切除，表示移除轮廓外的所有材质，如图 3-10 所示。在默认情况下，材料从轮廓内部移除，如图 3-11 所示。

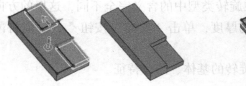 

图 3-10 反侧切除   图 3-11 默认切除

05 单击"反向"按钮 ⬈，向另一个方向切除，生成反侧切除特征。

"切除-拉伸"属性管理器中其他选项的含义基本与"拉伸特征"类似，不同的是"特征范围"选项组，通过选择该选项组下的几何体阵列，并使用特征范围选择应包含在特征中的实体来应用特征至一个或多个多体零件上。

3.2 旋转特征

旋转特征是由特征截面绕中心线旋转面生成的一类特征，它适于构造回转体零件。
SOLIDWORKS 软件的旋转特征功能通过绕中心线旋转一个或多个轮廓来添加或移除材料，

从而生成凸台、基体、切除或曲面。

旋转特征可以是实体、薄壁特征或曲面。但薄壁或曲面旋转特征的草图只能包含一个开环的或闭环的相交轮廓，且轮廓不能与中心线交叉。如果草图包含一条以上的中心线，需要选择一条中心线作为旋转轴。

3.2.1　旋转凸台/基体

3.2.1　旋转凸台/基体

1. 生成旋转特征

要生成旋转的凸台/基体特征，可以采用下面的操作步骤。

01 生成一草图，包含一个或多个轮廓和一条中心线、直线或边线，用作特征旋转所绕的轴。

02 单击"特征"控制面板上的"旋转凸台/基体"按钮 。

03 出现"旋转"属性管理器，如图3-12所示，在"方向1"选项组的下拉列表框中选择旋转类型；在"角度" 微调框中指定旋转角度，得到图3-13所示的旋转效果。

图3-12　"旋转"属性管理器

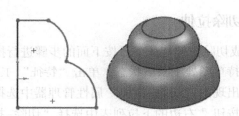

图3-13　旋转凸台/基体

04 如果准备生成薄壁旋转，则勾选"薄壁特征"复选框，然后在"薄壁特征"下拉列表框中选择拉伸薄壁类型，这里的类型与在旋转类型中的含义完全不同，这里的方向是指薄壁截面上的方向；再在 微调框中指定薄壁的厚度，单击"反向"按钮 ，可以将薄壁加在草图轮廓之内，基体与拉伸薄壁特征类似。

05 单击"确定"按钮 ，即可生成旋转的基体、凸台特征。

2. 选项说明

"旋转"属性管理器中其他选项的含义如下。

（1）"旋转轴"

选择一特征旋转所绕的轴。根据所生成的旋转特征类型，此可能为中心线、直线，或一边线。

（2）"方向1"选项组

1）"旋转类型"选项：相对于草图基准面设定旋转特征的终止条件。如有必要，单击"反向" 来反转旋转方向。可以择以下选项之一。

- 给定深度：从草图以单一方向生成旋转。在方向1角度 中设定由旋转所包容的角度。
- 成形到一顶点：从草图基准面生成旋转到顶点 中所指定的顶点。
- 成形到一面：从草图基准面生成旋转到面/基准面 中所指定的曲面。

- 到离指定面指定的距离：从草图基准面生成旋转到 中所指定曲面的指定等距，可在等距距离 中设定距离。必要时，可选择反向等距以便以反方向等距移动。
- 两侧对称：从草图基准面以顺时针和逆时针方向生成旋转，此位于旋转方向1角度 的中央。

2）"角度"选项：定义旋转的角度。系统默认的旋转角度为360°。角度以顺时针方向从所选草图开始测量。

（3）"方向2"选项组

1）"旋转类型"选项：相对于草图基准面设定旋转特征的终止条件。如有必要，单击"反向" 来反转旋转方向。可以选择以下选项之一。

- 给定深度：从草图以单一方向生成旋转。在方向2角度 中设定由旋转所包容的角度。
- 成形到一顶点：从草图基准面生成旋转到顶点 中所指定的顶点。
- 成形到一面：从草图基准面生成旋转到面/基准面 中所指定的曲面。
- 到离指定面指定的距离：从草图基准面生成旋转到 中所指定曲面的指定等距，可以在等距距离 中设定距离。必要时，可以选择反向等距以便以反方向等距移动。
- 两侧对称：从草图基准面以顺时针和逆时针方向生成旋转，此位于旋转方向1角度 的中央。

2）"角度"选项：定义旋转的角度。系统默认的旋转角度为360°。角度以顺时针方向从所选草图开始测量。

（4）"薄壁特征"选项组

1）薄壁特征类型：用来定义厚度的方向。其下拉选项说明如下。

- 单向：从草图以单一方向添加薄壁体积。如有必要，可单击"反向"按钮 来反转薄壁体积添加的方向。
- 两侧对称：以草图为中心，在草图两侧均等应用薄壁体积来添加薄壁体积。
- 双向：在草图两侧添加薄壁体积。方向1厚度 从草图向外添加薄壁体积，方向2厚度 从草图向内添加薄壁体积。

2）"方向1厚度" ：为单向和两侧对称薄壁特征旋转设定薄壁体积厚度。

（5）"所选轮廓"选项组

当使用多轮廓生成旋转时使用此选项组。将指针 指在图形区域的位置上时，位置改变颜色，单击图形区域的位置可以生成旋转的预览，这时草图的区域出现在所选轮廓 框中。另外，用户可以选择任何区域组合生成单一或多实体零件。

3.2.2 旋转切除

3.2.2 旋转切除

旋转切除特征用来产生切除特征，也就是用来去除材料。要生成旋转切除特征，可以采用下面的操作方法。

01 在所要切除的模型上插入一个草绘平面，生成面上的一张草图轮廓和一条中心线。

02 单击"特征"控制面板上的"旋转切除"按钮 。

03 在出现的"切除-旋转"属性管理器中定义"旋转轴"选项组中的旋转类型，并在 微调框中指定旋转的角度，如图3-14所示。

04 如果准备生成薄壁旋转，则勾选"薄壁特征"复选框，并设定薄壁旋转参数。

05 单击"确定"按钮✓，即可生成旋转切除特征。

利用旋转切除特征生成的零件效果如图 3-15 所示。

图 3-14 "切除-旋转"属性管理器

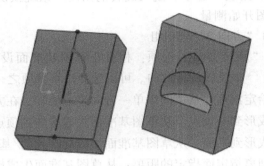

图 3-15 旋转切除效果

"切除-旋转"属性管理器中其他选项的含义基本跟"旋转特征"相同，本文省略。

3.3 扫描特征

3.3.1 扫描概述

扫描特征是指由二维草绘平面沿一个平面或空间轨迹线扫描而成的一类特征。通过沿着一条路径移动轮廓（截面），可以生成基体、凸台、切除或曲面。应用扫描特征时需要遵循以下规则。

- 对于基体或凸台扫描特征，轮廓必须是闭环的；对于曲面扫描特征，轮廓则可以是闭环的，也可以是开环的。
- 路径可以为开环的或闭环的。
- 路径可以是一张草图中包含的一组草图曲线、一条曲线或一组模型边线。
- 路径的起点必须位于轮廓的基准面上。
- 不论是截面还是路径形成的实体，都不能出现自相交叉的情况。

SOLIDWORKS 软件中，扫描特征有凸台/基体扫描（叠加）、切除扫描（切割）、引导线扫描 3 种形式。

3.3.2 凸台/基体扫描

3.3.2 凸台/基体扫描

凸台/基体扫描可以采用下面的操作完成。

01 在一个基准面上插入草绘平面，绘制一个闭环的非相交轮廓，即需要扫描的外形（轮廓），在另一个草图上绘制扫描路径，如图 3-16 所示。

02 单击"特征"控制面板上的"扫描"按钮💺。

03 此时，出现"扫描"属性管理器，同时在右侧的图形区域显示生成的扫描特征，如图 3-17 所示。在"轮廓和路径"⚪选项组中选中"草图 1"，然后在"路径"选项中选中"草图 2"。

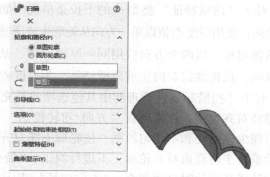

图 3-16　生成轮廓及路径　　　　　　图 3-17　"扫描"属性管理器

"切除-扫描"属性管理器中的选项说明如下。

1）"轮廓" ⟳：设定用来生成扫描的草图轮廓（截面）。扫描时应在图形区域或 Feature-Manager 中选取草图轮廓。基体或凸台扫描特征的轮廓应为闭环，而曲面扫描特征的轮廓可为开环或闭环。

2）"路径" ⟳：设定轮廓扫描的路径。扫描时应在图形区域或特征管理器中选取路径草图。路径可以是开环或闭环，也可以是包含在草图中的一组绘制的曲线、一条曲线或一组模型边线，但路径的起点必须位于轮廓的基准面上。

注意：不论是截面、路径或所形成的实体，都不能自相交叉。

3）方向/扭转控制：用来控制轮廓在沿路径扫描时的方向。其下包含的选项如下所述。

- 随路径变化：扫描时截面相对于路径方向仍时刻保持同一角度。
- 保持法向不变：扫描时截面时刻与开始截面平行。
- 随路径和第一引导线变化：如果引导线不只一条，选择该项，扫描将随第一条引导线变化。
- 随第一和第二引导线变化：如果引导线不只一条，选择该项，扫描将随第一条和第二条引导线同时变化。
- 沿路径扭转：扫描时沿路径扭转截面。在定义方式下按度数、弧度或旋转定义扭转。
- 以法向不变沿路径扭曲：通过将截面在沿路径扭曲时保持与开始截面平行而沿路径扭曲。

4）在"方向/扭转控制"下拉列表框中，选择"随路径变化"选项。

5）单击"确定"按钮 ✓，即可生成凸台/基体扫描。

另外，如果扫描截面具有相切的线段，勾选"保持相切"复选框，将使所生成的扫描中相应的曲面保持相切。保持相切的面可以是基准面、圆柱面或锥面。如果勾选"高级光顺"复选框，则扫描截面如果有圆形或椭圆形的圆弧，截面将被近似处理，生成更平滑的曲面。如果要生成薄壁特征扫描，则勾选"薄壁特征"复选框，即可激活薄壁选项，然后选择薄壁类型并设置薄壁厚度即可，基本方法与前面所介绍的基本一致，读者可以自行尝试修改。扫描特征设置及效果如图 3-18 所示。

图 3-18　使用薄壁特征扫描

1）对于"薄壁特征"类型 ↗ 的下拉菜单说明如下。

● 单向：使用厚度 ⟲ 值以单一方向从轮廓生成薄壁特征。如有必要，可单击"反向"按钮 ⟷ 。

● 两侧对称：以两个方向应用同一厚度 ⟲ 值，从轮廓以双向生成薄壁特征。

● 双向：从轮廓以双向生成薄壁特征，为厚度 ⟲ 和厚度 ⟲ 设定单独数值。

2）对于"扫描"属性管理器中其他选项的补充说明如下。

● 路径对齐类型：该选项在"方向/扭转控制"中选择随路径变化时可用，表示当路径上出现少许波动和不均匀波动，使轮廓不能对齐时，可以将轮廓稳定下来。选择"无"表示垂直于轮廓而对齐轮廓，不进行纠正；"最小扭转（只对于 3D 路径）"表示阻止轮廓在随路径变化时自我相交；"方向向量"表示以方向向量所选择的方向对齐轮廓，并选择设定方向向量的实体；"所有面"表示当路径包括相邻面时，使扫描轮廓在几何关系可能的情况下与相邻面相切。

● 合并切面：勾选该复选框，如果扫描轮廓具有相切线段，可使所产生的扫描中的相应曲面相切。保持相切的面可以是基准面、圆柱面或锥面。扫描时，其他相邻面被合并，轮廓被近似处理。而且草图圆弧可以转换为样条曲线。

● 显示预览：勾选该复选框，可以显示扫描的上色预览。取消勾选则只显示轮廓和路径。

● 合并结果：勾选该复选框，可以将实体合并成一个实体。

● 与结束端面对齐：勾选该复选框，可以将扫描轮廓延伸到路径所碰到的最后面。扫描的面被延伸或缩短，以与扫描端点处的面匹配，而不要求额外的几何体。此选项常用于螺旋线。

3.3.3　切除扫描

3.3.3　切除扫描

若要生成切除扫描特征，可按如下步骤进行操作。

01 在一个基准面上绘制一个闭环且非相交的草图轮廓，使用草图、现有的模型边线或曲线生成轮廓将遵循的路径。

02 单击"特征"控制面板上的"切除-扫描"按钮 🖉 。

03 此时，出现"扫描"属性管理器，同时在中央图形区域显示生成的扫描特征。

04 单击"轮廓"按钮 ⁰ ，然后在图形区域选择轮廓草图。

05 单击"路径"按钮 ⊂ ，然后在图形区域选择路径草图。如果预先选择了轮廓草图或路径草图，则草图名称将显示在对应的属性管理器方框内。

06 在"方向/扭转类型"下拉列表中选择扫描方式。

07 其他选项的设置同凸台/基体扫描特征操作相似。

08 单击"确定"按钮 ✓ ，即可完成切除扫描特征操作。

3.3.4　引导线扫描

3.3.4　引导线扫描

1. 生成引导线扫描

SOLIDWORKS 软件不仅可以生成等截面的扫描，还可以生成随着路径变化截面也发生变化的扫描——引导线扫描。如果要利用引导线生成扫描特征，可按如下步骤进行操作。

01 生成引导线，可以使用任何草图曲线、模型边线或曲线作为引导线。

02 生成扫描路径，可以使用任何草图曲线、模型边线或曲线作为扫描路径。

03 绘制扫描轮廓。

04 在轮廓草图中的引导线与轮廓相交处添加穿透几何关系。穿透几何关系将使截面沿着路径改变大小和形状。截面受曲线的约束，但曲线不受截面的约束。

05 单击"特征"控制面板上的"扫描"按钮 ，在"基体-扫描"属性管理器中单击"轮廓" 按钮，然后在图形区域选择轮廓草图。

06 单击"路径"按钮 ，在图形区域选择路径草图。如果勾选了"显示预览"复选框，此时在图形区域将显示不随引导线变化截面的扫描特征。

07 在"引导线"选项组中单击"引导线"按钮 ，随后在图形区域选择引导线。此时在图形区域将显示随着引导线变化截面的扫描特征。如果存在多条引导线，可以单击"上移" 按钮或"下移" 按钮来改变引导线的使用顺序。扫描路径和引导线的长度可能不同，如果引导线比扫描路径长，扫描将使用扫描路径的长度；如果引导线比扫描路径短，扫描将使用最短的引导线的长度。

08 单击"显示截面"按钮 ，然后单击微调框箭头，根据截面数量查看并修正轮廓。

09 在"选项"选项组的"轮廓方位"下拉列表框中可选择随路径变化、保持法线不变，在"轮廓扭转"下拉列表框中可选择无和随路径和第一引导线变化。

10 在"起始处和结束处相切"选项中可以设置起始或结束处的相切选项。

11 单击"确定"按钮 ，完成引导线扫描。如图3-19所示，路径为通过椭圆的竖直草图，引导线为样条曲线，轮廓为椭圆形。

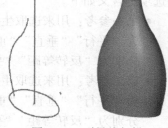

图3-19　引导线扫描

2. 选项说明

"扫描"属性管理器中的"引导线"选项板中各选项说明如下。

1）"引导线" ：在轮廓沿路径扫描时加以引导。使用时需要在图形区域选择引导线。

2）"上移" 或"下移" ：用来调整引导线的顺序。选择一引导线 并调整轮廓顺序。

3）合并平滑的面：不勾选该复选框，可以改进带引导线扫描的性能，并在引导线或路径不是曲率连续的所有点处分割扫描。

3. "起始处和结束处相切"选项板说明

"扫描"属性管理器中的"起始处和结束处相切"选项板中各选项说明如下。

1）起始处相切类型，其下拉列表框中包括如下选项。

● 无：没应用相切。

● 路径相切：垂直于开始点沿路径而生成扫描。

2）结束处相切类型，其下拉列表框中包括如下选项。

● 无：没应用相切。

● 路径相切：垂直于结束点沿路径而生成扫描。

3.4　放样特征

3.4.1　放样概述

放样是指由多个剖面或轮廓形成的基体、凸台或切除，通过在轮廓之间进行过渡来生成特征。放样可以是基体、凸台、切除或曲面，在 SOLIDWORKS 中，可以使用两个或多个轮廓生成放样。只有第一个或者最后一个轮廓可以是点，即对该点创建放样。对于所有实体放样，第一个或最后一个轮廓必须是由分割线生成的模型面、平面轮廓或曲面。单一 3D 草图中可以包含所有草图实体，包括引导线和轮廓。

通过单击"特征"控制面板上的"放样凸台/基体"按钮 和"放样切割"按钮 以及"曲面"控制面板上的"放样曲面"按钮 ，可以生成放样特征。放样特征需要连接多个面上的轮廓，这些面既可以平行，也可以相交，要确定这些平面就必须用到基准面。

在介绍凸台放样、引导线放样、中心线放样、分割线放样等放样操作之前，有必要介绍基准面的定义和生成过程。

基准面可以用在零件或装配体中，通过使用基准面可以绘制草图、生成模型的剖面视图、生成扫描和放样中的轮廓面等。

要生成基准面，可按如下步骤进行操作。

01 单击"特征"控制面板上的"基准面"按钮 ，打开"基准面"属性管理器。其中一些选项的含义如下。

- 第一参考：用来选取生成基准面的第一个参照条件。在此选项下有 6 个参照条件，分别为"平行""垂直""重合""角度""距离""两侧对称"。在"距离"下有两个选项，分别为"反转等距""要生成的基准面数"。
- 第二参考：用来选取生成基准面的第二个参照条件。在此选项下有 6 个参照条件，分别为"平行""垂直""重合""角度""距离""两侧对称"。在"距离"下有两个选项，分别为"反转等距""要生成的基准面数"。
- 第三参考：用来选取生成基准面的第三个参照条件。在此选项下有 6 个参照条件，分别为"平行""垂直""重合""角度""距离""两侧对称"。在"距离"下有两个选项，分别为"反转等距""要生成的基准面数"。

注意：在根据需要对其中的一个参考选项进行设置后，其余两个参考中的约束条件将会相应减少。

02 要生成多个基准面，单击"保持可见"按钮 ，"基准面"属性管理器将保持显示状态以继续进行操作，从而生成多个基准面。

03 单击"确定"按钮 即可生成基准面，新的基准面便会出现在特征管理器中。

3.4.2 凸台放样

通过使用空间中两个或两个以上的不同面轮廓，可以生成最基本的放样特征。

3.4.2 凸台放样

1. 生成放样

要生成空间轮廓的放样特征，可按如下步骤进行操作。

01 生成一个空间轮廓。生成的空间轮廓可以是模型面或模型边线，比如可以定义成现有模型的一个面。而且基准面之间不一定要平行。

02 建立一个新的基准面，用来放置另一个轮廓草图。

03 单击"特征"控制面板上的"放样凸台/基体"按钮 。如果要生成切除放样特征，则选择"特征"控制面板上的"放样切割"按钮 。

04 在打开的"放样"属性管理器中单击每个轮廓上相应的点，按顺序选择空间轮廓和其他轮廓的面。此时被选轮廓显示在"轮廓" 栏中，并在后面的图形区域显示生成的放样特征，如图 3-20 所示。

05 单击"上移"按钮 或"下移"按钮 可以改变轮廓的顺序，此项只针对两个以上轮廓的放样特征。

06 如果要在放样的开始处和结束处控制相切，则设置"起始/结束约束"选项。如图 3-21 所示，增加约束条件"垂直于轮廓"（即图中的圆与四边形），即可得到另一效果。

图 3-20 凸台放样（无约束）

图 3-21 凸台放样（有约束）

07 如果要生成薄壁放样特征，则勾选"薄壁特征"复选框，激活薄壁选项，然后选择薄壁类型，并设置薄壁厚度，如图 3-22 所示。

08 单击"确定"按钮 ，即可完成凸台放样操作，如图 3-23 所示。

图 3-22 凸台放样（薄壁特征）

图 3-23 薄壁放样

2. 选项说明

"放样"属性管理器中的选项说明如下。

（1）"轮廓" 选项组

该选项组决定用来生成放样的轮廓，选择要连接的草图轮廓、面或边线。放样根据轮廓选择的顺序而生成，对于每个轮廓，都需要选择想要放样路径经过的点。

其中的"上移"按钮↑或"下移"按钮↓用来调整轮廓的顺序。放样时选择一轮廓并调整轮廓顺序，如果放样预览显示不理想，可以重新选择或组序草图以在轮廓上连接不同的点。

（2）"起始/结束约束"选项组

1）"开始约束"和"结束约束"：应用约束以控制开始和结束轮廓的相切。

- 方向向量：表示根据方向向量的所选实体而应用相切约束。
- 垂直于轮廓：表示垂直于开始或结束轮廓的相切约束。选择该选项，需要设定拔模角度和起始或结束处相切长度。

2）拔模角度：该选项在"起始或结束约束"选择"方向向量"或"垂直于轮廓"时可用，表示给开始或结束轮廓应用拔模角度。如有必要，可单击"反向"按钮，也可沿引导线应用拔模角度。

3）应用到所有：勾选该复选框，显示为整个轮廓控制所有约束的控标。取消勾选，可允许单个线段控制多个控标。拖动控标可以修改相切长度。

（3）"选项"选项组

1）合并切面：如果相对应的放样线段相切，可选择"合并切面"，以使生成的放样中相应的曲面保持相切。保持相切的面可以是基准面、圆柱面或锥面，其他相邻的面被合并，截面将被近似处理。

2）闭合放样：沿放样方向生成一闭合实体，如图 3-24 所示。此选项会自动连接最后一个和第一个草图。

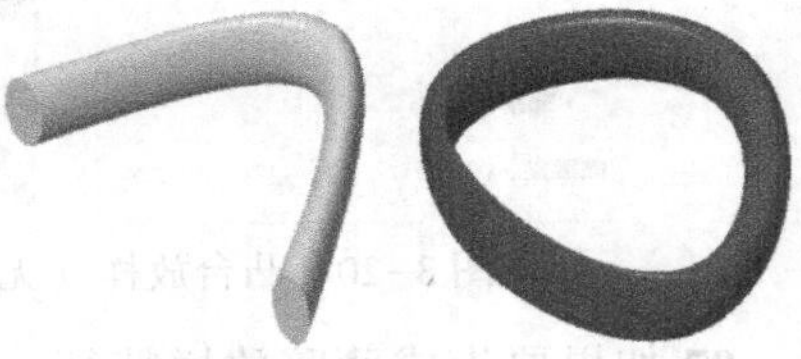

图 3-24 闭合放样前后对比

3）显示预览：勾选该复选框，显示放样的上色预览。取消勾选则只能观看路径和引导线。

4）合并结果：勾选该复选框，合并所有放样要素。取消勾选则不能合并所有放样要素。

（4）"薄壁特征"选项

用于选择轮廓以生成一薄壁放样，其中包括如下选项。

- 单向：使用厚度值以单一方向从轮廓生成薄壁特征。如有必要，可单击"反向"按钮使其反向。
- 两侧对称：两个方向应用同一厚度值从轮廓以双向生成薄壁特征。
- 双向：从轮廓以双向生成薄壁特征，可为厚度和厚度设定单独数值。

3.4.3 使用引导线放样

同利用引导线生成扫描特征一样，SOLIDWORKS 也可以生成等数量的引导线放样特征。通过使用两个或多个轮廓，并使用一条或多条引导线来连接轮廓，可以生成引导线放样。而通过引导线可以控制所生成的中间轮廓。

3.4.3 使用引导线放样

74

在利用引导线生成放样特征时，必须注意以下几个方面。

- 引导线必须与所有轮廓相交。
- 引导线的数量不受限制。
- 引导线之间可以相交。
- 引导线可以是任何草图曲线、模型边线或曲线。
- 引导线可以比生成的放样特征长，放样将终止于最短引导线的末端。

1．生成放样

要生成引导线放样特征，可按如下步骤进行操作。

01 建立一个新的基准面，用于生成样条曲线。

02 通过基准面定义方法在样条曲线的两端各生成一个新的基准面，用来放置草图轮廓。基准面之间不一定平行。然后在新建的基准面上绘制要放样的轮廓，如图 3-25 所示。

03 单击"特征"控制面板上的"放样凸台/基体"按钮 ![]，在出现的"放样"属性管理器中按顺序选择空间轮廓和其他轮廓的面，此时被选轮廓显示在"轮廓" ![栏中。

04 单击"上移"按钮 ![或"下移"按钮 ![改变轮廓的顺序，此项只针对两个以上轮廓的放样特征。如图 3-26 所示，改变轮廓顺序将显示不同的放样特性。

05 在"引导线"选项组中单击"引导线"按钮 ![，然后在图形区域选择引导线。此时在图表区域将显示随着引导线变化的放样特征。如果存在多条引导线，可以单击"上移"按钮 ![或"下移"按钮 ![来改变引导线的使用顺序。

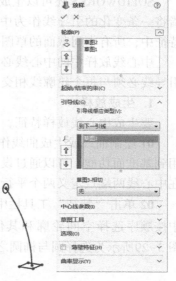

图 3-25 引导线的生成

06 通过"起始处/结束处相切"选项组可以控制草图、面或曲面边线之间的相切量和放样方向。

07 单击"确定"按钮 ![，即可完成放样。对比使用引导线放样和凸台放样的不同，如图 3-27 所示。

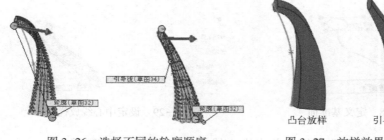

图 3-26 选择不同的轮廓顺序　　　图 3-27 放样效果对比

2．选项说明

对于"放样"属性管理器中的一些选项说明如下。

- "引导线" ![：用来选择引导线以控制放样。如果在选择引导线时碰到引导线无效的错误信息，在图形区域右击，重新选择轮廓，然后选择引导线。

- "上移" ⬆ 或 "下移" ⬇：用于调整引导线的顺序。也可选择一引导线 🔽 并调整轮廓顺序。
- 引导线相切类型：该选项控制放样与引导线相遇处的相切。这些选项的含义与 "开始约束" 和 "结束约束" 选项相似。

3.4.4 使用中心线放样

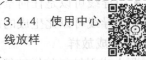
3.4.4 使用中心线放样

SOLIDWORKS 还可以生成中心线放样特征。中心线放样是指将一条变化的引导线作为中心线进行的放样，在中心线放样特征中，所有中间截面的草图基准面都与此中心线垂直。

中心线放样中的中心线必须与每个闭环轮廓的内部区域相交，而不是像引导线放样那样，引导线必须与每个轮廓线相交。

1. 生成放样

要生成中心线放样特征，可按如下步骤进行操作。

01 绘制曲线或生成曲线作为中心线。该中心线必须与每个轮廓内部区域相交，因此需要用到基准面功能，可以通过设定基准面与中心线的关系生成特定的基准面。如图 3-28 所示，在中心线两端点定义两个平行的基准面。

02 单击 "特征" 工具栏中的 "放样凸台/基体" 按钮 🔽，在出现的 "放样" 属性管理器中按顺序选择空间轮廓和其他轮廓的面。此时被选轮廓显示在 "轮廓" 选项组的 ◇ 框中。图 3-29 所示为选择圆与椭圆之间的过渡放样。

图 3-28　定义基准面　　　　　图 3-29　设定中心线放样

03 在 "中心线参数" 选项组中单击中心线框 🔽，然后在图形区域选择中心线，此时在图形区域将显示随着中心线变化的放样特征。

04 调整 "截面数" 滑块来改变在图形区域显示的预览数。

05 单击 "确定" 按钮 ✔，完成中心线放样，如图 3-30 所示。

2. 选项说明

对于 "放样" 属性管理器中的选项说明如下。

图 3-30　中心线放样效果

（1）"中心线参数"选项组

● 中心线：使用中心线引导放样形状。在图形区域选择一草图，其中心线可与引导线共存。

● 截面数：在轮廓之间绕中心线添加截面。移动滑块可以调整截面数。

（2）"显示截面"选项 👁

用于显示放样截面。单击箭头，可显示截面；也可输入一截面数，然后单击"显示截面"按钮 👁。

3.4.5 使用分割线放样

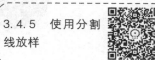

3.4.5 使用分割线放样

要生成一个与空间曲面无缝连接的放样特征，就必须要用到分割线。分割线投影一个草图共线到所选的模型面上，将面分割为多个面，这样就可以选择每个面。

使用"分割线"工具可以将草图投影到曲面或平面。它可以将所选的面分割为多个分离的面，从而可以选取每一个面。"分割线"工具可以生成如下所述两种类型的分割线。

● 投影线：将一个草图从轮廓投影到一个表面上。

● 侧影轮廓线：在一个曲面零件上生成一条分割线。

通过投影线生成放样特征的具体操作步骤如下。

01 首先生成轮廓分割线。绘制要投影为分割线的草图轮廓，再打开要投影的模型体，然后通过定位基准面来调整投影角度及位置，如图3-31所示。

02 单击"曲线"工具栏中的"分割线"按钮 📦，在出现的"分割线"属性管理器中选择"分割类型"为"投影"，如图3-32所示。

图3-31 生成轮廓分割线

03 单击要分割的面，然后选择零件周边所有希望分割线经过的面。

04 如果勾选"单向"复选框，将只以一个方向投影分割线。如果勾选"反向"复选框，将以反向投影分割线，如图3-33所示。

05 单击"确定"按钮 ✓，基准面通过模型投影，从而生成基准面与所选面的外部边线相交的轮廓分割线，如图3-34所示。

图3-32 设定草图轮廓　　图3-33 设定"分割线"属性　图3-34 模型投影效果图

提示：分割线的出现可以将放样中的空间轮廓转换为平面轮廓，从而使放样特征进一步扩展到空间模型的曲面上。

06 下面开始使用分割线进行放样。单击"特征"控制面板上的"放样凸台/基体"按钮 🔻。

如果要生成切除特征，则需要单击"特征"控制面板上的"放样切割"按钮⑩，如图 3-35 所示。

07 在"放样"属性管理器中按顺序选择空间轮廓和其他轮廓的面，此时被选轮廓显示在"轮廓"选项组的◊框中。分割线也是一个轮廓。

08 单击"确定"按钮✔完成放样，得到图 3-36 所示的效果。

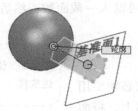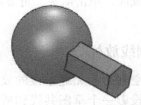

图 3-35　分割线放样　　　　图 3-36　分割线放样效果图

利用分割线不仅可以生成普通的放样特征，还可以生成引导线或中心线放样特征。具体操作由读者自己完成。

3.4.6　添加放样截面

3.4.6　添加放样截面

将一个或多个放样截面添加到现有放样，可以有效地控制特征。添加截面时，SOLIDWORKS 会生成放样截面和临时基准面，而且放样截面会自动在其端点处生成穿透点。通过拖动临时基准面，可将新的放样截面沿路径的轴定位。

此外还可以使用预先存在的基准面来定位新的放样截面。一旦将新的放样截面定位，就可以像编辑其他任何草图截面一样，使用快捷菜单来编辑新的放样截面。

1. 添加放样截面

要添加新的放样截面，可按如下步骤进行操作。

01 在想要添加新放样截面的现有放样路径上右击，在弹出的快捷菜单中选择"添加放样截面"命令。此时出现"添加放样截面"属性管理器，同时在图形区域出现一个临时基准面和新的放样截面。

02 如果想使用临时基准面，将鼠标指针移动到控标上并沿现有放样路径的轴拖动基准面；或将鼠标指针放置在基准面的边线之一上拖动来更改基准面的角度和放样截面的形状，如图 3-37 所示。

03 如果要使用另一个先前生成的基准面，勾选"使用所选基准面"复选框，然后选择一个基准面▥。另外，在鼠标右键弹出的快捷菜单中选择"编辑放样截面"命令，可以为截面添加几何关系、尺寸等。

04 单击"确定"按钮✔，完成放样截面的添加，如图 3-38 所示。

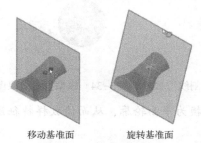

移动基准面　　　　旋转基准面

图 3-37　编辑放样截面　　　　图 3-38　添加放样截面

3.5 阵列和镜像特征

3.5.1 阵列和镜像概述

阵列即复制所选的源特征，具体包括线性阵列、圆周阵列、曲线驱动的阵列、填充阵列，或使用草图点或表格坐标生成阵列。另外，还可以生成阵列的阵列、生成阵列的镜像副本以及控制和修改阵列。

镜像即复制所选的特征或所有特征，前提是要镜像的实体需要对称于所选的平面或面进行。对于基本阵列和镜像特征功能的使用方法简单说明如下。

- 线性阵列：先选择特征，然后指定方向、线性间距和实例总数。
- 圆周阵列：先选择特征，再选择作为旋转中心的边线或轴，然后指定阵列的总数及阵列的角度间距。
- 曲线驱动的阵列：选择特征和边线或阵列特征的草图线段，然后指定曲线类型、曲线方法以及对齐方法。
- 草图驱动的阵列：通过在模型面上绘制点来选择复制源特征。
- 表格驱动的阵列：添加或检索以前生成的 X-Y 坐标，以在模型的面上增添源特征。
- 填充阵列：以特征的阵列或预定义切割形状来填充定义的区域。
- 镜像特征：选择要复制的特征和一个基准面，将对称于此基准面来镜像所选的特征。

3.5.2 线性阵列

3.5.2 线性阵列

线性阵列就是沿着一个或两个线性路径阵列一个或多个特征。

1. 生成阵列

要生成线性阵列特征，可按如下步骤进行操作。

01 打开一个模型体，选择要阵列的特征。

02 单击"特征"控制面板上的"线性阵列"按钮，在"要阵列的面"中选择圆面；在"方向 1"中选择设定方向，可以选择线性边线、直线、轴或尺寸。如有必要，可单击"反向"按钮来改变阵列的方向。同时在"间距"中为方向 1 设定阵列实例之间的间距，在"实例数"中为方向 1 设定阵列实例之间的数量，此数量包括原有特征或选择。

03 在"方向 2"中选择设定方向，选择想要阵列的间距和实例数，可以勾选"只阵列源"复选框来阵列，即只使用源特征而不复制方向 1 的阵列实例在方向 2 中生成线性阵列，得到图 3-39 所示的效果。

图 3-39 设置"线性阵列"属性管理器

04 选择"要阵列的特征"  作为源特征来生成阵列。

05 单击"确定"按钮 ✓，完成线性阵列，如图 3-40 所示。

2. 选项说明

对于图 3-41 所示的"线性阵列"属性管理器中其他功能选项的说明如下。

图 3-40　线性阵列效果　　　　图 3-41　"线性阵列"属性管理器

- "实体" ：可以在多实体零件中选择实体生成阵列。
- "可跳过的实例" ：表示在生成阵列时可以跳过图形区域选择的阵列实例。先将鼠标移动到每个阵列实例上，当鼠标指针变为 时，单击以选择阵列实例，阵列实例的坐标出现在图形区域即可跳过实例。
- "选项"选项组："随形变化"表示允许重复时阵列更改；"延伸视像属性"可用来将SOLIDWORKS 的颜色、纹理和装饰螺纹数据延伸给所有阵列实例。

另外，圆周阵列原理与线性阵列基本相同，这里不再讲解。

3.5.3　曲线驱动的阵列

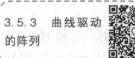

3.5.3　曲线驱动
的阵列

1. 生成阵列

"曲线驱动的阵列"工具可以设定要阵列的实体沿平面或
3D 曲线生成阵列，具体操作步骤如下。

01 在所要阵列的面上插入草绘平面，绘制阵列曲线。

02 单击"特征"控制面板上的"曲线驱动的阵列"按钮 ，在"要阵列的面"中选择圆面，在"方向 1"中选择设定方向；同时在"间距" 中为方向 1 设定阵列实例之间的间距，在"实例数" 中为方向 1 设定阵列实例之间的数量，如图 3-42 所示。

03 在"曲线方法"中选中"转换曲线"，在"对齐方法"中选中"对齐到源"。

04 单击"确定"按钮 ✓，即可完成曲线驱动的阵列，如图 3-43 所示。

2. 选项说明

对于"曲线驱动的阵列"属性管理器中选项说明如下。

1）曲线方法：通过选择定义的曲线来设定阵列的方向，其中包括如下选项。

- 转换曲线：表示从所选曲线原点到源特征的 X 轴和 Y 轴的距离均为每个实例保留。
- 等距曲线：表示从所选曲线原点到源特征的垂直距离均为每个实例保留。

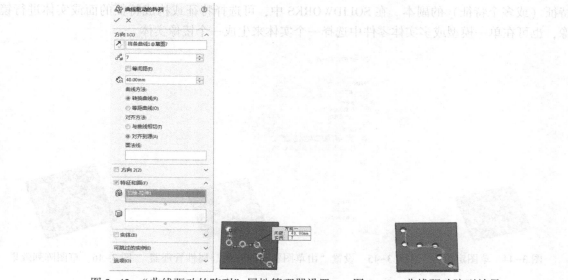

图3-42 "曲线驱动的阵列"属性管理器设置　　图3-43 曲线驱动阵列效果

2）对齐方法：其中包括如下选项。

- 与曲线相切：表示对齐为阵列方向所选择的与曲线相切的每个实例。
- 对齐到源：表示对齐每个实例与源特征的原有对齐匹配。

3）选项：其中包括如下选项。

- 随形变化：允许阵列在复制时更改其尺寸。
- 几何体阵列：可以加速阵列的生成及重建。对于与其他零件合并面的特征，则不能生成其几何体阵列。
- 延伸视像属性：将 SOLIDWORKS 的颜色、纹理和装饰螺纹数据延伸给所有阵列实例。

3.5.4　草图阵列

对于阵列非均匀对称的特征，可使用草图阵列，通过源特征将整个阵列扩散到草图中的每个点。对于孔或其他特征，可以运用由草图驱动的阵列。

3.5.4　草图阵列

对于多实体零件，一般选择一个单独实体来生成草图驱动的阵列。具体操作步骤如下。

01 在所要阵列的面上插入草绘平面，然后单击"草图"控制面板上的"点"按钮，定位要阵列实体的中心位置，如图3-44所示。

02 单击"特征"控制面板上的"草图驱动的阵列"按钮，在"要阵列的面"中选择圆面，在中选择参考草图以用作阵列，如图3-45所示。

03 单击选中"重心"，使用源特征的重心或所选点，以另一个点作为参考点。如果选中"所选点"为参考点，则会在图形区域选择一个参考顶点。

04 单击"确定"按钮，即可完成草图阵列，如图3-46所示。

3.5.5　镜像特征

利用"镜像特征"工具沿面或基准面镜像，可以生成一个

3.5.5　镜像特征

特征（或多个特征）的副本。在 SOLIDWORKS 中，可选择特征或构成特征的面或实体进行镜像，也可在单一模型或多实体零件中选择一个实体来生成一个镜像实体。

图 3-44　草图定位　　　　图 3-45　设置"由草图驱动的阵列"属性管理器　　　图 3-46　草图阵列效果

1. 生成镜像实体

要镜像实体，具体操作步骤如下。

01 在模型中选择要镜像的实体。

02 单击"特征"控制面板上的"镜像"按钮 ![按钮]，在"镜像面/基准面" ![图标] 中选择用于镜像的基准面，再在"要镜像的实体" ![图标] 中选择要镜像的实体，如图 3-47 所示。

03 单击"确定"按钮 ![图标]，即可完成实体镜像，如图 3-48 所示。

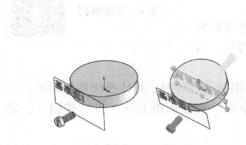

图 3-47　镜像实体　　　　　　　　　　　　　图 3-48　镜像实体效果

2. 选项说明

对于"镜像"属性管理器中的选项说明如下。

1）"镜像面/基准面" ![图标]：用于在图形区域选择一个面或基准面。可选择特征、构成特征的面或带多实体零件的实体。

2）"要镜像的特征" ![图标]：可以通过单击模型中的一个或多个特征或使用特征管理器中弹出的部分来选择要镜像的特征。

3）"要镜像的面" ![图标]：在图形区域单击构成要镜像的特征的面。"要镜像的面"对于在输

82

入过程中包括特征的面但不包括特征本身的输入零件很有用。像多实体零件上的阵列，可以实现如下操作。

- 在"要镜像的特征"中从特征管理器选择阵列。
- 在"选项"中选择几何体阵列。几何体阵列的选项可以加速特征阵列的生成及重建。
- 根据要应用阵列的实体，在特征范围中选择。

说明：在系统的默认中，几何体阵列是不被复选的，除非当使用特征或圆顶特征来生成阵列。另外，体阵列只可用于要镜像的特征和要镜像的面。

4）"选项"选项组：包括如下选项。

- 合并实体：当在实体零件上选择一个面并取消勾选"合并实体"复选框时，可生成附加到原有实体但为单独实体的镜像实体。如果勾选"合并实体"复选框，原有零件和镜像的零件会成为单一实体。
- 缝合曲面：如果通过将镜像面附加到原有面但在曲面之间无交叉或缝隙来镜像曲面，可勾选"缝合曲面"复选框将两个曲面缝合在一起。

3.6　筋特征

3.6　筋特征

筋是从开环或闭环绘制的轮廓所生成的特殊类型的拉伸特征，它在轮廓与现有零件之间添加指定方向和厚度的材料。在 SOLIDWORKS 中，可使用单一或多个草图生成筋。

筋特征是零件建模过程中常用到的草绘特征，筋可以在轮廓与现有零件之间添加指定方向和厚度的材料，但不能生成切除特征。

1. 生成筋

如果要生成筋特征，可以采用如下操作步骤。

01 使用一个与零件相交的基准面来绘制作为筋特征的草图轮廓，草图轮廓可以是开环、闭环，也可以是多个实体。

02 单击"特征"控制面板上的"筋"按钮🛢。

03 此时出现"筋"属性管理器，同时在右侧的图形区域显示生成的筋特征。

04 选择一种厚度生成方式，并在🖖微调框中指定筋的厚度。

05 对于在平行基准面上生成的开环草图，可以选择拉伸方向。

06 单击"确定"按钮✔，即可完成筋特征的操作，如图 3-49 所示。

2. 选项说明

如图 3-50 所示，"筋"特征属性管理器中的选项含义说明如下。

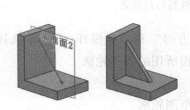

图 3-49　生成筋特征

图 3-50　"筋"属性管理器

（1）"参数"选项组

1）厚度：可添加厚度到所选草图边上，包括如下选项。

● 第一边 ：只添加材料到草图的一边。

● 两侧 ：将材料均匀添加到草图的两边。

● 第二边 ：只添加材料到草图的另一边。

2）"筋厚度" ：设置筋厚度。

3）拉伸方向：设置筋的拉伸方向，包括如下选项。

● 平行于草图 ：平行于草图生成筋拉伸。

● 垂直于草图 ：垂直于草图生成筋拉伸。

图 3-51 和图 3-52 所示为不同拉伸方向的筋特征效果。

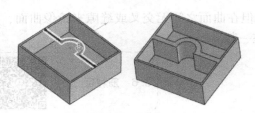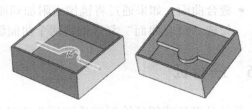

图 3-51　垂直于草图方向生成筋　　　　　图 3-52　平行于草图方向生成筋

4）反转材料方向：勾选该复选框，可更改拉伸的方向。

5）"拔模打开/关闭" ：添加拔模到筋。通过设定拔模角度来指定拔模度数。

6）向外拔模：该选项在"拔模打开/关闭" 被选择时可使用，表示生成一向外拔模角度。如取消选择，则将生成一向内拔模角度。

7）类型：设定特征类型，包括如下选项。

● 线性：生成一个与草图方向垂直而延伸草图轮廓（直到它们与边界汇合）的筋。

● 自然：生成一个延伸草图轮廓的筋，以相同的轮廓方式延续，直到筋与边界汇合。

例如，如果草图为圆的圆弧，则自然使用圆方式延伸筋，直到与边界汇合。线性筋与自然筋范例如图 3-53 所示。

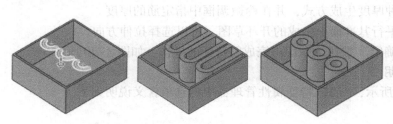

图 3-53　线性筋与自然筋

8）"下一参考"选项：该选项当为"拉伸方向"和"拔模开/关" 选择"平行于草图" 时可使用，用于切换草图轮廓，可以选择拔模所用的参考轮廓。

（2）"所选轮廓" 选项组

该选项组用于列举用来生成"筋"特征的草图轮廓。

3.7 草绘特征实例

本节将通过垫片、键与大闷盖 3 个实例的草绘操作将本章所涉及的知识进行综合应用，以巩固前面所学的基础知识。

3.7.1 垫片

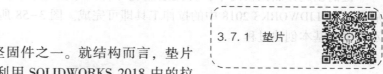

垫片是机械设计中重要的坚固件之一。就结构而言，垫片是具有一定厚度的中空实体。利用 SOLIDWORKS 2018 中的拉伸、切除等工具可以完成垫片的制作。本节以两个简单的平垫片为例来说明垫片的创建过程。具体步骤如下。

01 启动 SOLIDWORKS 2018，单击"标准"工具栏中的"新建"按钮 ，在打开的"新建 SOLIDWORKS 文件"对话框中单击"确定"按钮。

02 在设计树中选择"前视基准面"作为草图绘制平面，单击"标准视图"工具栏中的"正视于"按钮 ，使绘图平面转为正视方向。

03 单击"草图"控制面板上的"中心线"按钮 ，绘制一条过系统坐标原点的水平中心线作为旋转轴线，如图 3-54 所示。

04 单击"草图"控制面板上的"边角矩形"按钮 ，绘制大垫片的旋转截面草图轮廓，截面草图的尺寸如图 3-55 所示。

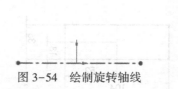

图 3-54　绘制旋转轴线

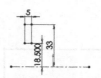

图 3-55　绘制旋转截面的草图轮廓

05 单击"草图"控制面板上的"绘制倒角"按钮 ，弹出"绘制倒角"属性管理器，设置倒角形式为"角度距离"，在 距离输入框输入倒角的距离值为 0.5，在角度输入框中输入角度值为 30°，在图形窗口中绘制草图的倒角特征，然后单击"确定"按钮 ，如图 3-56 所示。

06 单击"特征"控制面板上的"旋转凸台/基体"按钮 ，弹出"旋转"属性管理器，设置旋转类型为"单一方向"，旋转角度为 360°，保持其他选项的默认值不变，然后单击"确定"按钮 ，完成旋转特征的创建，如图 3-57 所示。

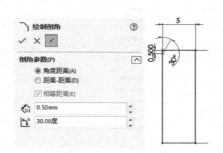

图 3-56　绘制草图的倒角特征

图 3-57　通过"旋转凸台/基体特征"生成大垫片

07 通过特征管理器中的材质编辑器定义大垫片的材料属性为"普通碳钢"；单击"快速"工具栏中的"保存"按钮🖫，将零件保存为"大垫片 . SLDPRT"，完成本实例制作。

3.7.2 键的设计

3.7.2 键的设计

键的创建方法比较简单，首先绘制键零件的草图轮廓，然后通过 SOLIDWORKS 2018 中的拉伸工具即可完成。图 3-58 所示为键的基本创建过程。

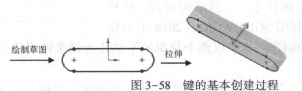
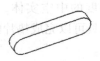

图 3-58 键的基本创建过程

下面将利用 SOLIDWORKS 2018 中的拉伸工具创建键。

01 启动 SOLIDWORKS 2018，单击"标准"工具栏中的"新建"按钮🗋，在打开的"新建 SOLIDWORKS 文件"对话框中单击"确定"按钮。

02 在设计树中选择"前视基准面"作为草图绘制平面，再单击"标准视图"工具栏中的"正视于"按钮↓，使绘图平面转为正视方向。单击"草图"控制面板上的"边角矩形"按钮▭，绘制键草图的矩形轮廓，如图 3-59 所示。

03 单击"草图"控制面板上的"智能尺寸"按钮🗘，标注草图矩形轮廓的实际尺寸，如图 3-60 所示。

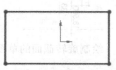
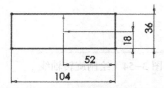

图 3-59 用"矩形"工具绘制键的矩形轮廓 　　图 3-60 标注草图矩形轮廓尺寸

04 单击"草图"控制面板上的"圆"按钮⊙，捕捉草图矩形轮廓的宽度边线中点，以边线中点为圆心画圆，如图 3-61 所示。

05 系统弹出"圆"属性管理器，如图 3-62 所示。在"参数"下面的圆心的横坐标中输入-52，纵坐标中输入 0，半径输入 18，单击"确定"按钮，生成的圆如图 3-63 所示。

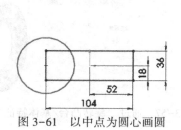

图 3-61 以中点为圆心画圆 　　　　图 3-62 "圆"属性管理器

06 单击"草图"控制面板上的"剪裁实体"按钮 ✂，剪裁草图中的多余部分，如图 3-64 所示。

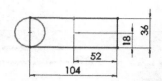

图 3-63　输入半径值生成圆

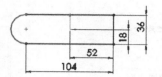

图 3-64　剪裁草图多余实体

07 绘制键草图右侧特征。利用 SOLIDWORKS 2018 中的圆绘制工具，重复步骤 04~06 绘制草图右侧特征，也可以通过"镜像"工具来生成。首先绘制镜像中心线，再单击"草图"控制面板上的"中心线"按钮 ✏，绘制一条通过矩形中心的垂直中心线，如图 3-65 所示。

08 单击草图左侧的半圆，按住〈Ctrl〉键单击中心线，再单击"草图"控制面板上的"镜像"按钮 ▷◁，生成镜像特征，如图 3-66 所示。

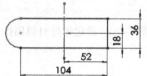

图 3-65　绘制镜像中心线　　图 3-66　通过"镜像"工具创建键草图镜像特征

09 单击"草图"控制面板上的"剪裁实体"按钮 ✂，剪裁草图中的多余部分，完成键草图轮廓特征的创建，如图 3-67 所示。

10 创建拉伸特征。单击"特征"控制面板上的"拉伸凸台/基体"按钮 🗔，弹出"凸台-拉伸"属性管理器，同时显示拉伸状态，如图 3-68 所示。在拉伸深度栏中输入拉伸深度为 20，单击"确定"按钮完成键的拉伸。

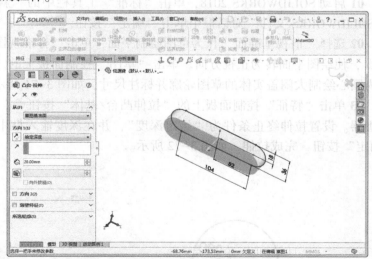

图 3-67　完成后的键草图轮廓特征　　图 3-68　"凸台-拉伸"属性管理器及图形界面

11 定义零件的材料属性。右击特征管理器中的材质项，在弹出的快捷菜单中选择"编辑材料"命令，如图 3-69 所示。系统弹出"材质编辑器"属性管理器，在"材料"选项组中选择"钢"的材料为"普通碳钢",然后单击"应用"按钮,如图3-70所示。

12 保存创建的零件。单击"标准"工具栏中的"保存"按钮, 将零件保存为"低速键.SLDPRT"。

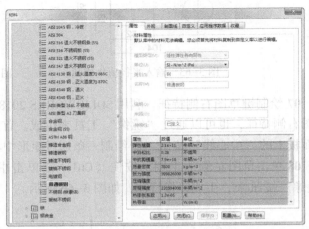

图 3-69　快捷菜单　　　　　　　　　　　图 3-70　指定零件材料属性

3.7.3　大闷盖

大闷盖是变速箱中的另一类重要零件。通常情况下, 大闷盖的结构较简单, 在变速箱等机械结构中可以用来固定轴承等零件, 同时也可以起到一定的密封作用。

大闷盖一般分为闷盖和透盖, 闷盖和透盖结构相似, 一般成对使用。

1. 创建闷盖

下面先介绍闷盖的创建方法, 然后在闷盖的基础上创建透盖, 具体的创建步骤如下。

01 启动 SOLIDWORKS 2018, 单击"标准"工具栏中的"新建"按钮![], 在打开的"新建 SOLIDWORKS 文件"对话框中单击"确定"按钮。

02 选择"前视基准面"作为草图绘制平面, 单击"标准视图"工具栏中的"正视于"按钮![], 使绘图平面转为正视方向。单击"草图"控制面板上的"圆"按钮![], 以系统坐标原点为圆心绘制大闷盖实体的草图轮廓并标注尺寸, 如图3-71所示。

03 单击"特征"控制面板上的"拉伸凸台/基体"按钮![], 系统弹出"凸台-拉伸"属性管理器。设置拉伸终止条件为"给定深度", 并在深度输入框中输入深度值为10, 然后单击"确定"按钮![]完成拉伸, 如图3-72所示。

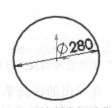

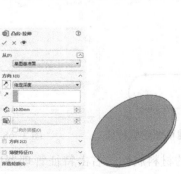

图 3-71　绘制大闷盖草图　　　　　　　　图 3-72　拉伸基体

04 选择步骤 03 中所创建的实体上表面为草图绘制平面，再单击"标准视图"工具栏中的"正视于"按钮 ↓，使绘图平面转为正视方向。单击"草图"控制面板上的"圆"按钮 ⊙，以系统坐标原点为圆心绘制直径为 200 的圆，如图 3-73 所示。

05 单击"特征"控制面板上的"拉伸凸台/基体"按钮 ，系统弹出"凸台-拉伸"属性管理器。设置拉伸终止条件为"给定深度"，并在深度输入框中输入深度值为 27.5，然后单击"确定"按钮 ✔ 完成大闷盖实体的创建，如图 3-74 所示。

06 绘制切除特征的草图轮廓。选择大闷盖实体小端面为草图绘制平面，单击"标准视图"工具栏中的"正视于"按钮 ↓，使绘图平面转为正视方向。单击"草图"控制面板上的"圆"按钮 ⊙，以大闷盖中心为圆心绘制直径为 180 的圆，如图 3-75 所示。

图 3-73　绘制圆草图　图 3-74　通过二次拉伸生成的大闷盖实体　图 3-75　绘制切除特征的草图轮廓

07 生成切除特征。单击"特征"控制面板上的"拉伸切除"按钮 ，系统弹出"切除-拉伸"属性管理器。设置拉伸切除的终止条件为"给定深度"，并在深度输入框中输入切除深度的值为 27.5，保持其他选项的系统默认值不变，然后单击"确定"按钮 ✔，如图 3-76 所示。

08 绘制大闷盖安装孔草图。选择大闷盖实体大端面为草图绘制平面，单击"标准视图"工具栏中的"正视于"按钮 ↓，使绘图平面转为正视方向。单击"草图"控制面板上的"圆"按钮 ⊙，在草绘平面上绘制大闷盖安装孔草图，设置草图圆的直径为 20，位置如图 3-77 所示。

 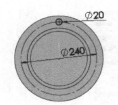

图 3-76　创建切除特征　　　　图 3-77　绘制大闷盖安装孔草图

09 生成大闷盖安装孔。单击"特征"控制面板上的"拉伸切除"按钮 ，系统弹出"切除-拉伸"属性管理器。设置拉伸切除的终止条件为"完全贯穿"；保持其他选项的系统默认值不变，单击"确定"按钮 ✔ 生成大闷盖安装孔特征，如图 3-78 所示。

10 创建阵列特征基准轴。单击"特征"控制面板上的"参考几何体"按钮 ，在弹出的快捷菜单中选择"基准轴"命令，如图 3-79 所示。或者选择菜单栏中的"插入"→"参考几何体"→"基准轴"命令，系统弹出"基准轴"属性管理器，如图 3-80 所示。在"基准轴"属性管理器中单击"圆柱/圆锥面"按钮 ，在图形窗口中选择大闷盖凸沿的外圆柱面，创建基准轴为外圆柱面的轴线。然后单击"确定"按钮 ✓，完成基准轴的创建，如图3-81所示。

图3-78 通过"拉伸切除"工具生成大闷盖安装孔特征　　图3-79 "参考几何体"快捷菜单

图3-80 "基准轴"属性管理器　　　　　　图3-81 创建基准轴

11 阵列特征。单击"特征"控制面板上的"圆周阵列"按钮 ，系统弹出"阵列（圆周）"属性管理器。在 ⟳ 总角度输入框中输入阵列角度为360°，在实例数输入框中输入总的阵列个数为4，选择"等间距"单选按钮，在 ⟳ 右侧的框中选取步骤10中所创建的"基准轴1"为阵列基准轴，在"要阵列的特征" ⑥ 选项组中选取步骤09中生成的大闷盖安装孔特征，图形窗口中将高亮显示阵列设置，如图3-82所示。

12 保持其他选项的系统默认值不变，单击"确定"按钮 ✓，完成特征阵列，如图3-83所示。

图3-82 设置阵列参数　　　　　　　　图3-83 阵列特征

90

13 创建倒角特征。单击"特征"控制面板上的"倒角"按钮，系统弹出"倒角"属性管理器。设置倒角类型为"角度距离"，在距离输入框中输入倒角的距离值为1，在角度输入框中输入角度值为45°，选择生成倒角特征的大闷盖小端外棱边，如图3-84所示。

14 保持其他选项的系统默认值不变。单击"确定"按钮✔，完成倒角特征的创建，如图3-85所示。

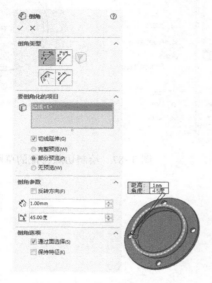

图3-84 设置倒角生成参数 　　　图3-85 生成倒角特征

15 通过特征管理器中的材质编辑器定义材料属性为"普通碳钢"，单击"标准"工具栏中的"保存"按钮🖫，将零件保存为"大闷盖.SLDPRT"。

2. 创建透盖

下面在前面所创建的闷盖基础上，经过编辑来实现透盖的制作。通过本小节实例的学习，读者可以学习创建某些具有系列特征的零件的方法，以期达到提高效率的目的。具体创建步骤如下。

01 启动SOLIDWORKS 2018，单击"标准"工具栏中的"打开"按钮📂，在系统弹出的"打开"对话框中选择刚创建的"大闷盖.SLDPRT"，单击"打开"按钮，如图3-86所示。选择菜单栏中的"文件"→"另存为"命令，将零件"大闷盖.SLDPRT"另存为"大透盖.SLDPRT"。再关闭零件"大闷盖.SLDPRT"，将零件"大透盖.SLDPRT"打开。

02 绘制切除特征的草图轮廓。选择大闷盖实体大端面为草图绘制平面，单击"标准视图"工具栏中的"正视于"按钮↓，使绘图平面转为正视方向。单击"草图"控制面板上的"圆"按钮⊙，在草绘平面上绘制以闷盖中心为圆心的圆，系统弹出"圆"属性管理器，在半径输入框中输入圆的半径值为47.5，如图3-87所示。

03 单击"特征"控制面板上的"拉伸切除"按钮📵，系统弹出"切除-拉伸"属性管理器。设置终止条件为"完全贯穿"，图形窗口将高亮显示，如图3-88所示。

04 保持其他选项的系统默认值不变，单击"确定"按钮✔完成切除拉伸，如图3-89所示。这样，大透盖的建模过程就完成了。

图 3-86 打开已存在的零件

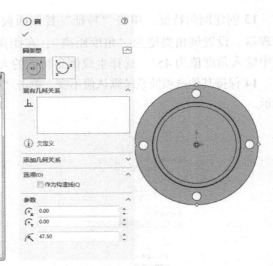

图 3-87 绘制切除特征的草图轮廓

图 3-88 定义切除参数 　　图 3-89 通过"拉伸切除"工具创建的大透盖

05 下面进行材料定义和保存。通过特征管理器中的材质编辑器定义材料属性为"普通碳钢",再单击"标准"工具栏中的"保存"按钮 ，即可完成本实例制作。

3.8　上机操作

1)绘制图 3-90 所示的扳手。绘制过程如图 3-91 ~ 图 3-99 所示。

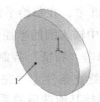

图 3-90　扳手　　　　图 3-91　标注的草图(一)　图 3-92　拉伸后的图形(一)

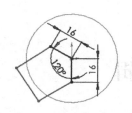
图 3-93　标注的草图（二）

图 3-94　拉伸切除后的图形

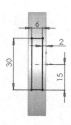
图 3-95　标注的草图（三）

图 3-96　拉伸后的图形（二）

图 3-97　标注的草图（四）

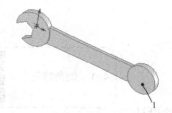
图 3-98　拉伸后的图形（三）

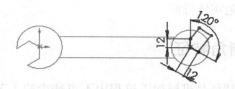
图 3-99　标注的草图（五）

操作提示：可以利用拉伸命令。

2）绘制图 3-100 所示的茶杯。茶杯的创建过程如图 3-101～图 3-103 所示。

图 3-100　杯子模型

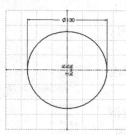
图 3-101　绘制圆

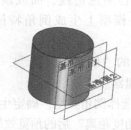
图 3-102　生成圆柱体定义基准面

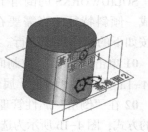
图 3-103　在基准面上绘制草图

操作提示：可以利用拉伸、放样命令。

3.9　复习思考题

1）在拉伸特征中，如何创建拔模和薄壁特征？

2）引导线扫描和引导线放样的异同有哪些？

3）线性阵列、曲线驱动阵列和草绘阵列的区别是什么？

第4章 实体编辑

这里的实体编辑是指在不改变基体特征主要形状的前提下，通过放置特征以及编辑放置特征的尺寸来对零件的局部进行修饰的实体建模方法。常见的有孔特征、倒角特征、抽壳特征、拔模特征等。本章将逐一介绍倒角、圆角、拔模、孔、抽壳、圆顶以及特型特征等实体特征的创建。

学习要点

- 倒角特征
- 圆角特征
- 拔模特征
- 孔特征
- 其他实体特征

4.1 倒角特征

4.1 倒角特征

倒角特征是机械加工过程中不可缺少的工艺。在零件设计
过程中，通常在锐利的零件边角处进行倒角处理，以防伤人，并便于搬运、装配，避免应力集中等。

1. 生成倒角

SOLIDWORKS 的倒角工具即在所选边线、面或顶点上生成一倾斜特征。当需要在零件模型上生成倒角特征时，可按如下的操作步骤进行。

01 单击"特征"控制面板上的"倒角"按钮 ，弹出图 4-1a 所示的"倒角"属性管理器。

02 在"倒角"属性管理器中选择倒角类型，确定生成倒角的方式，图 4-1b 所示为选择"角度距离"后的预览效果图。

03 单击 图标右侧的显示框，然后在图形区域选择实体（边线和面或顶点），这里选择 3 个对角边线，如图 4-2 所示。

04 在 中指定距离，在 中设定角度值。如果勾选"保持特征"复选框，则当应用倒角特征时，会保持零件的其他特征。

05 单击"确定"按钮 ，即可生成倒角特征。

2. 选项说明

对"倒角"属性管理器的选项说明如下。

图 4-1 "倒角"属性管理器及选择
"角度距离"后的预览效果

1）"角度距离"选项包括如下两项。

- 距离1 ⟨⟩：应用到第一个所选的草图实体。
- 方向1角度 ⟨⟩：应用到从第一个草图实体开始的第二个草图实体。

2）"距离–距离"选项包括如下两项。

- 距离1 ⟨⟩：勾选"相等距离"复选框后，该选项表示应用到两个草图实体。
- 距离1 ⟨⟩及距离2 ⟨⟩："相等距离"复选框被取消勾选后，距离1 ⟨⟩选项表示应用到第一个所选的草图实体，距离2 ⟨⟩选项表示应用到第二个所选的草图实体。

采用"距离–距离"类型生成倒角时的"倒角"属性管理器及预览效果如图4-2所示。

3）顶点：选择该选项后，可在所选倒角边线的一侧输入两个距离值，或勾选"相等距离"复选框并指定一个单一数值。采用"顶点"类型生成倒角时的"倒角"属性管理器及预览效果如图4-3所示。

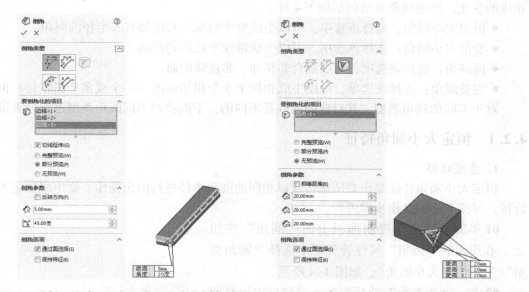

图4-2 选择"距离–距离"类型生成的倒角效果 图4-3 选择"顶点"类型生成的倒角效果

4）保持特征：如果应用一个大到可覆盖特征的倒角半径，勾选该复选框表示保持切除或凸台特征可见；取消勾选该复选框表示以倒角形式包罗切除或凸台特征。

5）切线延伸：勾选该复选框表示将倒角延伸到所有与所选面相切的面。

6）完整预览：选中该选项表示显示所有边线的倒角预览。

7）部分预览：选中该选项表示只显示一条边线的倒角预览。按〈A〉键可依次观看每个倒角预览。

8）无预览：选中该选项可以提高复杂模型的重建效率。

4.2 圆角特征

通过在零件上生成一个内圆角或外圆角特征，有助于在造型上产生平滑变化的效果。

在SOLIDWORKS中，可以为一个面的所有边线、所选的多组面、多个边线或者边线环生成圆角特征，生成圆角特征的操作步骤基本与倒角特征相仿，单击"特征"控制面板上的"圆角"按钮 ，然后根据要求在"圆角"属性管理器中设定具体参数即可。

这里需要说明的是，生成圆角最好遵循如下原则。

- 在添加小圆角之前添加较大圆角。当有多个圆角汇集于一个顶点时，先生成较大的圆角。
- 如果要生成具有多个圆角边线及拔模面的铸模零件，大多数情况下应该在添加圆角之前添加拔模特征。
- 应该最后添加装饰用的圆角，因为在大多数其他几何体定位之前添加圆角，系统需要花费更长的时间重建零件。
- 如要加快零件重建的速度，请使用单一圆角操作来处理需要相同半径圆角的多条边线。

对于"圆角"属性管理器选项组中的选项，选择的圆角类型不同，其后的选项组也会有相应的变化，这些圆角类型包括如下 4 种。

- 恒定大小圆角：选择该选项，可以生成整个圆角的长度都有等半径的圆角。
- 变量大小圆角：选择该选项，可以生成带变半径值的圆角。
- 面圆角：选择该选项，可以混合非相邻、非连续的面。
- 完整圆角：选择该选项，可以生成相切于 3 个相邻面组（一个或多个面相切）的圆角。

对于不同的圆角类型，其对应的属性是不同的，下面将对不同圆角类型进行分类说明。

4.2.1 恒定大小圆角特征

1. 生成特征

恒定大小圆角特征是指对所选边线以相同的圆角半径进行圆角操作。要生成恒定大小圆角特征，可按下面的操作步骤进行。

01 单击"特征"控制面板上的"圆角"按钮 ，在出现的"圆角"属性管理器中选择"圆角类型"为"恒定大小圆角"，如图 4-4 所示。

02 在"圆角参数"选项组的 微调框中设置圆角的半径。

03 单击 按钮右边的显示框，并在图形区域选择要进行圆角处理的模型边线、面或环（默认为"手工"标签，FilletXpert 标签内容为 2011 版新增功能，将在后面作介绍）。

04 如果勾选"圆角参数"选项组中的"多半径圆角"复选框，则可以完成如下工作。

- 为每条所选边线选择不同的半径值。
- 使用具有不同半径且汇集于公共顶点的 3 条边线生成角。
- 选择边线和曲面，但是不能为具有公共边线的面指定多个半径。

图 4-4 "圆角"属性管理器

05 如果勾选"切线延伸"复选框，则圆角将延伸到与所选面或边线相切的所有面。

06 如果需要逆转圆角，则在"逆转参数"选项组中的距离微调框 ⚘ 中设置距离，单击 ⍦ 图标右边的显示框，然后在图形区域选择一个或多个外顶点作为逆转顶点，具体见下文中的功能介绍。

07 此时的预览效果如图 4-5 所示，单击"确定"按钮 ✔，生成等半径圆角特征。

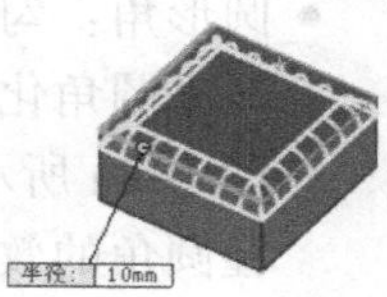

注意： 在生成圆角特征时，所给定的圆角半径值应适中，如果圆角半径太大，所生成的圆角将剪裁模型的其他曲面及边线。

图 4-5　恒定大小圆角效果预览

2. 选项说明

"圆角"属性管理器中各选项的含义说明如下。

（1）"圆角参数"选项组

● "半径" ⍐：利用该选项可以设定圆角半径。

● "边线、面、特征和环" ▥：在图形区域选择要圆角处理的实体。

● 多半径圆角：勾选该复选框，可以边线不同的半径值生成圆角。可以使用不同半径的 3 条边线生成边角。

注意： 不能为具有共同边线的面或环指定多个半径。

● 切线延伸：选中该复选框，可将圆角延伸到所有与所选面相切的面。

● 完整预览：选中该选项，可用来显示所有边线的圆角预览。

● 部分预览：选中该选项，可只显示一条边线的圆角预览。按〈A〉键可依次观看每个圆角的预览。

● 无预览：可提高复杂模型的重建时间。

（2）"逆转参数"选项组

这些选项在混合曲面之间沿着零件边线进入圆角生成平滑的过渡。可通过选择一顶点和一半径来为每条边线指定相同或不同的逆转距离，如图 4-6 所示。逆转距离为沿每条边线的点，圆角在此开始混合到在共同顶点相遇的 3 个面。

逆转距离对所有边线相同　　逆转距离对所有边线不同

图 4-6　逆转圆角的应用

在设定逆转参数前，需在"圆角参数"下勾选"多半径圆角"。在图形区域为"边线、面、特征和环" ▥ 选择 3 条带共同顶点的边线，必须选择所有汇合于共同顶点的边线。其中各选项说明如下。

● 距离 ⍐：从顶点测量而设定圆角逆转距离。

● 逆转顶点 ⍐：在图形区域选择一个或多个顶点。逆转圆角边线在所选顶点汇合。

● 逆转距离 ⍦：以相应的逆转距离值列举边线数。若想将一不同逆转距离应用到边线，可在逆转顶点 ▥ 下选择一顶点，再在逆转距离 ⍦ 下选择一边线，然后设定一距离 ⍐。

● 设定未指定的：单击该按钮，可将当前的距离 ⍐ 应用到在逆转距离 ⍦ 下无指定距离的所有边线。

● 设定所有：单击该按钮，可将当前的距离 ⍐ 应用到逆转距离 ⍦ 下的所有边线。

（3）"圆角选项"选项组

● 保持特征：勾选该复选框，如果应用一个大到可覆盖特征的圆角半径，则保持切除或凸台特征可见；取消勾选该复选框，则以圆角包罗切除或凸台特征。图4-7a和图4-7b所示为"保持特征"应用到圆角生成正面凸台和右切除特征的模型，图4-7c所示为"保持特征"应用到所有圆角的模型。

- 圆形角：勾选该复选框，可生成带圆形角的等半径圆角。这时必须选择至少两个相邻边线来圆角化。圆形角圆角在边线之间有一平滑过渡，可消除边线汇合处的尖锐接合点，图4-8a所示为无圆形角应用了等半径圆角的效果；图4-8b所示为带圆形角应用了等半径圆角的效果。

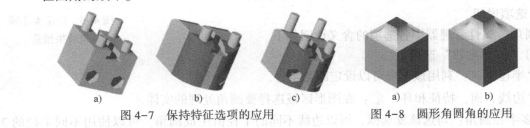

图4-7 保持特征选项的应用　　　　图4-8 圆形角圆角的应用

（4）"扩展方式"选项组

该选项组用于控制在单一闭合边线（如圆、样条曲线、椭圆）上圆角在与边线汇合时的行为，包括如下选项。

- 默认：系统根据集合条件选择"保持边线"或"保持曲面"选项。
- 保持边线：模型边线保持不变而圆角调整，在许多情况下，圆角的顶部边线中会有沉陷。
- 保持曲面：圆角边线调整为连续和平滑，而模型边线更改为与圆角边线匹配。

4.2.2　变量大小圆角特征

使用变量大小圆角特征可以为每条所选边线指定不同的半径值，还可以为具有公共边线的面指定多个半径。要生成变量大小圆角特征，可按如下步骤进行操作。

01 单击"特征"工具栏中的"圆角"按钮，在出现"圆角"属性管理器的"圆角类型"选项组中单击"变量大小圆角"按钮，如图4-9所示。

02 单击图标右侧的显示框，然后在右侧的图形区域选择要进行变半径圆角处理的边线。此时系统会在右面的图形区域默认使用3个变半径控制点，分别位于边线的25%、50%和75%的等距离处，如图4-9所示。

03 在"变半径参数"选项组中图标右侧的显示框中选择变半径控制点，然后在下面的半径右侧的微调框中输入圆角半径值。

04 通过鼠标拖动控制点到新的位置，更改变半径控制点的位置。

05 设置控制点的数量，可在图标右侧的微调框中进行设置。

06 在如下过渡类型中选择过渡类型。

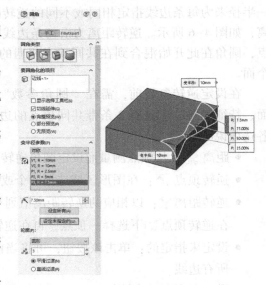

图4-9 "圆角"属性管理器

98

- 平滑过渡：生成一个圆角，当一个圆角边线与一个邻面结合时，圆角半径从一个半径平滑地变化为另一个半径。
- 直线过渡：生成一个圆角，圆角半径从一个半径线性地变化成另一个半径，但是不与邻近圆角的边线相结合。

07 单击"确定"按钮 ✔，生成变量大小圆角特征，图 4-10a 所示为无控制点效果，图 4-10b 所示为带控制点效果。

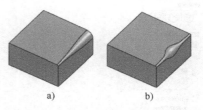

图 4-10　变量大小圆角特征
a）无控制点　b）带控制点

4.2.3　面圆角特征

1. 生成特征

使用面圆角特征可以将不相邻的面与面圆角混合，生成具有两个或多个相邻、不连续面的零件。要生成面圆角特征，可按下述步骤操作。

01 单击"特征"控制面板上的"圆角"按钮 ⬚，在弹出的"圆角"属性管理器中选择圆角类型为"面圆角"，如图 4-11 所示。

02 在 ⬚ 微调框中设定面圆角半径。

03 选择图形区域要混合的第一个面或第一组面，所选的面将在第一个 ⬚ 图标右侧的显示框中显示。

04 选择图形区域要混合的第二个面或第二组面，所选的面将在第二个 ⬚ 图标右侧的显示框中显示。

05 "切线延伸"默认系统设置，可以使圆角应用到相切面。

06 如果选择"轮廓"选项组中的"曲率连续"选项，则系统会生成一个平滑曲率来解决相邻曲面之间不连续的问题。

07 如果应用"辅助点"选项，则可以在图形区域通过在插入圆角的附近插入辅助点来定位插入混合面的位置。

08 单击"确定" ✔ 按钮，生成面圆角特征，效果如图 4-12 所示。

2. 选项说明

"圆角"属性管理器中一些选项的含义说明如下。

- 对称：创建一个由半径定义的对称圆角。
- 弦宽度：创建一个由弦宽度定义的圆角，如图 4-13 所示。
- 非对称：创建一个由两个半径定义的非对称圆角。
- 包络控制线：选择零件上一边线或面上一投影分割线作为决定面圆角形状的边界。圆角的半径由控制线和要圆角的边线之间的距离驱动。
- 曲率连续：解决不连续问题并在相邻曲面之间生成更平滑的曲率。欲核实曲率连续性的效果，可显示斑马条纹，也可使用曲率工具分析曲率。

注意： 曲率连续圆角不同于标准圆角，它们有一样条曲线横断面，而不是圆形横断面。曲率连续圆角比标准圆角更平滑，因为边界处在曲率中无跳跃。标准圆角包括一边界处跳跃，因为它们在边界处相切连续。

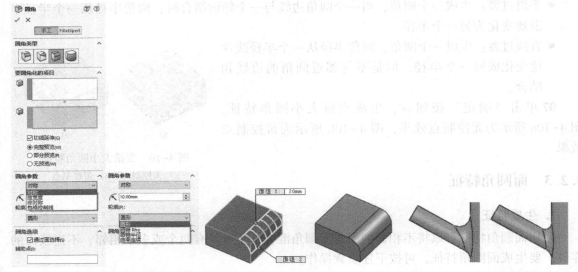

图 4-11 "圆角"属性管理器　　　图 4-12 生成的面圆角效果　　　图 4-13 弦宽度的应用效果

4.2.4 完整圆角特征

1. 生成特征

使用完整圆角特征可以选择 3 个相邻面组（一个或多个切面），并应用与此 3 个面组相切的圆角。具体操作方法如下。

01 打开要应用圆角的零件，单击"特征"控制面板上的"圆角"按钮 ⬚，在弹出的"圆角"属性管理器中选择圆角类型为"完整圆角"，如图 4-14 所示。

02 首先为边侧面组 1 选择顶面，然后为中央面组选择模型的边侧面，最后选择与边侧面组 1 相反的面，如图 4-15 所示。

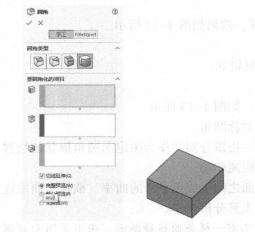

图 4-14 "圆角"属性管理器

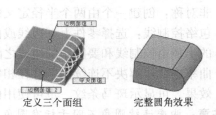

定义三个面组　　　完整圆角效果

图 4-15 完整圆角的应用

03 确定已勾选"切线延伸"复选框。

04 单击"确定"按钮 ✔，完成完整圆角的应用。

2. 类型说明

总的来说，SOLIDWORKS 可以为一个面上的所有边线、多组面、多个边线或边线环生成圆角特征。所有的圆角特征综合说明如下。

- 恒定大小圆角：对所选边线以相同的圆角半径进行圆角操作。
- 变量大小圆角：可以为每条边线选择不同的圆角半径值进行圆角操作。
- 逆转圆角：可以在混合曲面之间沿着零件边线进入圆角，生成平滑过渡。
- 变半径圆角：可以为边线的每个顶点指定不同的圆角半径。
- 圆形角圆角：通过控制角部边线之间的过渡，消除两条边线汇合处的尖锐接合点。
- 混合面圆角：通过它可以将不相邻的面混合起来。

3. FillerXpert（圆角）特征

（1）FilletXpert 属性管理器

FilletXpert 属性管理器可以用于管理、组织并对圆角重新排序，具体包括如下功能。

- 生成多个圆角。
- 自动调用 FeatureXpert。
- 需要时，自动对圆角重新排序。

（2）生成圆角

通过 FilletXpert 可以生成多个圆角，具体操作步骤如下。

01 打开想应用圆角的零件，单击"特征"控制面板上的"圆角"按钮 ⬚。

02 在属性管理器中单击 FilletXpert，如图 4-16a 所示。

03 选择圆柱面 1，将半径 ⟨ 设为 2，然后单击"应用"按钮。

04 选择平面 2，然后单击"应用"按钮，应用效果如图 4-16b 所示。

经过如上操作，FilletXpert 将添加两个圆角特征，而无须离开属性管理器。

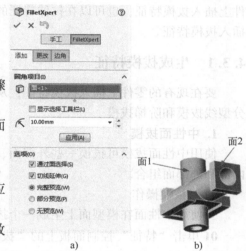

a)　　　　　b)

图 4-16　通过 FilletXpert 生成多个圆角
a）属性管理器　b）圆角效果

（3）更改或删除圆角

通过 FilletXpert 可以自动更改或删除圆角，具体操作步骤如下。

01 单击"更改"标签。

02 在弹出的特征管理器中，将指针移动到圆角 1 上（注意，圆角 1 被应用到多条边线），如图 4-17a 所示。

03 在图形区域选择下面的圆角边线，如图 4-17b 所示。

04 将半径 ⟨ 设为 1.0，然后单击调整大小。FilletXpert 通过为其生成新圆角来调整单个选定边线的大小，圆角按其大小列在现有圆角之下。

05 在特征管理器中将指针停留在圆角 2 上（注意，圆角 2 被应用到多条边线），如图 4-18a 所示。

06 选择圆形角边线，如图 4-18b 所示。

07 单击即可将其删除。

这里，FilletXpert 仅从圆形边删除圆角。

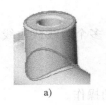
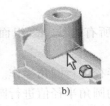

图 4-17　通过 FilletXpert 自动更改圆角　　　　　　图 4-18　通过 FilletXpert 自动删除圆角

a）更改前　b）更改后

4.3　拔模特征

拔模是以指定的角度斜削模型中所选的面。其应用之一可使型腔零件更容易脱出模具。SOLIDWORKS 提供了丰富的拔模功能，用户既可以在现有的零件上插入拔模特征，也可以在拉伸特征的同时进行拔模。本节将主要介绍如何在现有的零件上插入拔模特征。

4.3.1　生成拔模特征

要在现有的零件上插入拔模特征，从而以特定角度斜削所选原面，可以使用中性面拔模、分型线拔模和阶梯拔模。

1. 中性面拔模

使用中性面拔模可拔模一些外部面、所有外部面、一些内部面、所有内部面、相切的面或内部和外部面组合。

（1）拔模操作

要使用中性面在模型面上生成一个拔模特征，可按下面的操作步骤进行。

01 单击"特征"控制面板上的"拔模"按钮 ，在弹出的"拔模"属性管理器的"拔模类型"选项组中选择"中性面"单选按钮，如图 4-19 所示（默认为"手工"标签，DraftXpert 标签内容为 2011 版新增功能，将在后面叙述）。

02 在"拔模角度"选项组的 微调框中设定拔模角度。

03 单击"中性面"选项组中的显示框，然后在右侧图形区域选择面或基准面作为中性面。

04 图形区域的控标会显示拔模的方向，如果要向相反的方向生成拔模，可单击"反向"按钮 。

05 单击"拔模面"选项组中 图标右侧的显示框，然后在图形区域选择拔模面。

06 如果要将拔模面延伸到额外的面，可从"拔模沿面延伸"下拉列表框中选择拔模面的终止方式。

07 单击"确定"按钮 ，完成中性面拔模特征，如图 4-20 所示。

（2）选项说明

"拔模"属性管理器中"中性面"相关选项的含义如下。

1）中性面：中性面是指在生成模具时决定拖拉方向的基准面或面在拔模的过程中大小不变，用于指定拔模角度旋转轴。如果中性面与拔模面相交，则相交处即为旋转轴。

2）拔模面：用于选取的零件表面，在此面上将生成拔模斜度。

3）拔模沿面延伸：该选项的下拉列表框中包含如下选项。

图 4-19 "拔模"属性管理器

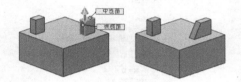

图 4-20 拔模效果

- 无：只在所选的面上进行拔模。
- 沿切面：将拔模延伸到所有与所选面相切的面。
- 所有面：将所有从中性面拉伸的面进行拔模。
- 内部的面：将所有从中性面拉伸的内部面进行拔模。
- 外部的面：将所有在中性面旁边的外部面进行拔模。

2. 分型线拔模

分型线拔模可以对分型线周围的曲面进行拔模，分型线可以是空间的。

（1）拔模操作

要插入分型线拔模特征，可按如下步骤进行操作。

01 插入一条分割线分离要拔模的面，或者使用现有的模型边线分离要拔模的面。

02 单击"特征"控制面板上的"拔模"按钮 ，在弹出的"拔模"属性管理器的"拔模类型"选项组中选择"分型线"，如图 4-21 所示。

03 在"拔模角度"选项组的 微调框中指定拔模角度。

04 单击"拔模方向"选项组中的显示框，然后在图形区域选择一条边线或一个面来指示拔模方向。

05 如果要向相反的方向生成拔模，可单击"反向"按钮 。

06 单击"分型线"选项组中 图标右侧的显示框，在图形区域选择分型线。

07 如果要为分型线的每一个线段指定不同的拔模方向，单击"分型线"选项组中 图标右侧的显示框中的边线名称，然后单击"其它面"⊖按钮。

08 在"拔模沿面延伸"下拉列表框中选择拔模沿面延伸类型。

09 单击"确定"按钮 ，完成分型线拔模特征，如图 4-22 所示。

⊖ "其它面"即"其他面"，因 SOLIDWORKS 软件中为"其它面"，故本书统一用"其它面"。

（2）选项说明

"拔模"属性管理器中"分型线"相关选项的含义如下。

1）拔模方向：用于确定拔模角度的方向。

图 4-21 "拔模"属性管理器

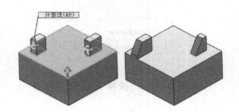

图 4-22 分型线拔模

2）分型线：可以定义一条分割线来分离要拔模的面，也可以使用现有的模型边线作为分型线。

3. 阶梯拔模

阶梯拔模为分型线拔模的变体，可生成一个绕来作为拔模方向基准面的旋转面；同时此操作还会产生较小的面，代表阶梯。

（1）拔模操作

要插入阶梯拔模特征，可采用如下操作步骤。

01 绘制要拔模的零件，同时根据需要建立必要的基准面。

02 生成所需的分型线。

03 单击"特征"控制面板上的"拔模"按钮 🗔，在弹出的"拔模"属性管理器中的"拔模类型"选项组中选择"阶梯拔模"单选按钮，如图 4-23 所示。

04 根据需要选中"锥形阶梯"单选按钮或者"垂直阶梯"单选按钮。

05 在"拔模角度"选项组的 🗔 微调框中指定拔模角度；再单击"拔模方向"选项组中的显示框，然后在图形区域选择一基准面指示拔模方向。

06 如果要向相反的方向生成拔模，可单击"反向"按钮 🡒。

07 单击"分型线"选项组中 🗔 图标右侧的显示框，然后在图形区域选择分型线。

08 如果要为分型线的每一线段指定不同的拔模方向，在"分型线"选项组中 🗔 图标右侧的显示框中选择边线名称，然后单击"其它面"按钮。

09 在"拔模沿面延伸"下拉列表框中选择拔模沿面延伸类型。

10 单击"确定"按钮 ✓，完成阶梯拔模特征，如图 4-24 所示。

（2）选项说明

"拔模"属性管理器中"阶梯拔模"相关选项的含义如下。

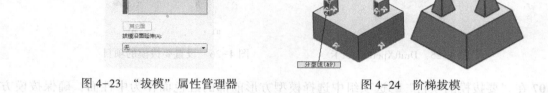

图 4-23 "拔模"属性管理器　　　　　　　图 4-24 阶梯拔模

- 锥形阶梯：使拔模曲面与锥形曲面一样。
- 垂直阶梯：使拔模曲面垂直于原主要面。

注意：分型线的定义必须满足以下条件。

- 在每个拔模面上，至少有一条分型线线段与基准面重合。
- 其他所有分型线线段处于基准面的拔模方向上。
- 任何一条分型线线段都不能与基准面垂直。

4. DraftXpert（拔模）特征

1）DraftXpert 能够测试并找出拔模过程的错误。只要选择拔模角度和拔模参考，DraftXpert 就将管理其余部分，具体包括如下功能。

- 生成多个拔模。
- 进行拔模分析。
- 编辑拔模。

2）通过 DraftXpert 可生成多个拔模并进行拔模分析，具体操作步骤如下。

01 单击"特征"控制面板上的"拔模"按钮 █，或选择菜单栏中的"插入"→"特征"→"拔模"命令。

02 在属性管理器中单击 DraftXpert 标签，如图 4-25 所示。

03 在"要拔模的项目"下进行设置。

- 将拔模角度 █ 设为 3.00°。
- 选择圆柱顶部的红色平面作为中性面，确保拔模方向箭头指向上，如图 4-26a 所示。
- 为要拔模的项目 █ 选择蓝绿色圆柱面，如图 4-26b 所示。
- 单击"应用"按钮生成拔模。

04 在"拔模分析"选项组中勾选"自动涂刷"复选框。刚才拔模的面将显示 3°的拔模分析颜色，而圆柱内部为黄色，表示无拔模。

05 将指针移到拔模面上，将显示角度为 3°，如图 4-27 所示。

06 取消勾选"自动涂刷"复选框。

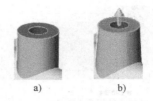

图 4-25　DraftXpert 选项卡　　　　图 4-26　设置要拔模的项目

07 在"要拔模的项目"  选项组中选择模型方形前部的红色面作为中性面，确保拔模方向箭头指向外，如图 4-28 所示。

08 勾选"自动涂刷"复选框。水平圆柱体的圆形内侧为黄色，表示无拔模，如图 4-29 所示。

09 选择圆形内侧作为要拔模的项目。

10 单击"应用"按钮生成拔模。圆形内侧的颜色将更新，指示拔模角度为 3°，确定拔模角度，如图 4-30 所示。

图 4-27　显示拔模角度　　图 4-28　设置中性面　　图 4-29　无拔模　　图 4-30　确定拔模角度

3）通过 DraftXpert 还可以更改拔模，在更改中会生成模型并自动调用 FeatureXpert 以求解模型，并且 FeatureXpert 会在特征管理器中重新排序新的拔模特征。

4.3.2　拔模分析

塑料零件设计者和铸模工具制造者可以使用拔模分析工具来检查拔模是否正确应用到零件。利用拔模分析工具可以核实拔模角度、检查面内的角度以及找出零件的分型线、浇注面和出坯面等。

要应用拔模分析工具核实拔模角度，可按如下步骤进行操作。

01 打开需要分析的模型。

02 单击"模具工具"工具栏中的"拔模分析"  按钮，此时会出现图 4-31 所示的"拔模分析"属性管理器。

03 在右侧的图形区域选择模型的一个平面、边线或轴来表示拔模方向。如果要更改拔模方向，可单击"反向"按钮 ，或者使用图形

图 4-31　"拔模分析"属性管理器

区域的控标来反转方向。

04 在 微调框中指定要分析的拔模角度。

05 勾选"面分类"复选框，进行以面为基础的拔模分析。此时在"颜色设定"选项组中将拔模分析结果分成 4 个范畴，分别用绿、黄、红 3 种颜色表示，说明如下。

- 绿色表示正拔模，根据指定的参考拔模角度显示带正拔模的任何面。正拔模是指面的角度相对于拔模方向大于参考角度。
- 黄色表示负拔模，根据指定的参考拔模角度显示带负拔模的任何面。负拔模是指面的角度相对于拔模方向小于参考角度。
- 红色表示所需拔模，显示需要校正的任何面。

06 当模型包括曲面时，使用陡面。勾选"逐渐过渡"复选框来分析添加了拔模的模型上的曲面，此时，两个额外的范畴被显示。

- 正拔模：根据所指定的参考拔模角度显示带正拔模的任何陡面。
- 负拔模：根据所指定的参考拔模角度显示带负拔模的任何陡面。

07 单击"确定"按钮 ✔，得出拔模分析的结果，模型区域会显示对其拔模角度合适的颜色。

4.4 孔特征

孔特征是机械设计中的常见特征之一，一般在设计阶段将近结束时生成，这样可以避免因疏忽而将材料添加到现有的孔内。

SOLIDWORKS 的孔特征一般分两类——简单直孔和异型孔。简单直孔可以生成一个简单的、不需要其他参数修饰的直孔；异型孔可以生成多参数、多功能的孔。无论是简单直孔或是异型孔，都需要选取孔的放置位置平面，并且标注孔的轴线与其他几何实体之间的相对尺寸，方能完成孔的定位。

4.4.1 简单直孔

1. 生成孔

在设计零件的最后阶段，如果准备生成不需要其他参数的简单直孔，可以选择插入简单直孔特征，其操作步骤如下所述。

01 选择要生成简单直孔特征的平面。

02 单击"钣金"控制面板上的"简单直孔"按钮 ⬡，此时会出现"孔"属性管理器，并在右侧的图形区域显示生成的孔特征，如图 4-32 所示。

03 在"方向"选项组的第一个下拉列表框中选择终止类型，例如选择"给定深度"。

04 在 ⬡ 中输入给定深度值，在 ⬡ 微调框中输入孔的直径。

05 单击"确定"按钮 ✔，完成简单直孔特征的生成。

06 在模型或特征管理器中右击孔特征，在弹出的快捷菜单中选择"编辑草图"命令。

07 单击"草图"控制面板上的"智能尺寸"按钮 ⟨ ，对孔进行尺寸定位，并修改孔的直径尺寸，如图 4-33 所示。

08 单击"确定"按钮 ✔，退出草图编辑状态。

09 如果要给特征添加一个拔模，单击"拔模开关"按钮 ⬡，然后输入拔模角度，如图 4-34a

所示；定义拔模角度为15°，勾选"向外拔模"复选框，可得到图4-34b所示的预览效果。

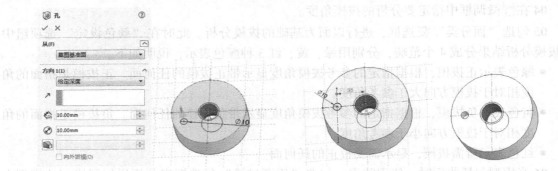

图4-32 "孔"属性管理器 图4-33 孔的尺寸定位

10 单击"确定"按钮 ✓，得到的最终效果如图4-35所示。

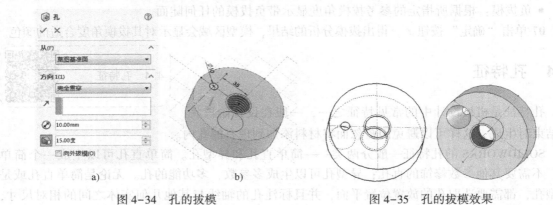

图4-34 孔的拔模 图4-35 孔的拔模效果
a）参数设置 b）预览效果

2. 选项说明

"孔"属性管理器中各属性选项说明如下。

1）"从"选项组：选择不同的开始条件之后，后面的选项内容也将有所不同，其下拉列表中主要包括如下选项。

- 草图基准面：从草图所处的同一基准面开始简单直孔。
- 曲面/面/基准面：从这些实体之一开始简单直孔。使用该选项创建孔特征时，需要为"曲面/面/基准面" 🔘 选择一个有效实体。
- 顶点：从为"顶点" 🔘 所选择的顶点开始简单直孔。
- 等距：在从当前草图基准面等距的基准面上开始简单直孔。使用该选项创建孔特征时，需要输入等距值设定等距距离。

2）"方向1"选项组中包括如下选项。

- 给定深度：从草图的基准面以指定的距离延伸特征。选择该选项后，需要在下面的 🔘 微调框中输入指定深度。
- 完全贯穿：从草图的基准面延伸特征直到贯穿所有现有的几何体。
- 成形到下一面：从草图的基准面拉伸特征到下一面，以生成特征（下一面必须在同一零件上）。

● 成形到一面：从草图的基准面拉伸特征到所选的曲面，以生成特征。

● 到离指定面指定的距离：从草图的基准面拉伸特征到距某面（可以是曲面）特定距离的位置，以生成特征。选择该选项后，需要指定特定的面和距离。

● 成形到一顶点：从草图基准面拉伸特征到一个平面，这个平面平行于草图基准面，且穿越指定的顶点。

3）"拉伸方向"选项：利用该选项可以设置向除垂直于草图轮廓以外的其他方向拉伸孔。

4）"面/平面" ◆ 选项：当选择"到离指定面指定的距离"选项时会出现该选项，表示在图形区域选择一个面或基准面，在选取成形到曲面或到离指定面指定的距离为终止条件时要设定孔的深度。

5）"顶点"选项：在图形区域选择一顶点或中点，在选择"成形到顶点"为终止条件时要设定孔深度。

6）"孔直径"选项：指定孔的直径。

7）"拔模打开/关闭" 📷 选项：利用该选项添加拔模到孔。设定拔模角度可以指定拔模度数。

4.4.2　异型孔

异型孔包括柱形沉头孔、锥形沉头孔、孔、直螺纹孔、锥形螺纹孔、旧制孔、柱孔槽口、锥孔槽口、槽口 9 项。本节主要介绍前 6 种。当使用异型孔向导生成一孔时，孔的类型和大小会出现在特征管理器中，如图 4-36 所示。用户可以根据需要选定异型孔的类型。

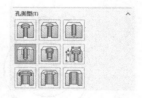

图 4-36　9 种异型孔类型

使用异型孔向导可以生成基准面上的孔，也可在平面和非平面上生成孔。生成步骤基本遵循设定孔类型参数、孔的定位以及放置孔的位置 3 个过程。

1. 柱形沉头孔

（1）生成柱形沉头孔特征

在模型上生成柱形沉头孔特征的操作步骤如下。

01 选择要生成柱形沉头孔特征的平面。

02 单击"特征"控制面板上的"异型孔向导"按钮 📷，即可打开"孔规格"属性管理器。

03 在"孔规格"属性管理器中单击"孔类型"选项组下的"柱形沉头孔"按钮 📷，弹出图 4-37 所示的选项，设置各参数，如选用的标准、类型、大小和套合。

04 根据标准选择柱形沉头孔对应于紧固件的螺栓类型，如 ISO 对应的六角凹头、六角螺栓、六角螺钉和平盘头十字切槽等。

05 根据条件和孔类型设置终止条件选项。

06 设置好柱形沉头孔的参数后单击"位置"标签，拖动孔的中心到适当的位置，此时鼠标指针变为 📷 样式，在模型上选择孔的大致位置，如图 4-38 所示。

07 如果需要定义孔在模型上的具体位置，则需要在模型上插入草绘平面。在草图上定位，单击"草图"控制面板上的"智能尺寸"按钮 📷，与标注草图尺寸类似对孔进行尺寸定位。

08 单击"草图"控制面板上的"点"按钮 📷 处于被选中状态，鼠标指针变为 📷 样式，如图 4-39 所示。重复上述步骤，便可生成指定位置的柱孔特征。

09 单击"确定"按钮 ✓，完成孔的生成与定位，如图 4-40 所示。

图 4-37 "孔规格"属性管理器

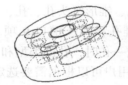

图 4-38 柱孔位置选择

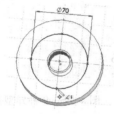 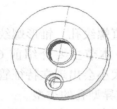

图 4-39 孔位置定义

图 4-40 生成柱形沉头孔

（2）选项说明

"孔规格"属性管理器中各参数说明如下。

1）标准：在该选项的下拉列表框中可以选择与柱形沉头孔连接的紧固件的标准，如 ISO、AnsiMetric、JIS 等。

2）类型：在该选项的下拉列表框中可以选择与柱形沉头孔对应紧固件的螺栓类型，如六角凹头、六角螺栓、六角螺钉和平盘头十字切槽等。一旦选择了紧固件的螺栓类型，异型孔向导将立即更新对应参数栏中的项目。

3）大小：在该选项的下拉列表框中可以选择柱形沉头孔对应紧固件的尺寸，如 M5、M64 等。

4）配合：用来为扣件选择套合。下拉列表框中包括"分紧密""正常"和"松弛"3 种，分别表示柱孔与对应的紧固件配合较紧、正常范围或配合较松散。

5）终止条件：利用该选项组可以选择孔的终止条件，这些终止条件包括"给定深度""完全贯穿""成形到下一面""成形到一顶点""成形到一面""到离指定面指定的距离"。

6）选项：如图 4-41 所示，其中包括如下选项。

● 螺钉间隙：设定螺钉间隙值，将文档单位使用的值添加到扣件头之上。

● 近端锥孔：用于设置近端口的直径和角度。

● 螺钉下锥孔：用于设置端口底端的直径和角度。

● 远端锥孔：用于设置远端处的直径和角度。

7）"收藏"选项组中包括如下选项。

- "应用默认/无收藏" ：默认设置为没有选择常用类型。
- "添加或更新收藏" ：添加常用类型。
- "删除收藏" ：删除所选的常用类型。
- "保存收藏" ：单击此按钮，浏览到文件夹，可以编辑文件名称。
- "装入收藏" ：单击此按钮，浏览到文件夹，可以选择一常用类型。

8）自定义大小：大小调整选项会根据孔类型而发生变化，可调整的内容包括"直径""深度""底部角度"。

2. 锥形沉头孔

（1）生成特征

锥形沉头孔特征基本与柱形沉头孔类似，如果在模型上生成锥形沉头孔特征，可以采用如下操作步骤。

01 选择要生成锥形沉头孔特征的平面。

02 单击"特征"控制面板上的"异型孔向导"按钮 ，即可打开"孔规格"属性管理器。

03 在"孔规格"属性管理器中单击"孔类型"选项组下的"锥形沉头孔"按钮 ，弹出图4-42所示的选项，从"标准"下拉列表框中选择与锥形沉头孔连接的紧固件标准，如ISO、AnsiMetric、JIS等。

04 根据标准选择锥形沉头孔对应于紧固件的螺栓类型，如ISO对应的六角凹头锥孔头、锥孔平头和锥孔提升头等。

图4-41 "选项"选项组　　　　　图4-42 "孔规格"属性管理器

05 根据条件和孔类型设置终止条件选项。

06 设置好锥形沉头孔的参数后单击"位置"标签，拖动孔的中心到适当的位置，此时鼠标指针变为 样式。在模型上选择孔的大致位置，如图4-43所示。

07 如果需要定义锥形沉头孔在模型上的具体位置，则需要在生成孔特征之前在模型上插入草绘平面。在草图上定位，如同柱孔一样。单击"草图"控制面板上的"点"按钮 处于选中状态，鼠标指针变为 样式，重复上述步骤，便可生成指定位置的锥孔特征。

图 4-43 锥孔位置选择

08 单击"完成"按钮，完成孔的生成与定位，如图 4-44 所示。

（2）选项说明

锥形沉头孔"孔规格"属性管理器中许多参数与柱形沉头孔"孔规格"属性管理器基本类似，不同之处如图 4-45 所示，对"选项"说明如下。

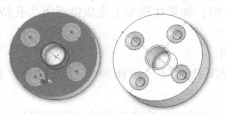

图 4-44　生成锥形沉头孔

图 4-45　锥孔选项

1）"螺钉间隙"复选框：设定螺钉间隙值，将文档单位使用的值添加到扣件头之上。可以选择"增加的锥形沉头孔"。

2）"远端锥孔"复选框：用于设置远端处的直径和角度。

3. 孔

生成孔特征的基本过程与上述柱形沉头孔、锥形沉头孔一样，下面就以在装配体球座上生成孔特征为例，介绍基本操作步骤。

01 打开装配体球座，单击选择上部台面，此时所选面变为绿色，在右键快捷菜单中选择"编辑草图"命令，如图 4-46 所示。

02 选择视角，在草绘平面上绘制需要钻孔的位置，用"点" ▫ 工具选择孔的中心位置，如图 4-47 所示。退出草图绘制。

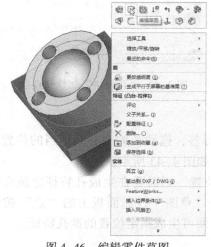

图 4-46　编辑零件草图

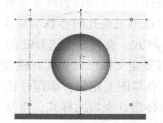

图 4-47　草图上孔的中心位置

03 单击"特征"控制面板上的"异型孔向导"按钮 ，或选择菜单栏中的"插入"→"特征"→"孔向导"命令，即可打开"孔规格"属性管理器。

04 在"孔规格"属性管理器中单击"孔类型"选项组中的"孔"按钮，弹出图4-48所示的属性管理器，设置选用的"标准"为ISO，"类型"采用"螺纹钻孔"，"大小"定义为M30。

05 根据条件和孔类型设置终止条件选项，这里"给定深度"35设置为。

06 设置好柱形沉头孔的参数后，切换到"位置"选项卡，拖动孔的中心到适当的位置，此时鼠标指针变为 样式，如图4-49所示。

图4-48 "孔规格"属性管理器　　　　图4-49 选择孔位置

07 单击"确定"按钮，完成孔的生成与定位，如图4-50所示。

4. 直螺纹孔

如果在模型上插入直螺纹孔特征，可按如下步骤进行操作。

01 选择要生成直螺纹孔特征的平面，插入草绘平面，绘制孔的位置。

02 单击"特征"控制面板上的"异型孔向导"按钮，打开"孔规格"属性管理器。

03 在"孔规格"属性管理器中单击"直螺纹孔"按钮，此时的螺纹孔"孔规格"属性管理器如图4-51所示，对直螺纹孔的参数进行设置。

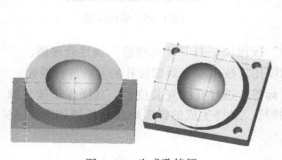
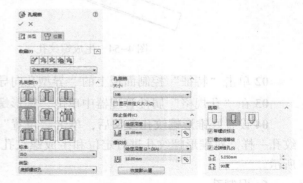

图4-50 生成孔特征　　　　图4-51 螺纹孔"孔规格"属性管理器

04 从"标准"下拉列表框中选择与螺纹孔联接的紧固件标准，如ISO、DIN等。

05 从"类型"下拉列表框中选择螺纹类型，如"螺纹孔""底部螺纹孔"。

06 在"大小"框中输入钻头直径,如 M12。

07 在"终止条件"选项组中设置螺纹孔的深度,在"螺纹线"属性对应的微调框中设置螺纹线的深度。

注意:按 ISO 标准,螺纹线的深度要比螺纹孔的深度至少小 4.5 以上。

08 在图 4-52 所示的"选项"选项组中勾选"带螺纹标注"复选框,则孔会有螺纹标注和装饰线,但会降低系统的性能。这一功能主要是为了生成工程图时的需要。

09 设置好螺纹孔参数后,单击"位置"标签,选择螺纹孔安装位置,其操作步骤与柱孔一样。对螺纹孔进行定位,生成螺纹孔特征,如图 4-53 所示。

10 设置好各选项后,最终生成的螺纹孔特征如图 4-54 所示。

图 4-52　设定带螺纹线的标注

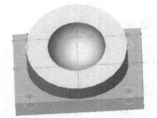

图 4-53　定位螺纹孔

5. 锥形螺纹孔

"锥形螺纹孔" 特征的参数设置与生成直螺纹孔十分类似,这里不对它做单独说明,读者可以参见螺纹孔的生成与定位操作设置。

以上述装配体球座为例,在管状球台上生成锥形螺纹孔的操作步骤如下。

01 选择管状球台面,插入草绘平面,绘制孔的位置。如图 4-55 所示,在草图上绘制圆,并用点工具设定 4 个点作为生成锥形螺纹孔的中心位置。

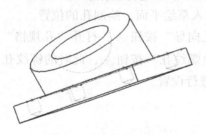

图 4-54　生成螺纹孔

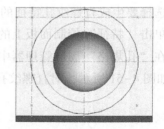

图 4-55　编辑草图

02 单击"特征"控制面板上的"异型孔向导"按钮⬛,打开"孔规格"属性管理器。

03 在"孔规格"属性管理器中单击"锥形螺纹孔"按钮⬛,对螺纹孔的参数进行设置。

04 设置好锥形螺纹孔参数后,单击"位置"标签,选择孔的安装位置,其操作步骤与螺纹孔一样。对锥形螺纹孔进行定位和生成螺纹孔特征,最终生成的锥形螺纹孔特征如图 4-56 所示。

6. 旧制孔

"旧制孔" ⬛选项可以编辑任何在 SOLIDWORKS 2000 之前版本软件中生成的孔。在选择该选项按钮时,所有信息(包括图形预览)均以原来生成孔时(SOLIDWORKS 2000 之前版本软件中)的同一格式显示。

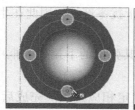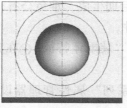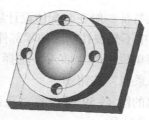

图 4-56　生成锥形螺纹孔

如果要编辑 SOLIDWORKS 2000 之前版本软件中生成的孔，可按如下步骤进行操作。

01 单击"特征"控制面板上的"异型孔向导"按钮 ，打开"孔规格"属性管理器。

02 在"孔规格"属性管理器中单击"旧制孔"按钮 ，出现图 4-57 所示的旧制孔"孔规格"属性管理器。

03 在"截面尺寸"选项组中双击对应的参数"数值"列，可以对原孔特征参数进行修改，模型中的特征也会随之改变，如图 4-58 所示。

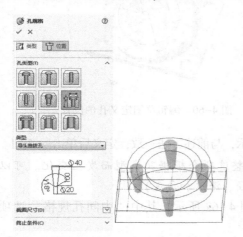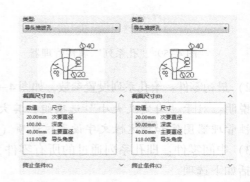

图 4-57　旧制孔"孔规格"属性管理器　　　图 4-58　通过"截面尺寸"选项组修改孔的参数

04 必要时，在"终止类型"选项组的下拉列表框中重新选择终止条件。

05 单击"位置"标签，将孔中心拖到所需位置，或者根据需要标注中心点尺寸对旧制孔进行定位。对于具体操作，这里不再赘述。

06 单击"确定"按钮 ，即可完成对旧制孔的编辑。

4.4.3　孔系列

通过孔系列特征可以生成一系列穿过装配体单个零件的孔。孔系列属于装配体特征，即只能在装配体中使用，而不能在单个零件中编辑孔系列所生成的孔的参数（除非删除派生特征）。

孔系列可以延伸到与孔轴相交的装配体中每个解除压缩的零部件。与其他装配体特征不同的是，孔作为外部参考特征包含在单独零件中。如果在装配体内编辑孔系列，则单个零件将被修改。

1. 生成孔系列

要在装配体上生成孔系列特征，操作步骤如下所述。

01 由于孔特征一般在装配体设计后期生成，难免会有干扰零部件，因此在生成孔系列前，应压缩装配体中不想被孔切除的零部件。

02 单击菜单栏中的"插入"选择"装配体特征"，在其弹出的下拉列表框中选择"孔"，然后选择"孔系列"按钮 🔛。

03 在弹出的图4-59所示的"孔系列"属性管理器设定相应选项。完成后单击"确定"按钮 ✔，生成孔特征。

2. 选项说明

对各个属性管理器选项说明如下。

1）孔位置：在生成孔系列的部位绘制草图平面，以定义孔的位置，如图4-60所示。

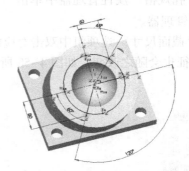

图4-59 "孔系列"属性管理器　　　　图4-60 编辑草图定义孔的位置

2）最初零件：给孔系列设置参数，如图4-61所示，与前述方法一致，定义后单击 ⊚ 按钮。

说明：对于"自定义大小"选项组，其大小调整选项会根据孔类型而发生变化。可以使用属性管理器图像和描述性文字设置该选项（如直径、深度和角度）。

3）中间零件：即孔系列通过的所有零件，如图4-62所示。其中"中间孔规格"选项组中包括如下选项。

图4-61 设置孔系列参数　　　图4-62 "孔系列（中间零件）"属性管理器

- 根据开始孔自动调整大小：默认为勾选状态，用来选择与最初零件直径最接近的可用孔大小来设置中间零件的直径。可用的孔大小依赖于所选螺纹类型，如果更改大小，中间零件会自动更新以便匹配。
- 类型：用来选择钻头类型或螺纹间隙。
- 大小：用来为扣件选择大小。
- 配合：用来为扣件选择套合，包括"紧""正常""松"。

4）最后零件：孔系列通过的最后零件，包含螺纹孔或孔的底部（如果是盲孔），如图 4-63 所示。

注意：不能生成图 4-64 所示的包含可影响到不同层叠零部件的孔的孔系列特征。需要有两个单独孔系列特征，才可定义此装配体中的孔。

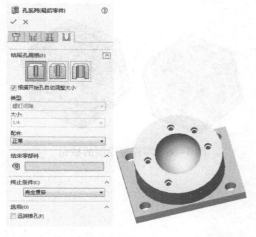

图 4-63　"孔系列（最后零件）"属性管理器

图 4-64　单独孔系列特征

4.5　其他实体特征

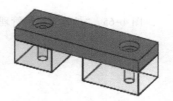

4.5.1　抽壳特征

4.5.1　抽壳特征

当在零件上的一个面使用抽壳工具进行抽壳操作时，系统会掏空零件的内部，使所选择的面敞开，并在剩余的面上生成薄壁特征。

如果没有选择模型上的任何面，则抽壳实体零件时将生成一个闭合、掏空的模型。通常在抽壳时指定各个表面原厚度相等，也可以对某些表面厚度单独进行指定。

1. 生成抽壳特征

如果要生成一个抽壳特征，可按如下步骤进行操作。

01 单击"特征"控制面板上的"抽壳"按钮📦，弹出如图 4-65 所示的"抽壳"属性管理器。

02 单击"抽壳"属性管理器中的"移除的面"🗍图标，并从右侧的图形区域选择一个或多个开口面作为要移除的面。此时会在显示框中显示所选的开口面。

03 如果没有选择一个开口面，则系统会生成一个闭合、掏空的模型。

04 在"抽壳"属性管理器"参数"选项组的 ⬡ 微调框中输入要抽壳的壁厚。

05 如果勾选了"壳厚朝外"复选框，则会增加零件外部尺寸，从而生成抽壳。

06 单击"确定"按钮 ✓，即可生成等厚度抽壳特征，如图 4-66 所示。

07 如果要生成一个具有多厚度面的抽壳特征，需在"抽壳"属性管理器中单击"多厚度设定"选项组中 ⬡ 图标右侧的显示框，激活多厚度设定。

08 在图形区域选择开口面或需要增厚的边线，之后在"多厚度设定"选项组中的 ⬡ 微调框中输入对应的壁厚，如图 4-67 所示。

09 单击"确定"按钮 ✓，即可生成多厚度抽壳特征，如图 4-68 所示。

图 4-65　"抽壳"属性管理器

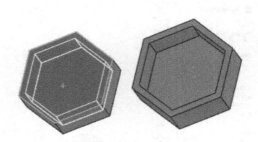

图 4-66　零件等厚度的抽壳

图 4-67　调壁厚

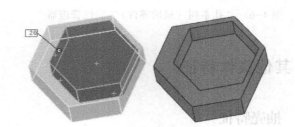

图 4-68　零件多厚度的抽壳

2. 选项说明

"抽壳"属性管理器中选项的含义说明如下。

1）"厚度" ⬡：该选项用来设定保留的面的厚度。

2）移除的面 ⬡：在图形区域选择一个或多个面作为要移除的面。

3）壳厚朝外：勾选该复选框，可增加零件的外部尺寸。

4）显示预览：勾选该复选框，可显示抽壳特征的预览。

4.5.2　圆顶特征

1. 生成圆顶

圆顶是指将模型平面拉伸成一个曲面，曲面可以是椭圆面、

4.5.2　圆顶特征

118

圆面等。要生成圆顶特征，可按如下步骤进行操作。

01 在图形区域选择一个要生成圆顶的基面。

02 选择菜单栏中的"插入"→"特征"→"圆顶"命令，此时系统弹出图 4-69 所示的"圆顶"属性管理器。

03 如果单击"反向"按钮 ↗，将生成一个凹陷的圆顶。

04 如果选择了圆形或椭圆形的面，勾选"椭圆圆顶"复选框会生成一个半椭圆体形状，它的高度等于椭圆的一条半径。

05 如果单击图标 ☑ 右侧的"约束点或草图"显示框，可以在图形区域选择一草图来约束草图的形状以控制圆顶。

06 单击图标 ↗ 右侧的"方向"显示框，可以在图形区域选择一条边线作为圆顶的方向。

07 单击"确定"按钮 ✔，生成圆顶特征。如果在圆柱和圆锥模型上将距离设定为 0，SOLIDWORKS 会使用圆弧半径作为圆顶的基础来计算距离，将生成一个与相邻圆柱或圆锥面相切的圆顶，如图 4-70 所示。

图 4-69 "圆顶"属性管理器

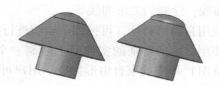

图 4-70 距离为 0 的圆顶和椭圆圆顶特征

2. 选项说明

如图 4-69 所示，"圆顶"属性管理器中各选项的含义说明如下。

1）"到圆顶的面" ⬡：选择一个或多个平面或非平面。如果将圆顶应用到重心位于面外的面，则允许将圆顶应用到不规则的特型圆顶。

2）距离：设定圆顶扩展的距离。

3）"反向" ↗：单击该按钮，可以生成一凹陷圆顶（默认为凸起）。

4）"约束点或草图" ☑：通过选择一草图来约束草图的形状，以控制圆顶。当使用一草图为约束时，"距离"选项被禁用。

5）"方向" ↗：单击"方向"按钮，然后从图形区域选择一方向向量，以垂直于面以外的方向拉伸圆顶。在 SOLIDWORKS 中，可使用线性边线或由两个草图点所生成的向量作为方向向量。

6）椭圆圆顶：勾选该复选框，将为圆柱或圆锥模型指定一椭圆圆顶。椭圆圆顶的形状为一半椭面，其高度等于椭圆面的半径之一，如图 4-71 所示。

7）连续圆顶：勾选该复选框，将为多边形模型指定一连续圆顶。连续圆顶的形状周边均匀向上倾斜。如果取消勾选"连续圆顶"复选框，形状将与多边形的边线正交而上升，如图 4-72 所示。

8）显示预览：勾选该复选框，可以检查预览。

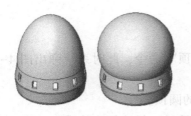

图 4-71 "椭圆圆顶"勾选与否的效果

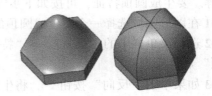

图 4-72 连续圆顶选择与否的效果

4.5.3 自由形特征

自由形特征用于展开、约束或拉紧所选曲面在模型上生成的一个变形曲面。变形曲面灵活可变，很像一层膜。可以通过"控制点"选项组来调整其自由形。

模型特征的生成需要相应的约束实体，约束实体可以直接在面或基准面上生成，SOLIDWORKS 中提供了如下几种有效的约束实体。

- 点：草图点、端点以及顶点等。
- 草图：已经绘制好的一张草图。
- 边线：实体模型中的各条边线。
- 曲线：绘制的二维曲线等。

要应用自由形特征，可按如下步骤进行操作。

在要用自由形特征的实体面上绘制一个或多个实体（点、边线、曲线或草图）用来约束自由形特征。用户可以直接在面或基准面上生成约束实体。

01 选择菜单栏中的"插入"→"特征"→"自由形"命令，此时系统弹出图 4-73 所示的"自由形"属性管理器。在"面设置"选项组中选择图 4-74 中的表面 1，则绘图区面 1 显示网格线，并显示"连续性"类型，在其下拉列表框中显示"接触""相切""曲率"。

02 选择"接触"项，在"控制曲线"选项组中，选择"通过点"单选按钮；单击"添加曲线"按钮，依次在网格中单击，则在绘图区显示过选择的点平行于网格线一侧方向的直线，且直线成绿色，选择完成的曲线如图 4-75 所示。

图 4-73 "自由形"属性管理器

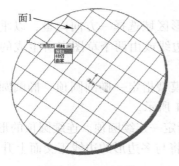

图 4-74 选择面

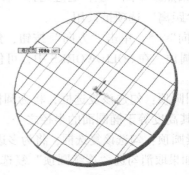

图 4-75 选择曲线

03 在"控制点"选项组中单击"添加点"按钮，依次在上步选择的曲线上添加控制点，如图 4-76 所示。

04 完成点添加后，单击"添加点"按钮，取消添加点操作。

05 在绘图区选择控制点，利用鼠标左键拖动点，以达到随意变形的结果，如图 4-77 所示，利用同样的方法拖动其余控制点，完成变形。

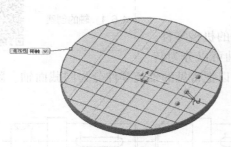
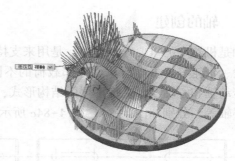

图 4-76 选择点　　　　　　　　　　　　　图 4-77 调整控制点

06 单击"确定"按钮✔，完成操作，结果图形如图 4-78 所示。若勾选图 4-73"面设置"选项组所示的"方向 1 对称"复选框，显示自由形结果如图 4-79 所示；若勾选图 4-73"面设置"选项组所示的"方向 2 对称"复选框，显示自由形结果如图 4-80 所示；若同时勾选图 4-73"面设置"选项组"方向 1 对称""方向 2 对称"复选框，显示自由形结果如图 4-81 所示。

07 在图 4-74 中选择连续性类型分别为"相切""曲率"，其余参数默认不变，则自由形结果如图 4-82 和图 4-83 所示。

图 4-78 自由形结果　　　　　图 4-79 勾选"方向 1　　　　　图 4-80 勾选"方向 2
　　　　　　　　　　　　　　　　　　对称"复选框　　　　　　　　　　对称"复选框

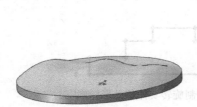

图 4-81 勾选"方向 1 对称"　　　　图 4-82 连续性类型为　　　　图 4-83 连续性类型
"方向 2 对称"复选框　　　　　　　　"相切"　　　　　　　　为"曲率"

08 单击"确定"按钮✔，即可完成特型特征的生成。

4.6 实体编辑实例

本节将通过轴与螺母两个实例制作将本章所学的知识进行综合应用，以巩固前面所学的基础知识。

4.6.1 轴的创建

4.6.1 轴的创建

轴是机器中的重要零件之一，是用来支持旋转的机械零件，如齿轮、带轮等。根据所承受外部载荷的不同，轴可以分为转轴、传动轴和心轴 3 种。按不同的结构形式，又可以把常见的轴类零件分为同截面轴、阶梯轴和空心轴等，分别如图 4-84a~图 4-84c 所示。

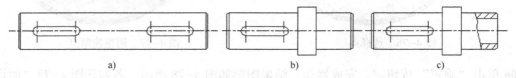

图 4-84　轴类零件的几种结构形式
a) 同截面轴　b) 阶梯轴　c) 空心轴

从图 4-84 中可以看出，不同结构形式的轴类零件存在着一些共同特点，如都由相同或不同直径的圆柱段连接而成；由于装配齿轮、带轮等旋转零件的需要，轴类零件上一般开有键槽；同时还有轴端倒角、圆角等特征。这些共同的特征是进行实体建模的基础。

轴类零件的具体创建步骤如下。

1. 生成高速轴实体

由于轴是一个具有旋转特征的实体，所以利用 SOLIDWORKS 2018 中的旋转工具可以实现高速轴外形实体的创建。

01 启动 SOLIDWORKS 2018，单击"标准"工具栏中的"新建"按钮 ，在打开的"新建 SOLIDWORKS 文件"对话框中单击"确定"按钮。

02 在打开的设计树中选择"前视基准面"作为草图绘制平面，再单击"草图"控制面板上的"中心线"按钮 ，在草图绘制平面中心绘制一条中心线作为草图绘制的中心要素和旋转轴线，如图 4-85 所示。

03 单击"草图"控制面板上的"直线"按钮 ，在绘图区域草绘轴的外形轮廓线，如图 4-86 所示。

图 4-85　绘制中心线　　　　图 4-86　绘制旋转实体的外形轮廓

04 单击"草图"控制面板上的"智能尺寸"按钮 ，对草图进行尺寸设定与标注，如图 4-87 所示。

05 单击"特征"控制面板上的"旋转凸台/基体"按钮 ，系统弹出"旋转"属性管理器，选择旋转类型为"给定深度"，并将旋转角度设置为360°，如图4-88所示。

06 保持"旋转"属性管理器中的其他选项为系统默认值不变，单击"确定"按钮✔，完成高速轴实体的创建，如图4-89所示。

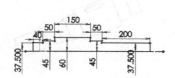

图4-87　编辑尺寸生成实体
外形轮廓线

图4-88　旋转实体
操作设置

图4-89　通过"旋转凸台/基体"
工具生成高速轴实体

2. 生成键槽特征

01 创建大键槽基准面。单击"特征"控制面板上的"参考几何体"按钮▦，在弹出的菜单中选择"基准面"，打开"基准面"属性管理器。选择"上视基准面"作为创建基准面的参考平面，在▦偏移距离输入框中输入偏移距离值为60 mm，如图4-90所示。

02 单击"确定"按钮✔，创建完成的大键槽基准面如图4-91所示。

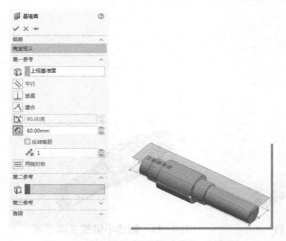

图4-90　设置大键槽基准面生成参数

图4-91　创建大键槽基准面

03 绘制大键槽切除特征草图轮廓。选取"基准面1"为草图绘制平面，单击"视图（前导）"工具栏中的"正视于"按钮↓，使绘图平面转为正视方向。用草图绘制工具绘制大键槽切除特征草图轮廓，如图4-92所示。

04 生成大键槽。单击"特征"控制面板上的"拉伸切除"按钮▣，在弹出的"切除-拉伸"属性管理器中选择切除终止条件为"给定深度"，并输入深度值为11，如图4-93a所示。单击"确定"按钮✔，拉伸切除后的轴段实体如图4-93b所示。

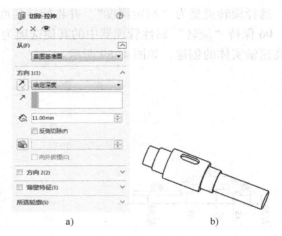

图 4-92 绘制大键槽切除特征草图轮廓　　　　　图 4-93 生成大键槽

05 创建小键槽基准面。单击特征控制面板上的"参考几何体"按钮 ，在弹出的菜单中选择"基准面"，打开"基准面"属性管理器。选择"上视基准面"作为创建基准面的参考平面，在"偏移距离" 输入框中输入偏移距离值为 28.5，如图 4-94 所示。

06 单击"确定"按钮 ，完成创建小键槽基准面，如图 4-95 所示。

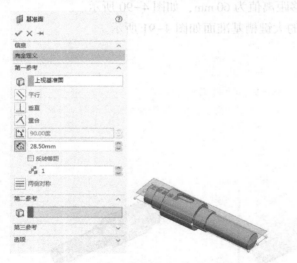

图 4-94 设置小键槽基准面生成参数　　　　　图 4-95 创建小键槽基准平面

07 绘制小键槽切除特征草图轮廓。选取"基准面 2"为草图绘制平面，单击"视图（前导）"工具栏中的"正视于" 按钮，使绘图平面转为正视方向。用草图绘制工具绘制小键槽切除特征草图轮廓，如图 4-96 所示。

08 生成小键槽。单击"特征"控制面板上的"拉伸切除"按钮 ，在"切除-拉伸"属性管理器中选择切除终止条件为"完全贯穿"，如图 4-97a 所示。单击"确定"按钮 ，完成实体拉伸切除的创建，拉伸切除后的轴段实体如图 4-97b 图所示。

3. 生成倒角特征

生成高速轴倒角特征的具体步骤如下。

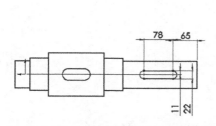

图 4-96　绘制小键槽切除特征草图轮廓

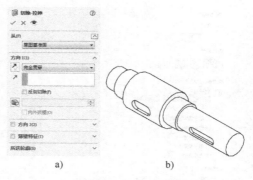

图 4-97　生成小键槽

01 单击 "特征" 控制面板上的 "倒角" 按钮 🔵，系统弹出 "倒角" 属性管理器。在该属性管理器中选择 "角度距离" 倒角类型，并输入距离值为 5，角度值为 45°，如图 4-98a 所示。在图形窗口中选择高速轴端面棱线，系统将高亮显示边线及倒角设置，如图 4-98b 所示。

02 单击 "确定" 按钮 ✔，完成倒角的创建，效果如图 4-99 所示。

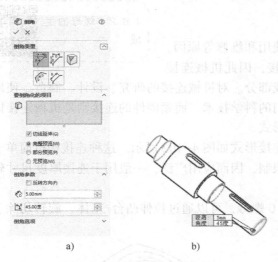

a)　　　　　　　　　　b)

图 4-98　设置倒角生成参数

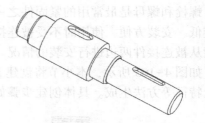

图 4-99　完成后的倒角特征

4. 生成高速轴圆角特征

生成高速轴圆角特征的步骤如下。

01 单击 "特征" 控制面板上的 "圆角" 按钮 🔵，打开 "圆角" 属性管理器。在该属性管理器中选择圆角类型为 "恒定大小圆角"，并输入半径值为 2，如图 4-100a 所示。在绘图区内选择轴的轴肩底边线，系统将在图形窗口高亮显示用户的选择，如图 4-100b 图所示。

02 单击 "确定" 按钮 ✔，完成圆角特征的创建，如图 4-101 所示。

03 通过特征管理器中的材质编辑器定义高速轴的材料属性为 "普通碳钢"；再单击 "标准" 工具栏中的 "保存" 按钮 💾，将零件保存为 "高速轴 . SLDPRT"。

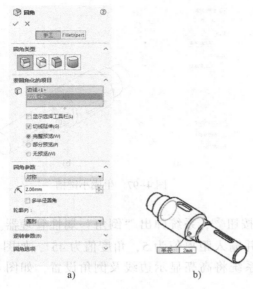

a)   b)

图 4-100 设置圆角生成参数

图 4-101 生成的圆角特征

4.6.2 螺母的生成

4.6.2 螺母的生成

由于结构、设计、制造、装配、运输、使用和维修等原因，在机械中有相当多的零件、构件需要彼此连接，因此机械连接成为各种机器中的不可缺少的联系环节和组成部分。对机械连接的研究、设计、制造、使用和标准化，已经成为各种机械工业中的一项专门的科学技术，而紧固件的连接则是机械连接体系中数量最大、品种最多、应用最广泛的连接形式。

螺栓和螺母是最常用的紧固件之一，其连接形式如图 4-102 所示。这种连接构造简单、成本较低、安装方便，使用时不受被连接材料限制，因而应用广泛，一般用于连接厚度尺寸较小或能从被连接件两边进行安装的情况。

如图 4-103 所示，本小节将创建 M20×2.0 螺母，可以通过拉伸凸台/基体、旋转切除、异型孔特征等方法生成。具体创建步骤如下。

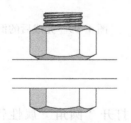

图 4-102 螺栓连接形式

图 4-103 M20×2.0 螺母的建模过程

1. 通过拉伸特征生成基体

01 启动 SOLIDWORKS 2018，单击"标准"工具栏中的"新建"按钮，在打开的"新建 SOLIDWORKS 文件"对话框中单击"确定"按钮。

02 在打开的设计树中选择"前视基准面"作为草图绘制平面，再单击"草图"控制面板上的"草图绘制"按钮，新建一张草图。

126

03 单击"草图"控制面板上的"多边形"按钮⊙，这时鼠标指针变为 样式。

04 弹出"多边形"属性管理器，如图 4-104 所示。

05 在"参数"选项组中设置多边形的属性。

06 设置好属性后单击"确定"按钮✔完成多边形的绘制。

07 使用标注尺寸的方法，还可以对多边形的外接圆或内切圆进行尺寸标注。生成的多边形如图 4-105 所示。

08 单击"特征"控制面板上的"拉伸凸台/基体"按钮 。

09 在弹出的"凸台-拉伸"属性管理器设置拉伸终止条件为"给定深度"、拉伸深度为 18，如图 4-106 所示。生成一个以"前视基准面"为基准向 Z 轴正向拉伸 18 的基体。

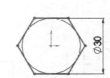

图 4-104　设置"多边形"
　　　特征管理器

图 4-105　生成的正六边形

图 4-106　设置拉伸特征参数

2. 旋转切除基体

与旋转凸台/基体特征不同的是，旋转切除特征用来产生切除特征，也就是用来去除材料。下面对 M20×2.5 的螺母基体进行旋转切除。

01 在特征管理器上选择"上视基准面"作为草图绘制平面，再单击"草图"控制面板上的"草图绘制" 按钮，新建一张草图。

02 单击"草图"控制面板上的"中心线"按钮 ，绘制两条与原点相距为 3 和 9 的水平中心线。其中与原点相距为 9 的中心线用来作为对称草图的中心线。

03 单击"草图"控制面板上的"直线"按钮 ，绘制一条通过原点的竖直直线。

04 选择竖直直线，然后在"线条属性"属性管理器的"选项"选项组中勾选"作为构造线"复选框，如图 4-107 所示。单击"确定"按钮✔将该直线作为构造线。

05 单击"草图"控制面板上的"直线"按钮 ，并标注尺寸，绘制图 4-108 的直线轮廓。

06 按住 Ctrl 键选择步骤 05 中的直线轮廓和与原点距离为 9 的中心线。

07 单击"草图"控制面板上的"镜像实体"按钮 ，将图 4-108 中的直线轮廓所选中心线进行镜像操作。

08 绘制一条通过原点的竖直中心线，作为旋转切除特征的旋转轴。最后的草图如图 4-109 所示。

09 单击"特征"控制面板上的"旋转切除"按钮 。

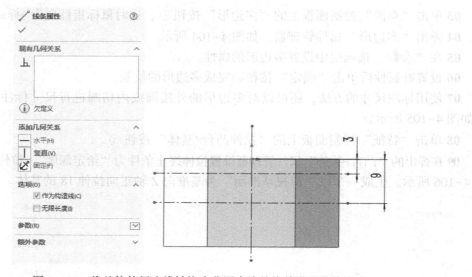

图 4-107 将基体特征边线转换为草图直线并将其设置为构造线

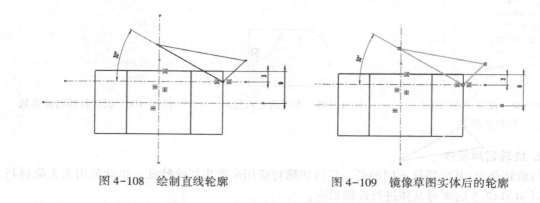

图 4-108 绘制直线轮廓　　　　　　　图 4-109 镜像草图实体后的轮廓

10 保持"切除-旋转"属性管理器中的各种选项默认，旋转角度为 360°。在草图上选择竖直的中心线作为旋转切除的旋转轴。

11 此时，在右侧的图形区域显示生成的"切除-旋转"特征，如图 4-110 所示。

12 单击"确定"按钮✓生成切除-旋转特征。

3. 生成孔特征

孔特征是机械设计中的常见特征。SOLIDWORKS 2018 将孔特征分成简单直孔和异型孔两种类型。

无论是简单直孔还是异型孔，都需要选取孔的放置平面，并且标注孔的轴线与其他几何实体之间的相对尺寸，以完成孔的定位。

本例将使用异型孔中的螺纹孔特征在螺母上生成 M20×2.0 的内螺纹孔。螺纹孔的参数如图 4-111 所示，具体创建操作如下所述。

01 在图形区域选择螺母的基体平面，作为要生成螺纹孔特征的平面。

02 单击"特征"控制面板上的"异型孔向导"按钮。

03 在"孔规格"属性管理器中单击"直螺纹孔"按钮，然后对螺纹孔的参数进行设置，如图 4-112 所示。

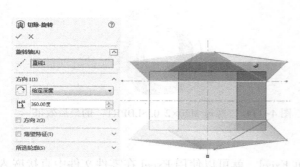

图 4-110 设置"切除-旋转"属性管理器

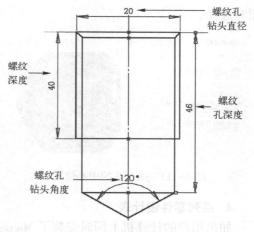

图 4-111 螺纹孔

04 从"参数"选项组中选择与螺纹孔连接的紧固件"标准",如 ISO、DIN 等。这里选择 ISO,即国际标准。

05 选择螺纹类型,如螺纹孔和底部螺纹孔。一旦选择了螺栓类型,异型孔向导会立即更新"参数"选项组中的对应项目。

06 在"螺纹孔钻头直径和角度"属性对应的参数文本框中输入钻头直径和角度。这里因为是 ISO 标准通孔,所以保持系统的默认值。

07 在"螺纹类型和深度"属性对应的参数下拉列表框和文本框中设置螺纹的类型和深度为"完全贯穿"。

08 在"添加装饰螺纹"属性对应的参数下拉列表框中选择"装饰螺纹线",则孔会有螺纹标注和装饰线,这样做会降低系统的性能。

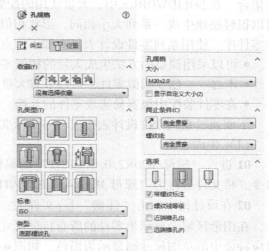

图 4-112 设置属性参数

09 其他参数不变,设置好螺纹孔参数后,单击"位置"标签。

10 系统会显示"孔位置"属性管理器,单击"3D 草图"按钮,如图 4-113 所示,此时"草图"工具栏中的"点" ▫ 按钮处于被选中状态,鼠标指针变为 样式。

11 将孔的中心点定位在原点上,或者单击"草图"控制面板上的"智能尺寸" 按钮,与标注草图尺寸类似对孔进行尺寸定位。

12 单击"孔位置"属性管理器中的"确定"按钮 完成孔的生成与定位。

13 单击"标准"工具栏中的"保存" 按钮,将零件保存为"螺母 M20×2.0. SLDPRT",最后的效果如图 4-114 所示。

SOLIDWORKS 2018 将机械设计中常用的异型孔集成到异型孔向导中。用户在创建这些异型孔时,无须翻阅资料,也无须进行复杂的建模,只要通过异型孔向导的指导,输入孔的特征属性,系统便会自动生成各种常用异型孔模型。各种异型孔的生成均与本例类似,这里不再赘述。此外还可以将最常用的孔类型(包括与该孔类型相关的任何特征)添加到向导中,供使用时选择。

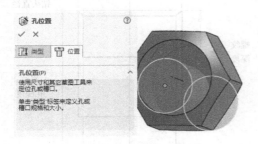

图 4-113　拖动孔的中心位置

图 4-114　"螺母 M20×2.0.SLDPRT"的最后效果

4. 系列零件设计表

如果用户的计算机上同时安装了 Microsoft Excel，就可以使用 Excel 在零件文件中直接嵌入新的配置。配置是指由一个零件或一个部件派生而成的形状相似、大小不同的一系列零件或部件集合。在 SOLIDWORKS 中，大量使用的配置是系列零件设计表，用户利用系列零件设计表可以很轻松地生成一系列大小相同、形状相似的标准零件，如螺母、螺栓等，从而形成一个标准零件库。使用系列零件设计表具有如下优点。

- 可以采用简单的方法生成大量的相似零件，对于标准化零件管理有很大帮助。
- 不必一一创建相似零件，可以节省大量时间。
- 在零件装配中很容易实现零件的互换。

下面通过系列零件设计表生成另一个标准螺母 M36×4.0，具体操作如下。

（1）生成表格

01 进入"螺母 M20×2.0.SLDPRT"的编辑状态，选择菜单栏中的"文件"→"另存为"命令，将文件另存为"螺母 M36×4.0.SLDPRT"。

02 在设计树中右击"注解" [A] 文件夹，在弹出的快捷菜单中选择"显示特征尺寸"命令，在图形区域会显示出零件的所有特征尺寸。作为特征定义尺寸，它们的颜色是蓝色的，而对应特征中的草图尺寸则显示为黑色，如图 4-115 所示。

03 选择菜单栏中的"插入"→"表格"→"设计表"命令，打开"系列零件设计表"属性管理器，在"源"选项组中选中"空白"单选按钮，如图 4-116 所示，然后单击"确定"按钮 ✓。

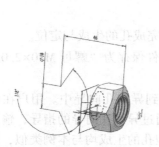

图 4-115　特征尺寸与草图尺寸

图 4-116　"系列零件设计表"属性管理器

04 这时，在零件文件窗口出现一个 Excel 工作表，Excel 工具栏取代了 SOLIDWORKS 工具栏，如图 4-117 所示。

图 4-117　插入的 Excel 工作表

05 在图形区域双击要控制的尺寸，则相关的尺寸名称会出现在第 2 行，同时该尺寸名称对应的尺寸值出现在"第一实例"行。本例中控制的尺寸包括基体正六边形内切圆直径为 30、基体拉伸深度尺寸为 18、螺纹孔小径为 18。

06 在 A 列（单元格 A3，A4，…）中输入想生成的型号名称。这里在 A4 中输入型号名称为"第二实例"。

07 在对应的单元格中输入该型号对应的控制尺寸值，如图 4-118 所示。

08 向工作表中添加信息完成后，在表格外单击，将其关闭。

09 此时，系统会弹出对话框，列出所生成的型号，如图 4-119 所示。

图 4-118　输入控制尺寸值

图 4-119　生成型号

（2）将表格应用于零件设计

当用户创建完成一个系列零件设计表后，其原始样本零件就是其他所有型号的样板，原始零件的所有特征、尺寸、参数等均有可能被系列零件设计表中的型号复制使用。

生成系列零件设计表之后，接下来就是将它们应用于零件设计当中。

01 单击 SOLIDWORKS 窗口左例面板顶部的 ConfigurationManager 图标🖼。

02 在 ConfigurationManager 设计树中显示了该模型系列零件设计表中的所有型号。

03 右击要应用的型号，在弹出的快捷菜单中选择"显示配置"命令，如图 4-120 所示。

04 系统按照系列零件设计表中该型号的模型尺寸重建模型。右击"第二实例"，在弹出的快捷菜单中选择"显示配置"命令，显示 M36×4.0 的尺寸配置。

05 单击"快速"工具栏中的"保存"按钮 ▦，保存新创建的零件及系列零件设计表，最后的效果如图 4-121 所示。

图 4-120　快捷菜单

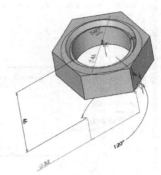

图 4-121　"螺母 M36×4.0.SLDPRT"的最后效果

4.7　上机操作

1）创建图 4-122 所示的销轴，其创建过程如图 4-123～图 4-129 所示。

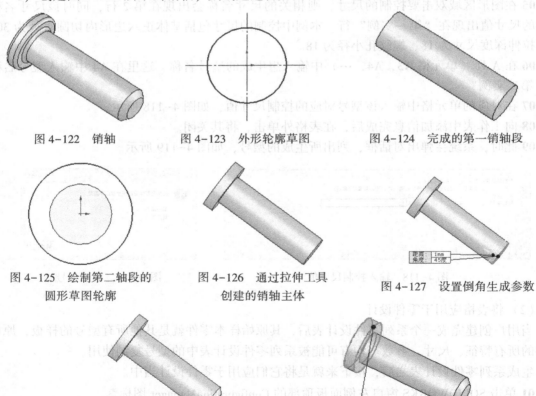

图 4-122　销轴　　　　　图 4-123　外形轮廓草图　　　　　图 4-124　完成的第一销轴段

图 4-125　绘制第二轴段的　　　　　图 4-126　通过拉伸工具　　　　　图 4-127　设置倒角生成参数
　　　　　圆形草图轮廓　　　　　　　　　　创建的销轴主体

图 4-128　创建完成销轴的倒角特征　　　　　图 4-129　设置圆角生成参数

操作提示： 利用旋转、拉伸、倒角和圆角等命令。

2）创建图 4-130 所示的机盖，创建过程如图 4-131~图 4-140 所示。

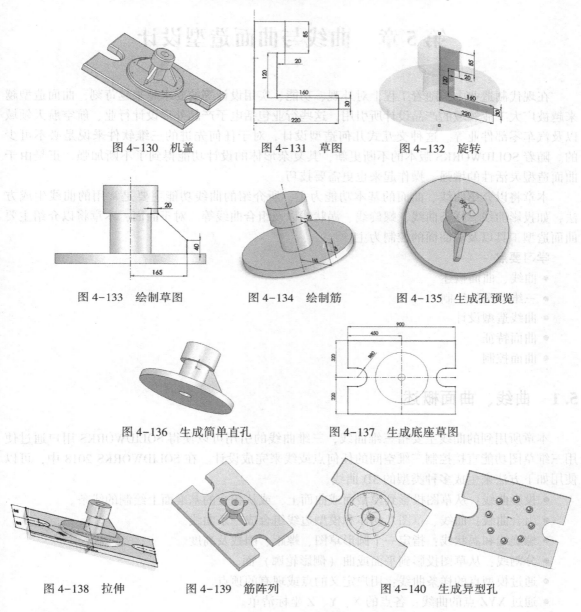

图 4-130　机盖　　　　　图 4-131　草图　　　　　图 4-132　旋转

图 4-133　绘制草图　　　　图 4-134　绘制筋　　　　图 4-135　生成孔预览

图 4-136　生成简单直孔　　　　　图 4-137　生成底座草图

图 4-138　拉伸　　　　　图 4-139　筋阵列　　　　图 4-140　生成异型孔

操作提示： 利用拉伸、旋转、阵列、筋、孔、圆角特征等命令。

4.8　复习思考题

1）FillerXpert（圆角）特征有哪些优缺点？

2）DraftXpert（拔模）特征相对于其他拔模特征有哪些优缺点？

3）异型孔包括哪些？在创建其特征时应注意哪几点？

4）孔系列属于装配特征，它跟一般的装配特征有什么区别？

第5章 曲线与曲面造型设计

在现代制造业中，随着工程上对外观、功能、实用设计等的要求越来越苛刻，曲面造型越来越被广大工业领域的产品设计所引用，这些行业包括电子产品外形设计行业、航空航天领域以及汽车零部件业等。这种交互式几何造型设计，对于任何先进的三维软件来说是必不可少的。随着 SOLIDWORKS 版本的不断更新，其复杂形体的设计功能得到了不断加强，正是由于曲面造型灵活性的增强，操作起来也更需要技巧。

本章将以介绍曲线、曲面的基本功能为主，所介绍的曲线功能主要是常用的曲线生成方法，如投影曲线、样条曲线、螺旋线、涡状线以及组合曲线等。对于曲面，本章将以介绍主要曲面造型工具以及对曲面的控制为主。

学习要点
- 曲线、曲面概述
- 三维草图的绘制
- 曲线造型设计
- 曲面特征
- 曲面控制

5.1 曲线、曲面概述

本章所用到的曲线主要指三维曲线，三维曲线的引用可以使得 SOLIDWORKS 用户通过使用三维草图功能直接控制三维空间的任何点或线来完成设计。在 SOLIDWORKS 2018 中，可以使用如下方法来生成多种类型的 3D 曲线。
- 投影曲线：从草图投影到模型面或曲面上，或从相交的基准面上绘制的线条。
- 组合曲线：曲线、草图几何体和模型边线组合成一条曲线。
- 螺旋线和涡状线：指定一个圆形草图、螺距、圈数及高度。
- 分割线：从草图投影到平面或曲（侧影轮廓）面。
- 通过模型点的样条曲线：用户定义的点或现有的顶点。
- 通过 XYZ 点的曲线：各点的 X、Y、Z 坐标清单。

曲面是一种可用来生成实体特征的几何体。本章将主要介绍在曲面工具栏中常用到的曲面工具以及对曲面的修改方法，如延伸曲面、剪裁曲面、解除剪裁曲面、圆角曲面、填充曲面和移动/复制/缝合曲面等。

在学习曲线造型之前，需要先掌握三维草图的绘制方法，它是生成曲线、曲面造型的基础。

5.2 三维草图

5.2 三维草图

三维草图绘制可以作为扫描路径、扫描引线、放样路径或放样的中心线等。所有的 2D 绘图工具都可以用来生成 2D 草图。不同的是，有些工具（如曲面上的样条曲线）只有在 3D 中可用。此外，3D 草图的绘图工具还包括如下几种。

- 转换实体 ⬜：通过投影边线、环、面、外部曲线、外部草图轮廓线、一组边线或一组外部曲线到草图基准面上，在 3D 草图上生成一个或多个实体。
- 面部曲线 ◈：从面上提取等轴测参数曲线并将之转换为 3D 草图实体。可以指定等间距曲线的网格，或创建两条正交曲线的位置。
- 草图圆角 ⌐：在草图直线的交叉处生成圆角。
- 草图倒角 ⌐：在草图直线的交叉处生成斜角。
- 交叉曲线 ▧：在交叉处生成草图曲线。
- 构造几何线 ⫶：转换 3D 草图上的草图曲线为构造几何线。

1. 绘制三维草图

要绘制三维草图，可按如下步骤进行操作。

01 在开始绘制三维草图之前，单击"标准视图"工具栏中的"等轴测"按钮 ⬢。在该视图下，X、Y、Z 方向均可见，可以方便地生成三维草图。

02 单击"草图"控制面板上的"3D 草图"按钮 ③，系统默认地打开一张三维草图。或者选择一个基准面，然后单击基准面上的 3D 草图（草图控制面板）。也可以单击"插入"→"3D 草图（3）"，在"正视于"视图中添加一个 3D 草图。

提示：3D 与 2D 的不同之处如下所述。

- 在 3D 草图绘制中，可以捕捉主要方向（X、Y 或 Z），并且绘制过程中通过右键选项可以分别应用约束沿 X、沿 Y 和沿 Z。这些是对整体坐标系的约束。
- 在基准面上绘制草图时，可以捕捉到基准面的水平或垂直方向，并且约束将应用于水平和垂直。这些是对基准面、平面等的约束。
- 在 2D 草图中，可绘制一条平行于模型边线的线，并添加几何关系。但是，平行和重合指的是投影边线，而不是实际边线。直线的端点与实际模型边线不重合，也不是其平行线。而在 3D 草图绘制中，没有这种投影。如果添加平行关系到红色的 3D 草图中，则它将在 3D 空间中平行，如图 5-1 所示。

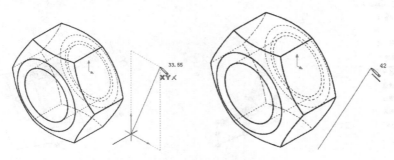

图 5-1　2D 与 3D 草绘图中的区别

03 在绘制三维草图时，系统会依据模型中默认的坐标系进行绘制。如果要改变三维草图的坐标系，单击所需的草图绘制工具，按住〈Ctrl〉键单击一个基准面或一个自定义的坐标系即可。

04 在空间绘制直线或样条曲线时，空间坐标就会显示出来。使用空间控标也可以沿坐标轴的方向进行绘制，如果更改空间控标的坐标系，按〈Tab〉键即可。

05 单击"草图"控制面板上的"3D 草图"按钮 ⬛，即可关闭三维草图，三维草图在特征管理器中以图标 ⬛ 的形式来表示。

2. 举例说明

由于三维草图的生成比较抽象，简单举例说明如下。

01 建立基准轴。单击"特征"控制面板"参考几何体"下拉列表框中的"基准轴"按钮 ⟋，或选择菜单栏中的"插入"→"参考几何"→"基准轴"命令。

02 在弹出的"基准轴"属性管理器的"参考实体" ⬚ 选项中选择"右视基准面"和"前视基准面"，通过这两个平面的交线建立基准轴，如图 5-2 所示。

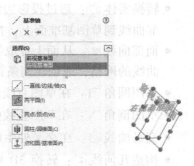

03 单击"确定"按钮 ✓，生成基准轴。

图 5-2　建立基准轴

04 选择"前视基准面"，单击"特征"控制面板"参考几何体"下拉列表框中的"基准面"按钮 ⬚，在弹出的"基准面"属性管理器的"参考实体" ⬚ 选项中选择基准轴及前视基准面，定义夹角为 45°，如图 5-3 所示。生成的参考平面建议自己定义名称，以便以后区分。

05 建立 3D 草图。单击"草图"控制面板上的"3D 草图" ⬛ 按钮，在"基准面 1"上绘制直线，使用"沿 X" ⬚ 方向拖动直线，使其保持与坐标轴平行，或者绘制完直线后右击，在弹出的快捷菜单中选择"使沿 X 轴"命令。

06 切换草图平面时，可按住〈Ctrl〉键在特征管理器中选择基准面，再按步骤 05 绘制草图。绘制草图可以通过智能尺寸编辑修改，最终得到如图 5-4 所示的三维草图特征。

图 5-3　定义基准面

图 5-4　生成三维草图

07 此外，还可以单击"草图"控制面板上的"基准面"按钮 ⬚，弹出"草图绘制平面"属性管理器，如图 5-5 所示，增加一个与"直线 2"重合、与"基准面 1"平行的基准面。

08 单击"确定"按钮 ✓，生成一个如图 5-6 所示通过顶部直线与基准面 1 平行的基准面 3，然后可以重复在基准面上绘制草图，这里不再赘述。

图 5-5　"草图绘制平面"属性管理器

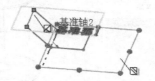

图 5-6　生成草图平面

5.3　曲线造型

曲线造型是曲面造型的基础，本节将主要介绍生成曲线的常用方法，包括投影曲线、组合曲线、螺旋和涡状线、分割线以及样条曲线。

5.3.1　投影曲线

5.3.1　投影曲线

将所绘制的曲线通过投影的方式投影到曲面上，可以生成一个三维曲线。SOLIDWORKS 有如下两种方式可以生成投影曲线。

- 将草图上绘制的曲线投影到模型面上得到三维曲线（即草图到面）。
- 在两个相交的基准面上分别绘制草图，利用两个相交基准面上的曲线草图投影到曲面而生成三维曲线（即草图到草图）。

1. 将草图曲线投影到模型面

01 在基准面或模型面上生成一个包含一条闭环或开环曲线的草图。

02 单击"特征"控制面板"曲线"下拉列表框中的"投影曲线"按钮 ◫，出现"投影曲线"属性管理器。

03 在"投影曲线"属性管理器中会显示要投影曲线和投影面的名称，同时在图形区域显示所得到的投影曲线。

04 勾选"反转投影"复选框，改变投影方向。

05 单击"确定"按钮 ✓，即可生成投影曲线，如图 5-7 所示。

2. 利用两个相交基准面上的曲线投影

01 在两个相交的基准面上各绘制一个草图，这两个草图轮廓所隐含的拉伸曲面必须相交才能生成投影曲线。完成后关闭每个草图。

02 单击"曲线"工具栏中的"投影曲线"按钮 ◫。

03 在"投影曲线"属性管理器的显示框中显示了要投影的两个草图名称，同时在图形区域显示了所得到的投影曲线。

04 要对正这两个草图轮廓以使它们垂直于草图基准面投影时，所隐含的曲面会相交，从而生成所需的结果。

05 单击"确定"按钮 ✓，完成投影曲线。图 5-8 所示为两个草图（绿色）投影到相互之上形成的 3D 曲线（黄色）。

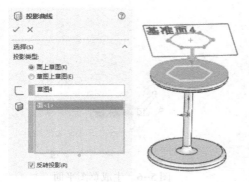
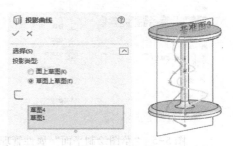

图 5-7　生成投影曲线　　　　　　　　图 5-8　通过两个草图生成的投影曲线

5.3.2　组合曲线

5.3.2　组合曲线

组合曲线就是指将所绘制的曲线、模型边线或者草图几何进行组合，使之成为单一的曲线。使用组合曲线可以作为生成放样或扫描的引导曲线。

SOLIDWORKS 可将多段相互连接的曲线或模型边线组合成一条曲线，生成组合曲线的具体操作方法如下。

01 单击"特征"控制面板"曲线"下拉列表框中的"组合曲线"按钮 ，出现如图 5-9 所示的"组合曲线"属性管理器。

02 在图形区域选择要组合的曲线、直线或模型边线（这些线段必须连续），所选项目会在"组合曲线"属性管理器的"要连接的实体"选项组中显示出来。

03 单击"确定"按钮 ，即可生成组合曲线。

例如，图 5-10a 为曲线在模型上选择边线；图 5-10b 为生成扫描轮廓草图，然后使用组合曲线为扫描路径；图 5-10c 为完成后的扫描切除。

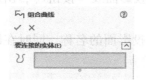

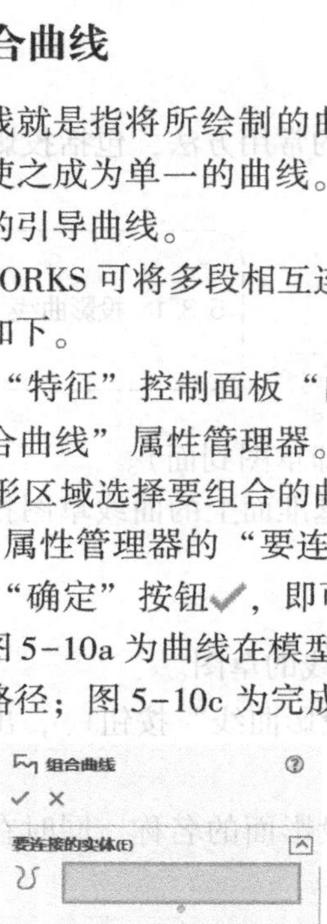

图 5-9　"组合曲线"属性管理器 　　　图 5-10　通过组合曲线完成扫描切除

a)　　　　　b)　　　　　c)

5.3.3　螺旋线和涡状线

5.3.3　螺旋线和
涡状线

螺旋线和涡状线通常用于绘制螺纹、弹簧、发条等零部件，如图 5-11 所示。在生成这些部件时，此曲线可以被当作一个路径或引导曲线使用在扫描特征上，或作为放样特征的引导曲线。

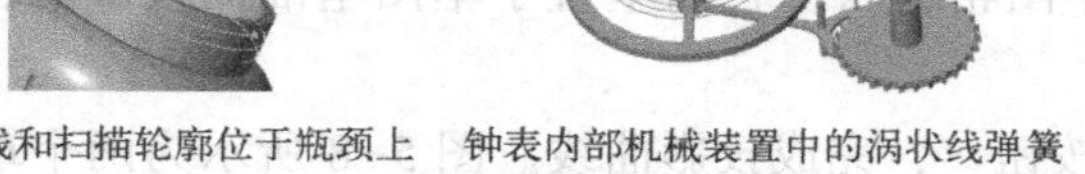

螺旋线和扫描轮廓位于瓶颈上　　钟表内部机械装置中的涡状线弹簧

图 5-11　螺旋线及涡状线应用

用于生成空间的螺旋线或者涡状线的草图必须只包含一个圆，该圆的直径将控制螺旋线的直径和涡状线的起始位置。要生成一条螺旋线或涡状线，可以采用下面的操作。

01 单击"草图"控制面板上的"草图绘制"按钮，打开一个草图并绘制一个圆，此圆的直径控制了螺旋线的直径或涡状线的起始位置。

02 单击"特征"控制面板"曲线"下拉列表框中的"螺旋线/涡状线"按钮，出现如图 5-12 所示的"螺旋线/涡状线"属性管理器。

03 在属性管理器的"定义方式"下拉列表框中选择一种螺旋线的定义方式。

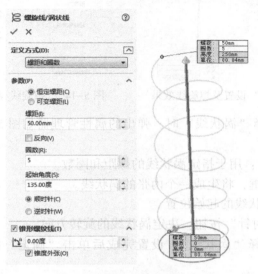

图 5-12 "螺旋线/涡状线"属性管理器（一）

1）"定义方式"选择"螺距和圈数"时，各选项依次说明如下。

① 恒定螺距：在螺旋线中生成恒定螺距。

● 螺距：为每个螺距设定半径更改比率。螺距值必须至少为 0.001，且不大于 200 000。

● 圈数：设定旋转数。

● 反向：勾选该复选框，可将螺旋线从原点处往后延伸，或生成一个向内涡状线。

● 起始角度：设定在绘制的圆上在什么地方开始初始旋转。

● 顺时针：选中该选项，可设定旋转方向为顺时针。

● 逆时针：选中该选项，可设定旋转方向为逆时针。

② 可变螺距：按指定的"区域参数"生成可变的螺距，如图 5-13 所示。

● 区域参数：调整可变螺距螺旋线生成的圈数、高度、直径及螺距。

● 起始角度：指定第一圈螺旋线的起始角度。

● "顺时针"或"逆时针"：决定螺旋线的旋转方向。

③ "锥形螺纹线"选项组用于设置生成锥形螺纹线。

● 锥度角度：用于设定锥度角度。

● 锥度外张：勾选该复选框，可将螺纹线锥度外张。

2）"定义方式"选择"高度和圈数"及"高度和螺距"时，弹出的属性管理器如图 5-14 所示，基本参数设置同上，这里不再赘述。

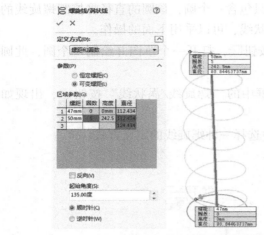

图 5-13 "可变螺距"设置及螺旋线效果　　　　图 5-14 "螺旋线/涡状线"属性管理器（二）

3) "定义方式"选择"涡状线"时，弹出的属性管理器如图 5-15 所示，参数简单说明如下。

- "螺距"和"圈数"：用于指定涡状线的螺距和圈数。
- 反向：勾选该复选框，将生成一个内张的涡状线。
- 起始角度：指定涡状线的起始位置。
- "顺时针"或"逆时针"按钮：决定涡状线的旋转方向。

4) "定义方式"选择"涡状线"，设置完成后单击"确定"按钮✔，生成涡状线，如图 5-16 所示。

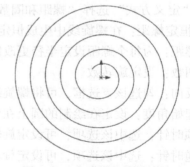

图 5-15 "螺旋线/涡状线"属性管理器（三）　　　图 5-16 生成涡状线的效果

5.3.4 分割线

5.3.4 分割线

前面曾经提到，通过分割线可将草图投影到曲面或平面，分割线可以将所选的面分割为多个分离的面，也可将草图投影到曲面实体。通过下述工具可以生成分割线。

- 投影：将一条草图直线投影到一表面上。
- 侧影轮廓线：在一个圆柱形零件上生成一条分割线。
- 交叉：以交叉实体、曲面、面、基准面或样条曲线分割面。

对于分割线的操作具体步骤如下。

01 首先绘制一条要投影为分割线的线。

02 单击"特征"控制面板"曲线"下拉列表框中的"分割线"按钮 。出现"分割线"属性管理器，共有如图 5-17 所示的 3 种分割类型。

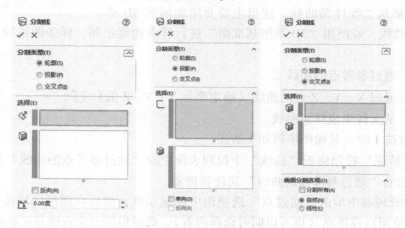

图 5-17　3 种分割类型属性管理器

03 如果选择"投影"，则在"要投影的草图" 显示框中选择草图，或在图形区域内选择绘制的线。单击"要分割的面" 显示框，并且选择零件周边所有希望分割线经过的面，如图 5-18 所示。勾选"单向"复选框表示只以一个方向投影分割线，勾选"反向"复选框表示以反向投影分割线。

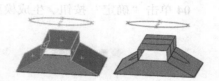

图 5-18　草图投影效果

04 如果选择"轮廓"，则需要单击"拔模方向" 显示框，在弹出的特征管理器中或图形区域内选择一个通过模型轮廓（外边线）投影的基准面，如图 5-19 所示。然后在"要分割的面" 显示框选择一个或多个要分割的面（面不能是平面），得到的效果如图 5-20 所示。

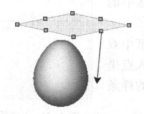

图 5-19　所选基准面以拉伸方向投影

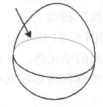

图 5-20　模型轮廓分割线的生成

05 如果选择"交叉点"，则需要在"分割实体/面/基准面" 显示框中选择分割工具（交叉实体、曲面、面、基准面或样条曲线）。在"要分割的面/实体" 显示框中单击选择要分割的目标面或实体。

另外，对"曲面分割选项"说明如下。

- 分割所有：勾选该复选框，可分割穿越曲面上的所有可能区域。
- 自然：选中该选项，分割将遵循曲面的形状。

- 线性：选中该选项，分割将遵循线性方向。

5.3.5 样条曲线

样条曲线包括二维样条曲线和三维样条曲线，本书前面的内容中介绍的都是二维样条曲线。这里主要介绍如何在 3D 草图中生成样条曲线，或使用"3D 草图基准面"进行样条曲线绘制。样条曲线的生成可通过如下方法实现。

- 方法 1：通过参考点的曲线 。
- 方法 2：通过 X、Y、Z 点的曲线（确定坐标 X、Y、Z 值）。
- 方法 3：从文件生成样条曲线。

1）采用方法 1 时，其操作步骤如下所述。

01 单击"特征"控制面板"曲线"下拉列表框中的"通过参考点的曲线"按钮，出现如图 5-21 所示的"通过参考点的曲线"属性管理器。

02 在属性管理器中单击"通过点"选项组中的显示框，然后在图形区域按照要生成曲线的次序来选择草图点或顶点（也可以同时选择两者），此时模型点会在该显示框中显示。

03 如果想要将曲线封闭，需勾选"闭环曲线"复选框。

04 单击"确定"按钮 生成模型点的样条曲线，如图 5-22 所示。

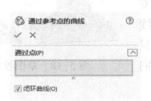

图 5-21 "通过参考点的曲线"属性管理器

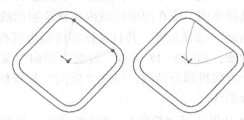

图 5-22 生成样条曲线

2）采用方法 2 时，其操作步骤如下所述。

01 单击"特征"控制面板"曲线"下拉列表框中的"通过 XYZ 点的曲线"按钮。

02 在弹出的如图 5-23 所示的"曲线文件"对话框中双击 X、Y 和 Z 坐标列的单元格，并在每个单元格中输入点坐标，生成数套新的坐标在图形区域可以同时预览生成的样条曲线。

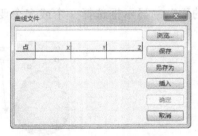

图 5-23 "曲线文件"对话框

03 如果要在一行的上面再插入一个新的行，单击该行，然后单击"插入"按钮即可。

04 保存曲线文件。单击"保存"或"另存为"按钮，然后指定文件的名称（扩展名为 .sldcrv）即可。

05 单击"确定"按钮 ，即可按输入的坐标位置生成三维样条曲线。

3）方法 3 即使用文本编辑器或工作表实用程序为曲线点生成一个包含坐标值的文件，导入的文件扩展名必须为 .sldxrv 或 .txt，而且坐标文件应该为 X、Y、Z 三列清单，并用制表符（Tab）或空格分隔。要导入坐标文件以生成样条曲线，可采用如下操作。

01 单击"特征"控制面板"曲线"下拉列表框中的"通过 XYZ 点的曲线"按钮 。

02 在弹出的"曲线文件"对话框中单击"浏览"按钮来查找坐标文件，然后单击"打开"按钮。

03 坐标文件显示在"曲线文件"对话框中，同时可以在右侧的图形区域预览曲线的效果。如果需要修改导入的曲线坐标，可以按方法 2 进行编辑。

04 单击"确定"按钮 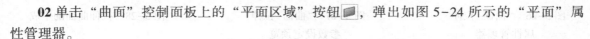，即可生成样条曲线。

5.4 曲面特征

曲面实体用来描述相连的零厚度的几何体，如单一曲面、缝合的曲面、剪裁和圆角的曲面等。一个零件中可以有多个曲面实体，SOLIDWORKS 可以使用很多方法生成多种类型的曲面，下面将一一介绍。

这里说的曲面特征主要包括单面曲面、多面曲面、缝合的曲面、圆角的曲面、平面曲面和中面、剪裁和延伸的曲面以及由拉伸、旋转、放样、扫描、延展或填充生成的曲面和从现有的面或曲面等距生成的曲面。另外，曲面特征也可以从其他应用程序（如 Pro/Engineer、Unigraphics、SolidEdge 和 AutobeskInventor 等）导入。

5.4.1 平面区域

5.4.1 平面区域

对于生成平面区域，可以通过草图生成有边界的平面区域，也可以在零件中生成有一组闭环边线边界的平面区域。具体操作如下。

01 生成一个非相交、单一轮廓的闭环草图。

02 单击"曲面"控制面板上的"平面区域"按钮 ▣，弹出如图 5-24 所示的"平面"属性管理器。

03 在"平面区域"属性管理器中单击"交界实体" ◇ 显示框，并在图形区域选择草图或特征管理器。

04 如果要在零件中生成平面区域，则单击"交界实体" ◇ 显示框，然后在图形区域选择零件上的一组闭环边线。

注意：所选的组中所有边线必须位于同一基准面上。

05 单击"确定"按钮 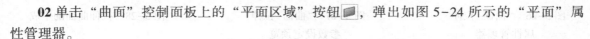，即可生成平面区域，如图 5-25 所示。

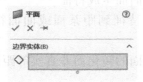

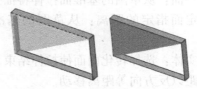

图 5-24 "平面"属性管理器　　　图 5-25 生成平面区域

5.4.2 拉伸曲面

5.4.2 拉伸曲面

拉伸曲面的造型方法和特征造型中的对应方法相似，不同点在于拉伸曲线操作的草图对象可以封闭也可以不封闭，生成的是曲面而不是实体。

1. 拉伸操作

要拉伸曲面特征，可以采用如下步骤进行操作。

01 打开一个草图并绘制曲面轮廓。

02 单击"曲面"控制面板上的"拉伸曲面"按钮 ，此时会出现如图5-26所示的"曲面-拉伸"属性管理器。

03 在"方向1"选项组的终止条件下拉列表框中选择拉伸终止条件。

04 在右侧的图形区域检查预览。单击"反向"按钮，可以变更拉伸方向。

05 在 微调框中设置拉伸的深度，效果如图5-27所示。

06 如有必要，勾选"方向2"复选框，将拉伸应用到第二个方向。

07 单击"确定"按钮，完成拉伸曲面的生成，如图5-28所示。

图5-26 "曲面-拉伸"
属性管理器

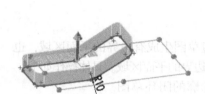

图5-27 "曲面-拉伸"
参数设定预览

图5-28 拉伸曲面的生成

2. 选项说明

"曲面-拉伸"属性管理器的"方向1"选项组中各项说明如下。

- 给定深度：从草图基准面拉伸特征到模型的一个顶点所在的平面生成特征。这个平面平行于草图基准面且穿越指定的顶点。
- 成形到一顶点：在图形区域为顶点选择一个顶点。
- 成形到一面：从草图的基准面拉伸特征到所选的曲面生成特征。
- 到离指定面指定的距离：从草图的基准面拉伸特征到距某面或曲面特定距离处生成特征。
- 成形到实体：选择转化曲面使拉伸结束为参考曲面的转化而非真实等距。必要时，选择反向等距以反方向等距离移动。
- 两侧对称：从草图基准面向两个方向对称拉伸特征。

5.4.3 旋转曲面

生成旋转曲面的具体操作步骤如下所述。

01 打开一个草图并绘制曲面轮廓以及它将绕着旋转的中心线。

144

02 单击"曲面"控制面板上的"旋转曲面"按钮 ，此时出现如图5-29所示的"曲面-旋转"属性管理器，同时在右侧的图形区域显示生成的旋转曲面。

03 选择一特征旋转所绕的轴。根据所生成的旋转特征的类型，此旋转轴可能为中心线、直线或边线等。

04 在"旋转类型" 下拉列表框中选择下列选项之一。

- 给定深度：从草图以单一方向生成旋转。
- 成形到一顶点：从草图基准面生成旋转到顶点 中所指定的顶点。
- 成形到一面：从草图基准面生成旋转到面/基准面 中所指定的曲面。
- 到离指定面指定的距离：从草图基准面生成旋转到面/基准面 中所指定曲面的指定等距。在等距距离 中设定等距，必要时，选择反向等距以便以反方向等距移动。
- 两侧对称：从草图基准面以顺时针和逆时针方向生成旋转，位于旋转方向1角度 的中央。

05 在"方向1"选项组的角度 中设定由旋转所包容的角度。

06 单击"确定"按钮 ，生成旋转曲面，如图5-30所示。

图5-29 "曲面-旋转"属性管理器

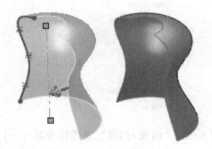

图5-30 生成旋转曲面

另外，也可以通过交叉或非交叉的草图选择不同的草图，用所选轮廓鼠标指针 生成旋转来生成旋转曲面。图5-31所示为通过非交叉轮廓生成旋转曲面，图5-32所示为通过交叉轮廓生成旋转曲面。

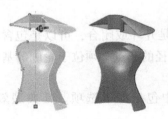

图5-31 非交叉轮廓

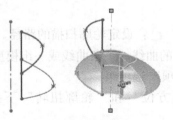

图5-32 交叉轮廓

5.4.4 扫描曲面

1. 生成扫描曲面

扫描曲面的方法同扫描特征的生成方法类似，要扫描生成曲面特征，可以采用如下操作步骤。

01 根据需要建立基准面，并绘制扫描轮廓和扫描路径。如果需要沿引导线扫描曲面，还

5.4.4 扫描曲面

145

要绘制引导线。

02 如果要沿引导线扫描曲面，引导线的端点必须贯穿轮廓图元。这一般需要在引导线与轮廓之间建立重合或穿透几何关系，强迫引导线贯穿轮廓曲线。

03 单击"曲面"控制面板上的"扫描曲面"按钮 ，出现如图 5-33 所示的"曲面-扫描"属性管理器，单击"轮廓"按钮 （最上面的）右侧的显示框，然后在图形区域选择轮廓草图，所选草图会出现在该框中。

04 单击"路径"按钮 右侧的显示框，然后在图形区域选择路径草图。此时在图形区域可以预览扫描曲面的效果。

05 在"方向/扭转类型"下拉列表框中根据需要设置扭转类型。

06 如果需要沿引导线扫描曲面，则需激活"引导线"选项组，然后在图形区域选择引导线。

07 单击"确定"按钮 ，即可生成扫描曲面，如图 5-34 所示。

图 5-33 "曲面-扫描"属性管理器（一）　　　　图 5-34 生成扫描曲面

2. 选项说明

如图 5-35 所示，"曲面-扫描"属性管理器中的选项含义说明如下。

（1）"轮廓和路径"选项组

- "轮廓" ：设定用来生成扫描的草图轮廓（截面），曲面扫描特征的轮廓可为开环或闭环。
- "路径" ：设定轮廓扫描的路径。路径可以是开环或闭合，可以是包含在草图中的一组绘制的曲线、一条曲线或一组模型边线。路径的起点必须位于轮廓的基准面上。

（2）"选项"选项组

① "轮廓方位"和"轮廓扭转"下拉列表框中包括如下选项。其典型效果如图 5-36 所示。

- 随路径变化：使截面与路径的角度始终保持同一角度。
- 保持法向不变：使截面总是与起始截面保持平行。
- 随路径和第一引导线变化：如果引导线不止一条，选择此项将使扫描随较长的一条引导线变化。
- 随第一和第二引导线变化：如果引导线不止一条，选择此项将使扫描随第一条和第二条引导线同时变化。
- 沿路径扭转：选择此项可以沿路径扭转截面。在定义方式下，按度数、弧度或旋转定义扭转。

146

● 以法向不变沿路径扭曲：选择此项可以通过将截面在沿路径扭曲时保持与开始截面平行，而沿路径扭曲截面。

无扭转　　随路径变化　沿路径扭转　以法向不变沿路径扭曲

图 5-35　"曲面-扫描"属性管理器（二）　　　　图 5-36　"方向/扭转控制"效果

② "路径对齐类型"下拉列表框中包括如下选项。

● 无：没有应用相切，既保持垂直于轮廓，又对齐轮廓，不进行纠正。

● 最小扭转：阻止轮廓在随路径变化时自我相交，仅相对于三维路径。

● 方向向量：以方向向量所选择的方向对齐轮廓。

● 所有面：当路径包括相邻面时，使扫描轮廓在几何关系可能的情况下与相邻面相切。

③ 合并切面：勾选该复选框，如果扫描轮廓具有相切线段，可使所产生的扫描中的相应曲面相切。保持相切的面可以是基准面、圆柱面或锥面，其他相邻面被合并，轮廓被近似处理，草图圆弧可以转换为样条曲线。

④ "显示预览"：勾选该复选框，将显示扫描的预览；取消勾选，则只显示轮廓和路径。

⑤ "与结束端面对齐"：勾选该复选框，将扫描轮廓继续到路径所碰到的最后面。

（3）"引导线"选项组（见图 5-37）

● "引导线" 　：单击该按钮，在图形区域选择引导线后，可在轮廓沿路径扫描时加以引导。　　　　　　　　　　　　　　　　　　图 5-37　"引导线"选项组

● "上移" 或 "下移" ：单击这两个按钮，可改变使用引导线的顺序。

● "显示截面" 　：单击该选项，然后单击箭头 ，根据截面数量查看并修正轮廓。

● 合并平滑的面：勾选该复选框，可以控制是否要合并平滑的面；取消勾选，可以改进带引导线扫描的性能。

（4）"起始处和结束处相切"选项组

① "起始处相切类型"下拉列表框中包括如下内容。

● 无：表示没应用相切。

● 路径相切：表示垂直于开始点路径而生成扫描。

② "结束处相切类型"下拉列表框中包括如下内容。

● 无：表示没应用相切。

● 路径相切：表示垂直于结束点路径而生成扫描。

5.4.5 放样曲面

┌─────────────┐
│ 5.4.5 放样曲面 │
└─────────────┘

放样曲面是通过曲线之间进行过渡而生成曲面的一种方法，造型方法和特征造型中的对应方法相似。

1. 放样曲面操作

如果要放样曲面，可以采用如下步骤进行操作。

01 建立一个基准面，并在上面绘制放样轮廓。

02 根据需要为放样的每个轮廓截面建立基准面。基准面间不一定平行。

03 如有必要，还可以生成引导线来控制放样曲面的形状，如图 5-38 所示。

04 单击"曲面"控制面板上的"放样曲面"按钮 ↓，在出现的"曲面-放样"属性管理器中单击"轮廓"按钮 ↗ 右侧的显示框，如图 5-39 所示；然后在图形区域按顺序选择轮廓草图，则所选草图出现在该框中，在右侧的图形区域显示生成的放样曲面，如图 5-40 所示。

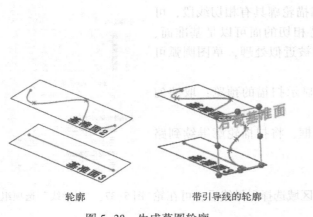

轮廓　　　　　　　　带引导线的轮廓

图 5-38　生成草图轮廓

图 5-39　"曲面-放样"属性管理器

05 如果预览曲线不正确，可能是因为选取草图的顺序有误。这时可以通过单击"上移" ⬆ 或"下移" ⬇ 按钮来重新安排轮廓。此项操作只针对两个以上轮廓的放样特征。

06 如果要在放样的开始和结束处控制相切，则设置"起始处和结束处相切"选项。

07 如果要使用引导线控制放样曲面，可在"引导线"选项组中单击引导线 ↗ 按钮右侧的显示框，然后在图形区域选择引导线，再单击"上移"按钮 ⬆ 或"下移"按钮 ⬇ 改变使用引导线的顺序。

08 单击"确定"按钮 ✔，即可完成放样，如图 5-41 所示。

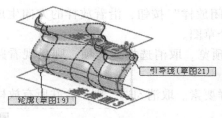
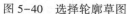

图 5-40　选择轮廓草图

简单的放样　　　使用引导线放样

图 5-41　曲面放样效果

2. 选项说明

"曲面-放样"属性管理器中的选项说明如下。

（1）"轮廓"🔗选项组

在选择时，除了可以通过单击"上移"按钮⬆或"下移"按钮⬇来重新安排轮廓外，还可以进行如下操作。

- 如果预览的曲线指示连接错误的顶点，单击该顶点所在的轮廓取消选择，然后再单击选取轮廓中的其他点。
- 如果要清除所有选择重新开始，可在图形区域右击，在快捷菜单中选取"清除选择"命令。

（2）"起始/结束约束"选项组

- 无：不应用相切。
- 方向向量：放样与所选的边线或轴相切，或与所选基准面的法线相切。
- 垂直于轮廓：应用垂直于开始或结束轮廓的相切约束。
- 与面相切：使相邻面在所选开始或结束轮廓处相切。在附加放样到现有几何体时可用。
- 与面的曲率：在所选开始或结束轮廓处应用平滑且具有美感的曲率连续放样。在附加放样到现有几何体时可用。

（3）"中心线参数"选项组

在该选项组中，可使用中心线引导放样形状。中心线可与引导线共存。

- 截面数：在轮廓之间绕中心线添加截面，移动滑块可调整截面数。
- 显示截面：用来显示放样截面，单击箭头可以显示截面。

（4）"草图工具"选项组

- 勾选"拖动草图"复选框，激活拖动模式，可在编辑放样特征时从任何已为放样定义了轮廓线的 3D 草图中拖动任何 3D 草图线段、点或基准面。

（5）"选项"选项组

- 合并切面：如果相对应的放样线段是相切的，单击"保持相切"按钮可以使放样中相应的曲面保持相切，如图 5-42 所示。

图 5-42　链轮廓放样

- 封闭放样：单击"选项"选项组中的"封闭放样"按钮，沿着放样的方向生成闭环的实体。此选项会自动连接最后一个和第一个草图。
- 显示预览：勾选该复选框，可显示放样的预览。取消选择此选项，则只观看路径和引导线。
- 合并结果：勾选该复选框，可合并所有放样要素。取消勾选，则不合并所有放样要素。

5.4.6 等距曲面

5.4.6 等距曲面

如果要生成等距曲面，可以采用如下步骤进行操作。

01 单击"曲面"控制面板上的"等距曲面"按钮，此时会出现如图5-43所示的"等距曲面"属性管理器。

02 在属性管理器中单击"要等距的曲面或面"按钮右侧的显示框，然后在右侧的图形区域选择等距的模型面或生成的曲面。

03 在"等距参数"选项组的微调框中指定等距曲面之间的距离。此时可在右侧的图形区域查看等距曲面的效果。

04 如果等距面的方向有误，可单击"反向"按钮，反转等距方向。

05 单击"确定"按钮，完成等距曲面的生成，如图5-44所示。

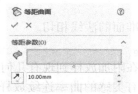

图5-43 "等距曲面"属性管理器   图5-44 生成等距曲面

5.4.7 延展曲面

5.4.7 延展曲面

延展曲面是指通过沿所选平面方向延展实体或曲面的边线来生成曲面。

要延展曲面，可以采用如下步骤进行操作。

01 选择菜单栏中的"插入"→"曲面"→"延展曲面"命令，出现如图5-45所示的"延展-曲面"属性管理器。在属性管理器中单击"要延展的边线"按钮右侧的显示框，然后在右侧的图形区域选择要延展的边线。

02 单击"延展参数"选项组中的第一个显示框，然后在图形区域选择模型面或者基准面作为延展曲面方向。延展方向将平行于模型面。

注意：图形区域的箭头垂直指向所选参考，但曲面平行于所选参考而延展。

03 如有必要，单击"反向"按钮，可以沿相反方向延展曲面。

图5-45 "延展曲面"属性管理器

04 通过图标右侧的微调框来设定延展曲面的宽度。

05 如果模型有相切面，而且希望曲面继续沿零件的切面延伸，可勾选"沿切面延伸"复选框。

150

06 单击"确定"按钮 ✓，完成曲面的延展，如图 5-46 所示。

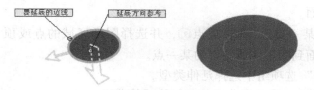

图 5-46 曲面的延展

5.5 曲面控制

曲面是一种可以用来生成实体特征的几何体。在 SOLIDWORKS 中，可以用很多方式对曲面进行修改，比如可以将曲面延伸到某个已有的曲面，可以缝合或延伸到指定的实体表面；也可以输入固定的延伸长度，或者直接拖动其红色箭头手柄，实时地将边界拖到新的位置等。

值得一提的是，SOLIDWORKS 对曲面的编辑修改，需要注意保持其相关性，如果其中一个曲面发生改变，另一个也会同时改变。

对曲面的控制包括延伸曲面、圆角曲面、缝合曲面、中面、填充曲面、剪裁曲面、移动/复制实体、移动面、删除面、删除孔及替换面等。本节将介绍一些常用的功能，如延伸曲面等，在掌握其基本操作过程后，读者对于其他功能也能灵活运用。

5.5.1 延伸曲面

在 SOLIDWORKS 中，可以通过选择曲面的一条边线、多条边线或某个面来延伸曲面。

5.5.1 延伸曲面

如果要延伸曲面，可以采用如下操作。

01 单击"曲面"控制面板上的"延伸曲面"按钮 ，出现如图 5-47 所示的"延伸曲面"属性管理器。在属性管理器中单击"拉伸的边线/面"选项组中的第一个显示框，然后在右侧的图形区域选择曲面边线或曲面，如图 5-48 所示。

图 5-47 "延伸曲面"属性管理器

选择一条边线以延伸相切曲面

选择多条不相邻边线以延伸相切曲面

图 5-48 相切曲面的延伸

02 在"终止条件"选项组中选择一种延伸结束条件。

● 选中"距离"，可在 微调框中指定延伸曲面的距离。

- 选中"成形到某一面"，可在  曲面中选择延伸曲面到图形区域选择的曲面或面。
- 选中"成形到某一点"，选择顶点 📎 ，并选择图形区域的点或顶点，可延伸曲面到图形区域选择的某一点。

03 在"延伸类型"选项组中选择延伸类型。

- 选中"同一曲面"，表示沿曲面的几何体延伸曲面。
- 选中"线性"，表示沿边线相切于原来曲面来延伸曲面。

04 单击"确定"按钮 ✔ ，完成曲面的延伸。使用"同一曲面"作为延伸类型来延伸边线的图形效果如图 5-49a 所示，使用"线性"作为延伸类型来延伸边线的图形效果如图 5-49b 所示。

图 5-49　延伸曲面
a)"同一曲面"延伸
b)"线性"延伸

5.5.2　缝合曲面

缝合曲面是将相连的两个或多个面和曲面连接成一体。缝合曲面需要注意如下事项。

- 曲面的边线必须相邻，并且不重叠。
- 要缝合的曲面不必处于同一基准面上。
- 可以选择整个曲面实体，也可以选择一个或多个相邻曲面实体。
- 缝合曲面不吸收用于生成它们的曲面。
- 空间曲面经过剪裁、拉伸和圆角等操作后，可以自动缝合，而不需要进行"缝合曲面"操作。

如果要将多个曲面缝合为一个曲面，可以采用如下步骤进行操作。

01 单击"曲面"控制面板上的"缝合曲面"按钮 📋 ，此时会出现如图 5-50 所示的"缝合曲面"属性管理器。在属性管理器中单击"选择"选项组中"要缝合的曲面和面"按钮  右侧的显示框，然后在图形区域选择要缝合的面，所选项目会列举在该显示框中。

02 单击"确定"按钮 ✔ ，完成曲面的缝合工作。

缝合后的曲面外观没有任何变化，但是多个曲面已经可以作为一个实体来选择和操作了，如图 5-51 所示。

图 5-50　"缝合曲面"属性管理器

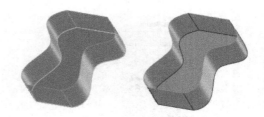

图 5-51　曲面缝合工作

5.5.3　剪裁曲面

剪裁曲面功能可以在一个曲面与另一个曲面、基准面、草图交叉处修剪曲面，或者将曲面与其他曲面联合使用作为相互的修剪工具。如果要剪裁曲面，可以采用如下步骤进行操作。

01 首先生成经过一个点或多个点相交的曲面，或生成一个与基准面相交或在其面有草图的曲面。

02 单击"曲面"控制面板上的"剪裁曲面"按钮![icon]，这时会出现如图5-52所示的"剪裁曲面"属性管理器，在属性管理器的"剪裁类型"选项组中选择剪裁类型。

- 如果选择"剪裁类型"为"标准"，则使用曲面、草图实体、曲线、基准面等来剪裁曲面。
- 如果选择"剪裁类型"为"相互"，则在"选择"选项组中单击"剪裁曲面"项目中![icon]图标右侧的显示框，然后在图形区域选择使用曲面本身来剪裁多个曲面。

03 如要选择"剪裁工具"，则在"选择"选项组中单击"剪裁工具"项目中"剪裁曲面、基准面或草图"按钮![icon]右侧的显示框，然后在图形区域选择一个曲面作为剪裁工具。

图5-52 "剪裁曲面"属性管理器

- 保留选择：选中该项，没有在要保留的部分下所列举的交叉曲面将被丢弃。
- 移除选择：选中该项，单击"要移除的部分"按钮![icon]右侧的显示框，然后在图形区域选择曲面作为丢弃要移除的部分。

04 单击"确定"按钮![icon]，完成曲面的剪裁，如图5-53所示。

保留部分　　　　剪裁的曲面

图5-53 剪裁曲面

5.5.4 移动/复制/旋转曲面

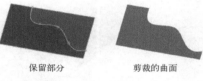

1. 操作步骤

如果要移动/复制曲面或实体，可以采用如下步骤进行操作。

01 在图形区域选择要移动、复制或旋转的曲面或实体。

02 选择菜单栏中的"插入"→"曲面"→"移动/复制"命令，这时会出现如图5-54所示的"移动/复制实体"属性管理器。

03 在属性管理器中单击"要移动/复制的实体"选项组中"要移动/复制的实体和曲面或图形实体"![icon]按钮右侧的显示框，然后在图形区域或特征管理器中选择要移动/复制的曲面。

04 如果要复制曲面，则勾选"复制"复选框，然后在"份数"![icon]中设定复制的数目。

05 如果要平移或旋转实体，则单击"平移/旋转"按钮，此时弹出如图5-55所示的选项组。单击"平移参考体"按钮![icon]右侧的显示框，然后在图形区域选择一条边线，定义平移方向；在图形区域选择两个顶点来定义曲面移动或复制体之间的方向和距离。另外，也可以在 **ΔX**、**ΔY**、**ΔZ** 微调框中指定移动的距离或复制体之间的距离。此时可在右侧的图形区域预览曲面移动或复制的效果。

06 要"旋转"实体，需要单击"旋转参考"按钮![icon]右侧的显示框，在图形区域选择一边线来定义旋转方向；在![icon]、![icon]、![icon]微调框中指定原点中X轴、Y轴、Z轴方向移动的距离，然后在![icon]、![icon]、![icon]微调框中指定曲面绕X、Y、Z轴旋转的角度，此时会出现旋转的实体预览。

图 5-54 "移动/复制实体"属性管理器　　　　　　　　图 5-55 "平移/旋转"选项组

07 单击"确定"按钮 ✔，完成在曲面的移动/复制/旋转，如图 5-56 所示。

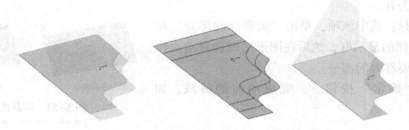

图 5-56 曲面的移动/复制/旋转效果

2. 选项说明

"移动/复制实体"属性管理器中的选项说明如下。

1)"要移动/复制的实体" 🔗：在图形区域选择实体，以在应用配合时移动。选定的实体作为单一的实体一起移动，未选定的实体将被视为固定实体。

2)"配合设定"选项组中包括如下选项。

● "要配合的实体" 🔗：用于选择两个实体（面、边线、基准面等）配合在一起。

● 配合对齐："同向对齐" 🔠表示以所选面的法向或轴向量指向相同的方向放置实体；"反向对齐" 🔠表示以所选面的法向或轴向量指向相反的方向来放置实体。

5.5.5　删除面

删除面功能可以从曲面实体中删除一个面，并能对实体中的曲面进行删除和自动修补。利用"删除面"工具可执行如下操作。

5.5.5　删除面

● 删除：从曲面实体删除面。

● 删除并修补：从曲面实体或实体中删除一个面，并自动对其进行修补和剪裁。

● 删除并填充：删除面，并生成单一面将任何缝隙填补起来。

要从"曲面"工具栏中删除一个曲面，可以采用如下步骤进行操作。

01 单击"曲面"控制面板上的"删除面"按钮 ，这时会出现如图 5-57 所示的"删除面"属性管理器。在属性管理器中单击"选择"选项组中"要删除的面"按钮 右侧的显示框，然后在图形区域或特征管理器中选择要删除的面。此时要删除的曲面会在该显示框中显示。

02 如果单击选中"删除"单选按钮，将删除所选曲面；如果单击选中"删除并修补"单选按钮，则在删除曲面的同时，对删除曲面后的曲面进行自动修补；如果单击选中"删除并填补"单选按钮，则在删除曲面的同时，对删除曲面后的曲面进行自动填充。

03 单击"确定"按钮 ，完成曲面的删除，如图 5-58 所示。

图 5-57　"删除面"属性管理器

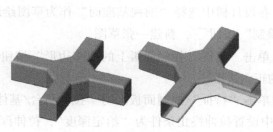
图 5-58　删除曲面

5.5.6　曲面切除

在 SOLIDWORKS 中，还可以利用曲面来实现对实体的切除，具体操作过程如下。

01 选择菜单栏中的"插入"→"切除"→"使用曲面"命令，此时出现如图 5-59 所示的"使用曲面切除"属性管理器。

02 在图形区域或特征管理器中选择切除要使用的曲面或基准面，所选曲面会出现在"曲面切除参数"选项组的显示框中。

03 图形区域的箭头指示实体切除的方向，如有必要，可单击"反向切除" 按钮改变切除方向。

04 单击"确定"按钮 ，实体被曲面切除，得到的效果如图 5-60 所示。

图 5-59　"使用曲面切除"属性管理器

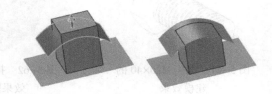
图 5-60　实体切除效果

5.6　曲线与曲面造型实例

本节将通过螺栓与菜刀两个造型实例介绍曲线与曲面在工程设计实践中的具体应用，帮助读者巩固前面所学的基础知识。

5.6.1 螺栓 M20×40 设计

5.6.1 螺栓
M20×40 设计

本例严格按照螺栓的基本尺寸建模，利用了拉伸、切除–旋转、圆角、切除–扫描等建模特征，并介绍了螺旋线的生成方法。整个螺栓的建模效果如图 5-61 所示。

1. 生成基体

螺栓基体的生成主要使用拉伸特征和切除–旋转特征，具体的创建过程如下。

01 启动 SOLIDWORKS 2018，单击"标准"工具栏中的"新建"按钮 ，在打开的"新建 SOLIDWORKS 文件"对话框中选取"零件"，然后单击"确定"按钮。

02 在设计树中选择"前视基准面"作为草图绘制平面，然后单击"草图"控制面板上的"草图绘制"按钮 ，新建一张草图。

03 单击"草图"控制面板上的"多边形"按钮 ，绘制一个以原点为中心、内切圆直径为 30 的正六边形。

04 单击"特征"控制面板上的"拉伸凸台/基体"按钮 ，在出现的"凸台–拉伸"属性管理器中设置拉伸终止条件为"给定深度"，拉伸深度为 12.5，从而生成一个以"前视"为基准面的向 Z 轴正向拉伸 12.5 的基体，如图 5-62 所示。

2. 生成螺柱

可以利用拉伸特征生成螺柱，具体的创建过程如下。

01 选择基体的顶面为草图绘制平面，单击"草图"控制面板上的"草图绘制"按钮 ，新建一张草图。

02 单击"草图"控制面板上的"圆"按钮 ，绘制一个以原点为圆心、直径为 20 的圆作为螺柱的草图轮廓。

03 单击"特征"控制面板上的"拉伸凸台/基体"按钮 ，在出现的"凸台–拉伸"属性管理器中设置拉伸终止条件为"给定深度"，拉伸深度为 40，从而生成一个以基体的顶面为基准面的向 Z 轴正向拉伸 40 的基体，如图 5-63 所示。

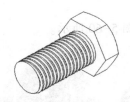

图 5-61　螺栓 M20×40 的　　　　图 5-62　拉伸机体　　　　图 5-63　生成螺栓
　　　建模效果　　　　　　　　　　效果图　　　　　　　　　　效果图

04 单击"标准"工具栏中的"保存"按钮 ，将新创建的零件保存为"螺栓 M20. SLD-PRT"。

3. 旋转切除基体

本节通过切除–旋转特征对基体进行去除材料的操作，具体的操作步骤如下。

01 在设计树中选择"上视基准面"作为草图绘制平面，再单击"草图"控制面板上的

"草图绘制"按钮 🔲 ，新建一张草图。

02 单击"草图"控制面板上的"中心线"按钮 ✏️ ，绘制一条与原点相距为3的水平中心线。

03 选择拉伸基体的右侧边线，再单击"草图"控制面板上的"转换实体引用"按钮 🔲 ，将该基体特征的边线转换为草图直线。

04 再次选择该直线，然后在"线条属性"属性管理器的"选项"选项组中勾选"作为构造线"复选框，将该直线作为构造线。

05 单击"草图"控制面板上的"直线"按钮 ✏️ ，绘制如图5-64所示的直线轮廓，并标注尺寸。

06 单击"特征"控制面板上的"旋转切除"按钮 🔳 。

07 在出现的提示对话框中单击"是"按钮，如图5-65所示。

08 在接下来出现的提示对话框中单击"确定"按钮，如图5-66所示。

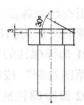

图5-64 切除-旋转
特征截面草图轮廓

图5-65 提示对话框

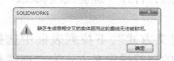

图5-66 确定属性设置

09 此时出现"切除-旋转"属性管理器，保持各种默认选项，即旋转类型为"给定深度"，旋转角度为360°，在图形区域选择螺柱临时轴作为旋转轴。如果没有看到临时轴，可选择菜单栏中的"视图"→"隐藏/显示"→"临时轴"命令。

10 单击"确定"按钮 ✔️ 生成切除-旋转特征。设置内容如图5-67所示，效果图如图5-68所示。

图5-67 选择要保留的实体

图5-68 旋转切除机体效果图

4. 利用切除-扫描特征生成螺纹

1）首先生成切除-扫描特征的截面草图轮廓，操作步骤如下。

01 在设计树中选择"上视基准面"作为草图绘制平面，然后单击"草图"控制面板上的"草图绘制"按钮 🔲 ，新建一张草图。

02 单击"草图"控制面板上的"直线"按钮 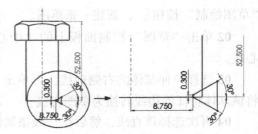 ，绘制切除轮廓，并标注尺寸，如图 5-69 所示。

03 单击草图区域右上角的"确认"按钮 ✓，生成草图。

图 5-69　切除–扫描特征的截面草图

2）螺纹的扫描路径草图是一条螺旋线，该曲线通常用在绘制螺纹、弹簧、发条等零部件中。下面绘制螺旋线作为扫描路径草图，操作方法如下。

01 选择螺柱的底面，单击"草图"控制面板上的"草图绘制"按钮 □，作为草图绘制平面。

02 保持螺柱底面的选中状态，单击"草图"控制面板上的"转换实体引用"按钮 ⬡，将该底面的轮廓圆转换为草图轮廓。此圆的直径将控制螺旋线的直径。

03 单击"特征"控制面板"曲线"下拉列表框中的"螺旋线/涡状线"按钮 ⟩⟨，打开"螺旋线/涡状线"属性管理器，如图 5-70 所示。

04 在"定义方式"下拉列表框中选择一种螺旋线的定义方式。这里指定的螺旋线定义方式为"高度和螺距"。

05 设置"高度"为 38，"螺距"为 2.5，"起始角度"为 0°。

06 勾选"反向"复选框，使螺旋线由原来的点向另一个方向延伸，从而沿螺柱向 Z 轴反向延伸。

07 在"起始角度"微调框中指定第一圈螺旋线的起始角度为 0°。

图 5-70　"螺旋线/涡状线"
属性管理器

08 单击选中"顺时针"单选按钮，决定螺旋线的旋转方向为顺时针。

09 单击"确定"按钮 ✓，生成螺旋线，如图 5-71 所示。

3）下面利用前面建立的两个草图生成螺纹，操作方法如下。

01 单击"特征"控制面板上的"扫描切除"按钮 ⬚。

02 在出现的"切除–扫描"属性管理器中单击"轮廓"按钮 ⟲，然后在图形区域选择作为截面的草图，即设计树上的"草图 4"，则草图 4 将显示在对应的属性管理器显示框内。

03 单击"路径"按钮 ⟳，然后在图形区域选择路径草图，即"螺旋线/涡状线"，如图 5-72 所示。

图 5-71　生成的螺旋线
作为切除特征的路径

04 在"方向/扭转控制"下拉列表框中选择扫描方式。

05 单击"确定"按钮 ✓，生成切除–扫描特征，效果如图 5-73 所示。

5. 添加退刀槽和圆角

在螺栓的建模基本完成后，需要再添加螺栓的退刀槽和圆角，使螺栓更为完善。

1）利用切除–旋转特征生成退刀槽，可进行如下操作。

01 在设计树中选择"上视基准面"作为草图绘制平面，再单击"草图"控制面板上的"草图绘制"按钮 □，新建一张草图。

158

04 分别在"边线顶点"复选框、圆、剪裁顶点框和与剪裁顶点相切的面间有回…

05 单击"确定"按钮，完成对回转侧面的绘制。

06 在近场前如图05，自定义回击到第一条轮廓上，圆角半径为0.8。各边各向。

07 单击"样条"工具长的下的"样条"按钮，单击样按钮。

最后，单击"确定"DPT"，圆角模型侧面的进行，

08 单击"确定"按钮。

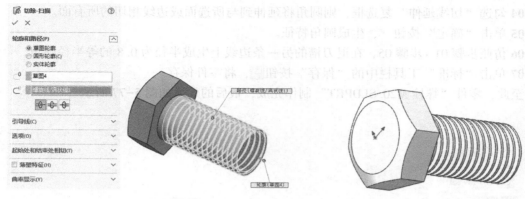
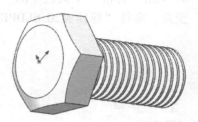

图 5-72　选择路径草图　　　　　　　　　　　图 5-73　切除-扫描效果图

02 单击"草图"控制面板上的"中心线"按钮⟋，绘制一条通过原点的竖直中心线作为切除-旋转特征的旋转轴。

03 单击"草图"控制面板上的"边角矩形"按钮▢，此时鼠标指针变为⟍形状。

04 单击矩形的一个角要出现的位置，拖动鼠标，调整矩形的大小和形状后再释放鼠标，在草图上绘制一个矩形作为切除-旋转特征的草图轮廓。然后对其尺寸进行标注，效果如图 5-74 所示。

05 单击"特征"控制面板上的"旋转切除"按钮◎，打开"切除-旋转"属性管理器。

06 保持"切除-旋转"属性管理器中各种选项的默认设置，即旋转类型为"给定深度"，旋转角度为360°，在草图上选择竖直的中心线作为旋转切除的旋转轴。

07 单击"确定"按钮✓，生成退刀槽，效果如图 5-75 所示。

5.6.2　练习提升

本习题主要介绍曲面如何通过工具栏命令如图 5-78 和

所得。方向方向图下，以及各实用程。由大本图指南相关下面各

曲面-扫描。及旋转后程介绍如何绘制。各样条指南相关用曲面

01 单击"特征"选项面板下的"扫描"，打开"扫描"进入扫描。

0 单击样条。

02 单击"草图"控制面板上的"中心线"绘图草。单击绘制草

单击绘制图草图，选择并绘制圆面图区域内。然后是一个圆面图

图 5-76。

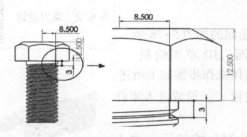
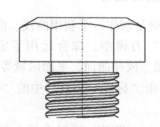

图 5-74　切除-旋转特征的草图轮廓　　　　　　　　图 5-75　退刀槽效果

2）使用圆角特征可以在一个零件上生成一个内圆角或外圆角面。在大多数情况下，如果能在零件特征上加入圆角，则有助于造型上的变化，或是产生平滑的效果。在生成退刀槽后，需要对退刀槽的边线添加恒定大小圆角特征，即对所选边线以相同的圆角半径进行圆角的操作，具体操作步骤如下。

01 单击"特征"控制面板上的"圆角"按钮▣。在出现的"圆角"属性管理器中选择"圆角类型"为"恒定大小圆角"。

02 在"圆角项目"的"半径"按钮⟋微调框中设置圆角的半径为0.8。

03 单击"边线、面、特征和环"按钮▣右边的显示框，然后在右侧的图形区域选择要进行圆角处理的模型边线，即退刀槽的一条边线，如图 5-76 所示。

04 勾选"切线延伸"复选框，则圆角将延伸到与所选面或边线相切的所有面。

05 单击"确定"按钮✔，生成圆角特征。

06 仿照步骤01~步骤05，在退刀槽的另一条边线上生成半径为0.8的等半径圆角。

07 单击"标准"工具栏中的"保存"按钮🖫，将零件保存。

至此，零件"螺栓 M20.SLDPRT"制作完成，最后的效果如图5-77所示。

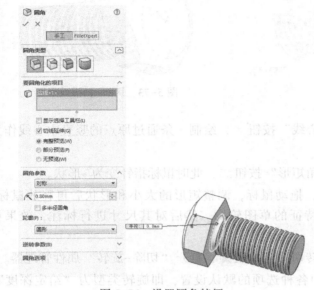

图 5-76 设置圆角特征

图 5-77 零件"螺栓 M20. sldprt"

5.6.2 菜刀设计

5.6.2 菜刀设计

本实例是制作一个利用曲线、曲面工具绘制的如图5-78所示的"薄"刀模型，综合运用了定义基准面、3D 草图绘制、曲面-扫描、放样曲面、平面区域等功能。具体操作步骤如下所述。

01 单击"标准"工具栏中的"新建"按钮▢，设置进入零件设计状态。

02 单击"草图"控制面板上的"草图绘制"按钮▭，进入草图绘制界面。选择右视图插入草绘平面，再单击"草图"控制面板上的"直线"按钮✎，绘制一端在原点长170的直线，单击"确定"按钮✔结束草图绘制。

图 5-78 刀模型

03 单击"草图"控制面板上的"草图绘制"按钮▭，进入草图绘制界面。选择右视图插入草绘平面，再单击"草图"控制面板上的"样条曲线"按钮Ⓝ，绘制如图5-79所示的刀柄波纹线。

04 单击"草图"控制面板上的"草图绘制"按钮▭。选择前视图插入草绘平面，并使用"椭圆"工具绘制如图5-80所示的椭圆形。定义几何关系，使椭圆长轴端点分别与直线及样条曲线相交。单击"确定"按钮✔，即可生成如图5-80所示的草图特征。

160

图 5-79　绘制刀柄波纹线草图　　　　　　　　图 5-80　新增基准面草图

05 单击"曲面"工控制面板上的"扫描曲面"按钮，在出现的"曲面-扫描"属性管理器中设置各参数如图 5-81 所示。这时在图形编辑窗口会出现如图 5-82 所示的预览状态，单击"确定"按钮。

06 单击"曲面"控制面板上的"平面区域"按钮，选择刚生成扫描曲面原点的另一端的椭圆形边线，单击"确定"按钮，生成刀柄的端面，如图 5-83 所示。

图 5-81　"曲面-扫描"属性管理器　　图 5-82　生成的刀柄预览效果　　　图 5-83　刀柄端面

07 单击"草图"控制面板上的"草图绘制"按钮，选择上视图插入草绘平面，绘制刀背，厚度为 8，与原点距离为 15，如图 5-84 所示。

08 单击"特征"控制面板上"参考几何体"下拉列表框中的"基准面"按钮，在出现的"基准面"属性管理器中将上视基准面下移 100，设置如图 5-85 所示的基准面；插入草图绘制刀锋部分，厚度可设为 0.1。单击"确定"按钮，即可生成如图 5-86 所示的草图特征。

图 5-84　刀背草图　　　　　图 5-85　"基准面"属性管理器　　　　　图 5-86　刀锋草图

09 单击"曲面"控制面板上的"放样曲面"按钮 ⬇，在出现的"放样"属性管理器中设置各参数如图 5-87 所示。这时在图形编辑窗口会出现如图 5-88 所示的预览状态，单击"确定"按钮 ✓，即可得到刀的放样效果图。

10 选中刀柄端部平面，单击"草图"控制面板上的"草图绘制"按钮 □，插入草绘平面。选择端部的边线，然后单击"草图"工具栏中的"转换实体引用"按钮 ⬡。

11 单击"特征"控制面板"曲线"下拉列表框中的"分割线"按钮 ⬡，在出现的"分割线"属性管理器中设置各参数如图 5-89 所示。这时在图形编辑窗口会出现如图 5-90 所示的预览状态，将椭圆草图投影到刀端面。单击"确定"按钮 ✓，即可得到刀柄的投影分割线效果图，如图 5-91 所示。

图 5-87　"放样"属性管理器　　　图 5-88　放样预览　　　图 5-89　"分割线"属性管理器

12 单击"曲面"控制面板上的"放样曲面"按钮 ⬇，在出现的"曲面-放样"属性管理器中设置各参数如图 5-92 所示。这时在图形编辑窗口会出现如图 5-93 所示的预览状态。单击"确定"按钮 ✓，即可得到如图 5-94 所示的刀柄与刀面连接处的放样效果图。

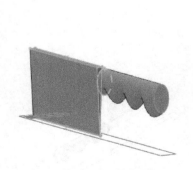

图 5-90　投影分割线预览　　　图 5-91　投影分割线效果　　　图 5-92　"曲面-放样"属性管理器设置

至此，完成刀的绘制，"薄"刀模型的总体效果图如图 5-95 所示。

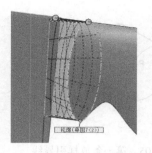  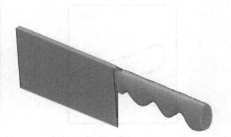

图 5-93　曲面-放样预览　　图 5-94　连接处的　　图 5-95　生成的"薄"刀
　　　　　　　　　　　　　　　　　　放样效果图　　　　　　　　　模型效果图

5.7　上机操作

1）创建如图 5-96 所示的花盆，其创建过程如图 5-97～图 5-99 所示。

图 5-96　花盆　　　　　　　　　　图 5-97　旋转曲面轮廓

图 5-98　生成旋转曲面　　　　　　图 5-99　延展曲面

操作提示：利用旋转曲面、延展曲面命令。

2）创建如图 5-100 所示的风扇叶片，其创建过程如图 5-101～图 5-108 所示。

 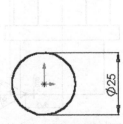 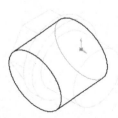

图 5-100　叶片　　　　　图 5-101　基体草图　　　　图 5-102　基体

163

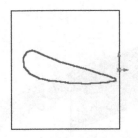

图 5-103 第一个放样轮廓

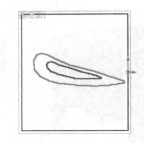

图 5-104 第二个放样轮廓

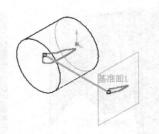

图 5-105 第一条放样引导线

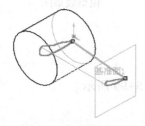

图 5-106 第二条放样引导线

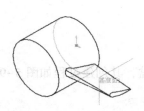

图 5-107 生成放样特征

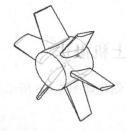

图 5-108 生成圆周阵列特征

操作提示： 利用放样曲面等命令。

3) 创建如图 5-109 所示的通气塞，其创建过程如图 5-110~图 5-120 所示。

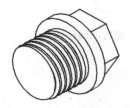

图 5-109 通气塞

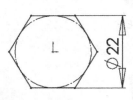

图 5-110 草图 1

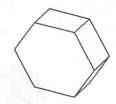

图 5-111 "拉伸 1" 特征

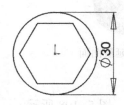

图 5-112 草图 2

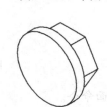

图 5-113 "拉伸 2" 特征

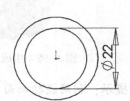

图 5-114 草图 3

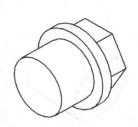

图 5-115 "拉伸 3" 特征

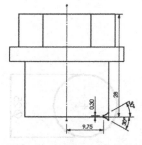

图 5-116 螺纹切除轮廓

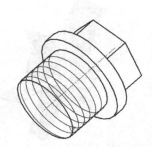

图 5-117 生成 "螺旋线/涡状线 1"

164

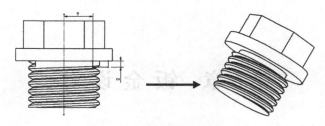

图 5-118　退刀槽的建模

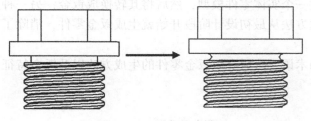

图 5-119　圆角的建模

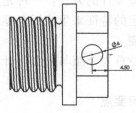

图 5-120　切除草图

5.8　复习思考题

1）样条曲线有几种生成方式？

2）曲面特征与实体特征的异同有哪些？

3）延伸区面与延展曲面的异同有哪些？

4）练习各种空间曲线的生成：投影曲线、通过参考点的曲线、通过 XYZ 点的曲线、组合曲线、分割线、从草图投影到平面或曲面的曲线、螺旋线和涡状线，理解它们的定义和产生方式的不同。

第6章 钣金设计

钣金零件通常用作零部件的外壳，在产品设计中的地位很高。SOLIDWORKS 提供了两种生成钣金零件的方法：一种是先创建一个实体零件模型，然后将其转换成钣金；另一种是使用钣金特定的特征来生成钣金零件，此方法从最初设计阶段开始就生成钣金零件，消除了多余的操作步骤。

本章首先介绍与钣金设计相关的术语，然后介绍钣金零件的生成方法以及钣金特征的编辑方法。

学习要点
- 基本术语简介
- 钣金特征创建
- 钣金零件设计
- 钣金特征编辑

6.1 基本术语

6.1.1 折弯系数

零件要生成折弯时，可以指定一个折弯系数给一个钣金折弯，但指定的折弯系数必须介于折弯内侧边线的长度与外侧边线的长度之间。

折弯系数可以由钣金原材料的总展开长度减去非折弯长度来计算，如图 6-1 所示。

决定使用折弯系数值时，总展开长度的计算公式如下。

$$L_t = A + B + BA$$

式中，BA 为折弯系数；L_t 为总展开长度；A，B 为非折弯长度。

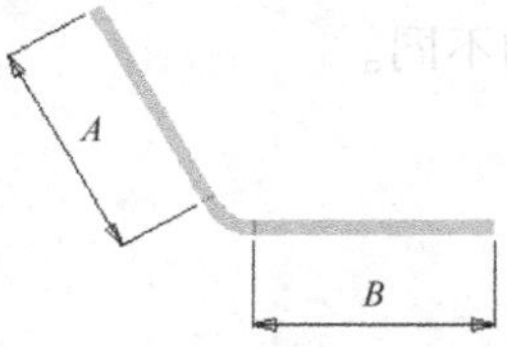

图 6-1 折弯系数示意图

6.1.2 折弯扣除

在生成折弯时，用户可以通过输入数值来给任何一个钣金折弯指定一个明确的折弯扣除。折弯扣除由虚拟非折弯长度减去钣金原材料的总展开长度来计算，如图 6-2 所示。

决定使用折弯扣除值时，总展开长度的计算公式如下。

$$L_t = A + B - BD$$

式中，BD 为折弯扣除；A，B 为虚拟非折弯长度；L_t 为总展开长度。

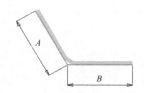

图 6-2 折弯扣除示意图

6.1.3 K 因子

K 因子表示钣金中性面的位置，以钣金零件的厚度作为计算基准，如图 6-3 所示。K 因子为钣金内表面到中性面的距离 t 与材料厚度 T 的比值，即 $K = t/T$。

当选择 K 因子作为折弯系数时，可以指定 K 因子折弯系数表。SOLIDWORKS 应用程序会随附 Microsoft Excel 格式的 K 因子折弯系数表格，此文件位于 <安装目录> \ lang \ chinese – simplified \ Sheetmetal Bend Tables\kfactor base bend table. xls。

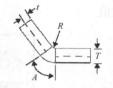

图 6-3 K 因子示意图

使用 K 因子也可以确定折弯系数，计算公式如下。

$$BA = \pi(R+KT)A/180, \quad K=t/T$$

式中，BA 为折弯系数；R 为内侧折弯半径；K 为 K 因子，即 t/T；T 为材料厚度；t 为内表面到中性面的距离；A 为折弯角度（经过折弯材料的角度）。

由上面的计算公式可知，折弯系数即为钣金中性面上的折弯圆弧长。因此，指定的折弯系数的大小必须介于钣金的内侧弧长和外侧弧长之间，以便与折弯半径和折弯角度的数值一致。

6.1.4　折弯系数表

除直接指定和由 K 因子来确定折弯系数之外，还可以利用折弯系数表来确定折弯系数。折弯系数表中可以指定钣金零件的折弯系数或折弯扣除数值等，还包括折弯半径、折弯角度以及零件厚度的数值。

在 SOLIDWORKS 中有两种折弯系数表可供使用：一是带有 . btl 扩展名的文本文件；二是嵌入的 Excel 电子表格文件。

1. 带有 . btl 扩展名的文本文件

在 SOLIDWORKS 的 <安装目录> \lang \chinese – simplified \Sheetmetal Bend Tables \ sample. btl 中提供了一个钣金操作的折弯系数表样例。如果要生成自己的折弯系数表，可使用任何文字编辑程序复制并编辑此折弯系数表。

在使用折弯系数表文本文件时，只允许包括折弯系数值，不包括折弯扣除值。折弯系数表的单位必须用米制单位指定。

如果要编辑拥有多个折弯厚度表的折弯系数表，半径和角度必须相同。例如，将一个新的折弯半径值插入有多个折弯厚度表的折弯系数表时，必须在所有表中插入新数值。

注意：*折弯系数表范例仅供参考使用，此表中的数值不代表任何实际折弯系数值。如果零件或折弯角度的厚度介于表中的数值之间，那么系统会插入数值，并计算折弯系数。*

2. 嵌入的 Excel 电子表格文件

SOLIDWORKS 生成的新折弯系数表保存在嵌入的 Excel 电子表格文件内，用户可以根据需要将折弯系数表的数值添加到电子表格文件的单元格内。

电子表格格式的折弯系数表只包括 90°折弯的数值，其他角度折弯的折弯系数或折弯扣除值由 SOLIDWORKS 计算得到。

生成折弯系数表的操作方法如下。

01 打开零件文件，选择菜单栏中的"插入"→"钣金"→"折弯系数表"→"新建"命令，打开图 6-4 所示的"折弯系数表"对话框。

02 在"折弯系数表"对话框中设置单位，输入文件名，单击"确定"按钮，则包含折弯系数表的嵌置 Excel 窗口将出现在 SOLIDWORKS 窗口中，如图 6-5 所示。此折弯系数表包含了默认的半径和

图 6-4　"折弯系数表"对话框

厚度值。

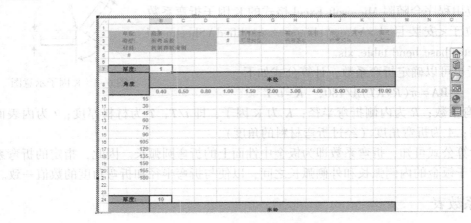

图 6-5 折弯系数表

03 在表格外的 SOLIDWORKS 图形区域单击，关闭电子表格。

6.2 钣金特征

6.2 钣金特征

生成钣金零件的特征工具集中在图 6-6 所示的 "钣金" 控制面板上。下面将介绍钣金特征。

图 6-6 "钣金" 控制面板

6.2.1 使用基体法兰特征

利用 "基体法兰/薄片" 命令  生成一个钣金零件后，钣金特征将出现在图 6-7 所示的特征管理器中。

在该特征管理器中包含如下 3 个特征，它们分别代表钣金的 3 个基本操作。

- "钣金" 特征：包含了钣金零件的定义。此特征保存了整个零件的默认折弯参数信息，如折弯半径、折弯系数、自动切释放槽（预切槽）比例等。

- "基体-法兰" 特征：该项是此钣金零件的第一个实体特征，包括深度和厚度等信息。

图 6-7 钣金特征（一）

- "平板型式" 特征：在默认情况下，当零件处于折弯状态时，平板型式特征是被压缩的，将该特征解除压缩即可展开钣金零件。

当平板型式特征被压缩时，在特征管理器中，添加到零件的所有新特征均自动插入平板型式特征上方；当平板型式特征解除压缩后，新特征插入平板型式特征下方，并且不在折叠零件中显示。

6.2.2 用零件转换为钣金特征

利用已经生成的零件转换为钣金特征时，先在 SOLIDWORKS 中生成一个零件，再单击"插入折弯"按钮 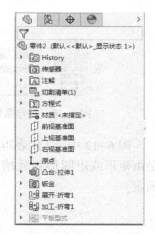 即可生成钣金零件。这时在特征管理器中有 3 个特征，如图 6-8 所示。这 3 个特征分别代表钣金的 3 个基本操作。

- "钣金"特征 ：包含了钣金零件的定义。此特征保存了整个零件的默认折弯参数信息，如折弯半径、折弯系数、自动切释放槽（预切槽）比例等。
- "展开-折弯"特征 ：该项代表展开的钣金零件。此特征包含将尖角或圆角转换成折弯的有关信息，每个由模型生成的折弯都作为单独的特征列在"展开-折弯"选项组中。

图 6-8 钣金特征（二）

说明："展开-折弯"选项组中的"尖角-草图"包含由系统生成的所有尖角和圆角折弯的折弯线，此草图无法编辑，但可以隐藏或显示。

- "加工-折弯"特征 ：该选项包含的是将展开的零件转换为成形零件的过程。另外，由在展开状态中指定的折弯线所生成的折弯列在此特征中。

说明：特征管理器中的（加工-折弯） 图标后列出的特征不会在零件展开视图中出现。在 SOLIDWORKS 中，可以通过特征管理器退回到"加工-折弯"特征之前展开零件的视图。

6.2.3 钣金选项设定

在"基体法兰"属性管理器中可以完成"钣金参数""折弯系数""自动切释放槽"等选项的设定，如图 6-9 所示。

1. "钣金规格"选项组

如果在此选项组中勾选"使用规格表"复选框，将预定义生成基体法兰时的规格厚度、允许的折弯半径及 K 因子等。

2. "钣金参数"选项组

在此选项组中可设定折弯半径 以及钣金厚度 等参数。

3. "折弯系数"选项组

在此选项组中有"折弯系数表""K 因子""折弯系数"以及"折弯扣除"等选项，如图 6-10 所示。这些选项的含义在前面已经介绍过了，这里不再赘述。

图 6-9 "基体法兰"属性管理器

4. "自动切释放槽"选项组

当生成钣金时，如果设置该选项组，系统会自动添加释放槽切割。如图 6-11 所示，SOLIDWORKS 支持"矩形""撕裂形""矩圆形"3 种类型的释放槽。

如果要自动添加矩形或矩圆形释放槽，必须指定释放槽比例。另外，撕裂形释放槽是插入和展开零件所需的最小尺寸需求。

如果要自动添加矩形释放槽，释放槽比例数值必须在 0.05~2.0 之间。比例值越高，插入折弯的释放槽切除宽度越大，如图 6-12 所示。

图 6-10　折弯系数

图 6-11　自动切释放槽

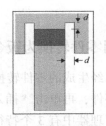
图 6-12　释放槽比例示意图

图 6-12 中，d 代表矩形或矩圆形释放槽切除的宽度，深灰色区域代表折弯区域，同时也是由矩形或矩圆形释放槽切除延伸经过折弯区域的边上所测量的深度，该数值由如下公式确定。

$$d = 释放槽比例 \times 零件厚度$$

6.3　钣金零件设计

在 SOLIDWORKS 中设计钣金零件的方式主要有两种：一是使用钣金特征设计钣金零件；二是先设计实体，然后转换为钣金零件。

6.3.1　钣金特征

1. 基体法兰

基体法兰特征是新钣金零件的第一个特征，该特征被添加到 SOLIDWORKS 零件后，系统就会将该零件标记为钣金零件，折弯也将被添加到适当位置。

生成基体法兰特征的操作步骤如下。

01 编辑生成一个符合标准的草图，该草图可以是单一开环、单一闭环或多重封闭轮廓的草图。

02 单击"钣金"控制面板上的"基体法兰/薄片"按钮 ，会出现图 6-13 所示的"基体法兰"属性管理器。

说明："基体法兰"属性管理器中的选项会根据草图的不同而自动更改。例如，如果是单一闭环轮廓草图，就不会出现两个方向框。

03 在两个方向框中，设置拉伸终止条件及总深度参数 。同时在"钣金规格"选项组中确定是否要使用规格表。如果不使用规格表，则继续按下面的步骤进行。

04 在"钣金参数"选项组中将厚度设置为所需的钣金厚度 ，将折弯半径 设置为所需的折弯半径。

05 确定是否勾选"反向"复选框，以确定是否反向加厚草图。

06 分别设定"折弯系数"选项组和"自动切释放槽"选项组中的参数选项。

07 单击"确定"按钮 ，便会生成图 6-14 所示的基体法兰钣金零件。

图 6-13　"基体法兰"
属性管理器

2. 边线法兰

边线法兰

边线法兰特征是将法兰添加到钣金零件的选定边线上。生成边线法兰特征的操作步骤如下。

01 先生成某一钣金零件，然后在该零件中执行下面的步骤。

02 单击"钣金"控制面板上的"边线法兰"按钮，会出现图 6-15 所示的"边线-法兰"属性管理器。

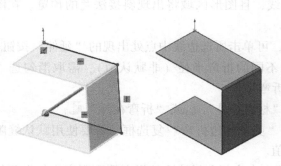

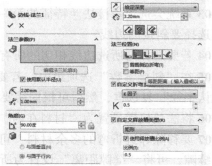

图 6-14　基体法兰钣金零件　　　　图 6-15　"边线-法兰"属性管理器

03 在图形区域选择要放置特征的边线。

04 在"法兰参数"选项组中单击"编辑法兰轮廓"按钮，编辑轮廓的草图。

05 若要使用不同的折弯半径（非默认值），应取消勾选"使用默认半径"复选框，然后根据需要设置折弯半径。

06 分别设置法兰角度、长度、终止条件及其相应参数值。如果选择"给定深度"选项，则必须单击长度和"外部虚拟交点"按钮或"内部虚拟交点"按钮来决定长度开始测量的位置。

07 在设置"法兰位置"时，可设置为"材料在内"、"材料在外"、"折弯在外"或"虚拟交点中的折弯"、"与折弯相切"。

08 要移除邻近折弯的多余材料，可勾选"剪裁侧边折弯"复选框。

09 如果要从钣金体等距排列法兰，则要勾选"等距"复选框，然后设定等距终止条件及其相应参数。

10 选择并设置"自定义折弯系数"和"自定义释放槽类型"选项组下的相应参数。

11 单击"确定"按钮，生成图 6-16 所示的边线法兰。

图 6-16　生成边线法兰

注意：使用边线法兰特征时，所选边线必须为线性，且系统会自动将厚度链接为钣金零件的厚度。另外，轮廓的一条草图直线必须位于所选边线上。

对于以 SOLIDWORKS 2018 应用程序打开的旧制零件，边线法兰尺寸只在编辑现有边线法兰或重建零件模型后才出现。

3. 斜接法兰

斜接法兰

斜接法兰特征可将一系列法兰添加到钣金零件的一条或多条边线上。

斜接法兰的草图必须遵循以下条件：运用斜接法兰特征时斜接法兰的草图可以包括直线或圆弧，也可以包括一个以上的连续直线；草图基准面必须垂直于生成斜接法兰的第一条边线。

生成斜接法兰特征的操作步骤如下。

01 在钣金零件中生成一个符合标准的草图。

02 单击"钣金"控制面板上的"斜接法兰"按钮 □，会出现图6-17所示的"斜接法兰"属性管理器。

03 系统会选定斜接法兰特征的第一条边线，且图形区域将出现斜接法兰的预览。在图形区域选择要斜接的边线。

04 若要选择与所选边线相切的所有边线，可单击所选边线中点处出现的"延伸"按钮 □。

05 在"斜接参数"选项组中，若要使用不同的折弯半径（非默认值），需取消勾选"使用默认半径"复选框，然后可根据需要设置折弯半径。

06 将法兰位置设置为"材料在内" □、"材料在外" □ 或"折弯在外" □。

07 要移除邻近折弯的多余材料，可勾选"剪裁侧边折弯"复选框。若要使用默认缝隙以外的缝隙，可将"缝隙距离"设置为所需的值。

08 根据需要在"起始/结束处等距"选项组中为部分斜接法兰指定等距距离。如果要使斜接法兰跨越模型的整个边线，需将"起始/结束处等距"选项的数值设置为零。

09 单击"确定"按钮 ✓，即可生成图6-18所示的斜接法兰特征。

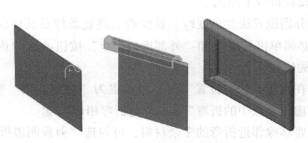

图6-17 "斜接法兰"属性管理器　　　　图6-18 生成斜接法兰特征

如果使用圆弧生成斜接法兰，圆弧不能与厚度边线相切，但圆弧可与长边线相切，或通过在圆弧和厚度边线之间放置一条小的草图直线来生成。

4. 褶边

"褶边"工具可将褶边特征添加到钣金零件的选定边线上。生成褶边特征的操作步骤如下。

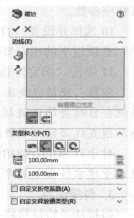

注意： 在使用该工具时，所选边线必须为直线，而斜接边角被自动添加到交叉褶边上；如果选择多个要添加褶边的边线，则这些边线必须在同一个面上。

01 在打开的钣金零件中，单击"钣金"控制面板上的"褶边"按钮 ▧，会出现图6-19所示的"褶边"属性管理器。

图6-19 "褶边"属性管理器

02 在图形区域选择想加褶边的边线，所选边线会出现在"边线"选项组的列表框中。

03 在"边线"选项组中单击"材料在内"按钮 或"折弯在外"按钮 ，也可以单击"反向"按钮 选择褶边在相反的方向。

04 在"类型和大小"选项组中可进行设置，这里设置为"打开"选项。

- 若选择褶边类型为"闭合" ，则在其下方显示"长度"按钮 及对应的文本框，如图 6-20a 所示。
- 若选择褶边类型为"打开" ，则显示"长度"按钮 和"缝隙距离"按钮 及对应的文本框，如图 6-20b 所示。
- 若选择褶边类型为"撕裂形" ，则显示"角度"按钮 和"半径"按钮 及对应的文本框，如图 6-20c 所示。
- 若选择褶边类型为"滚轧" ，则显示"角度"按钮 和"半径"按钮 及对应的文本框，如图 6-20d 所示。

图 6-20　不同的褶边生成的钣金

a）闭合　b）打开　c）撕裂形　d）滚轧

05 如果在斜接缝隙下有交叉褶边，需要设定切口缝隙，斜接边角被自动添加到交叉褶边上，用户可以设定这些褶边之间的缝隙。

06 如要使用默认折弯系数以外的其他项目，需勾选"自定义折弯系数"复选框，然后设定一折弯系数类型和数值。这里设定折弯系数类型为"撕裂形"，"角度"为 270，"半径"为 2。

07 单击"确定"按钮 ，生成图 6-21 所示的褶边特征。

图 6-21　生成的褶边特征

5. 绘制折弯

使用绘制折弯特征在钣金零件处于折叠状态时将折弯线添加到零件中，可将折弯线的尺寸标注到其他折叠的几何体中。

绘制折弯

注意：生成绘制折弯特征时，草图中只允许是直线，在每个草图中可添加一条以上的直线，但折弯线长度不一定非要与正折弯的面的长度相同。

生成绘制折弯特征的操作步骤如下。

01 在钣金零件的平面上绘制一直线。此外还可在生成草图前（但在选择基准面后）选择绘制的折弯特征，当选择绘制的折弯特征时，一草图会在基准面上打开。

02 单击"钣金"控制面板上的"绘制的折弯"按钮 ，会出现图 6-22 所示的"绘制的折弯"属性管理器。

03 选择一个不因折弯而移动的面作为固定面。

04 单击"折弯中心线" 、"材料在内" 、"材料在外" 或"折弯在外"按钮 ，选择折弯位置。

05 设定折弯角度。如有必要，可单击"反向" 按钮。

06 如果使用默认折弯半径以外的选择，可取消勾选"使用默认半径"复选框，设定所需的折弯半径。

07 如要使用默认折弯系数以外的其他项目，勾选"自定义折弯系数"复选框，然后设定一折弯系数类型和数值。

08 单击"确定"按钮，生成图 6-23 所示的绘制折弯特征。

图 6-22 "绘制的折弯"属性管理器　　　图 6-23 生成的绘制折弯特征

6. 闭合角

用户可以在钣金法兰之间添加闭合角。闭合角特征在钣金特征之间添加材料，可以完成如下功能。

- 通过为想闭合的所有边角选择面来同时闭合多个边角。
- 关闭非垂直边角。
- 将闭合边角应用到带有 90°以外折弯的法兰。
- 调整缝隙距离（通过边界角特征所添加的两个材料截面之间的距离）。
- 调整重叠/欠重叠比例（重叠的材料与欠重叠材料之间的比例，数值 1 表示重叠和欠重叠相等）。
- 闭合或打开折弯区域。

生成闭合角特征的操作步骤如下。

01 用基体法兰或斜接法兰命令生成一钣金零件。

02 单击"钣金"控制面板上的"闭合角"按钮，出现图 6-24 所示的"闭合角"属性管理器。

03 选择角上的一个平面作为"要延伸的面"。

04 选择边角类型为"对接"、"重叠"或"欠重叠"。

05 单击"确定"按钮，面被延伸以闭合角。图 6-25 所示为钣金零件生成的闭合角特征。

7. 转折

转折特征是通过从草图直线生成两个折弯而将材料添加到钣金零件上。

注意： 草图必须只包含一条直线；直线不需要是水平和垂直直线；折弯线长度不一定非要与正在折弯的面的长度相同。

在钣金零件上生成转折特征的操作步骤如下。

01 在想生成转折特征的钣金零件的面上绘制一直线。此外可以在生成草图前（但在选择基准面后）选择转折特征。当选择转折特征时，草图便可在基准面上打开。

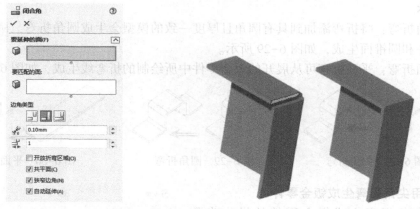

图 6-24　"闭合角"属性管理器　　　　　图 6-25　闭合角

02 单击"钣金"控制面板上的"转折"按钮 ，出现图 6-26 所示的"转折"属性管理器。

03 在图形区域选择一个面为"固定面" 。

04 在"选择"选项组中，如要编辑折弯半径，应取消勾选"使用默认半径"复选框，然后为折弯半径 输入新的值。

05 在"转折等距"选项组的终止条件中选择一选项，并为等距距离 设定一数值。

06 选择"尺寸位置"为"外部等距" 、"内部等距" 或"总尺寸" 。如果想使转折的面保持相同长度，可勾选"固定投影长度"复选框。

07 在转折位置选项组中选择"折弯中心线" 、"材料在内" 、"材料在外" 或"折弯在外" ，为转折角度 设定一数值。

08 如要使用默认折弯系数以外的其他项目，可勾选"自定义折弯系数"复选框，然后设定折弯系数类型和数值。

09 单击"确定"按钮 ，即可生成转折特征。图 6-27 所示为钣金零件生成的转折特征。

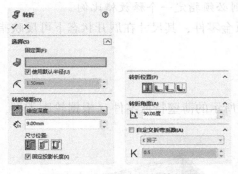

图 6-26　"转折"属性管理器

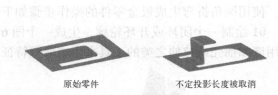

原始零件　　　　　不定投影长度被取消

图 6-27　固定投影长度示例

6.3.2　转换实体为钣金零件

在 SOLIDWORKS 中，将实体转换为钣金零件时，有 3 种可用的折弯类型，分别为"尖角折弯""圆角折弯""平面折弯"。

6.3.2　转换实体
为钣金零件

- 尖角折弯：将折弯添加到具有尖锐的边角且厚度一致的模型会生成尖角折弯，如图 6-28 所示。
- 圆角折弯：将折弯添加到具有圆角且厚度一致的模型会生成圆角折弯。圆角折弯也可由圆柱和圆锥面生成，如图 6-29 所示。
- 平面折弯：平面折弯可从展开的钣金零件中所绘制的折弯线生成，如图 6-30 所示。

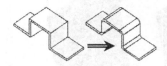

图 6-28　尖角折弯

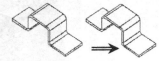

图 6-29　圆角折弯

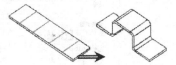

图 6-30　平面折弯

1. 使用尖角折弯生成钣金零件

使用尖角折弯生成钣金零件的操作步骤如下。

01 绘制零件草图轮廓，然后将其拉伸为薄件特征。

02 单击"钣金"控制面板上的"插入折弯"按钮 ⬛，出现图 6-31 所示的"折弯"属性管理器，设置折弯参数。

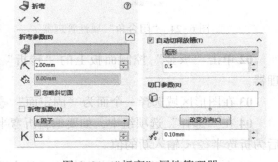

图 6-31　"折弯"属性管理器

03 在钣金模型中选择固定面。零件展开时，该固定面的位置保持不变，固定边线的名称会显示在固定的面或边线 ⬛ 显示框中。

04 在属性管理器中输入折弯半径 ⬈。

05 在"折弯系数"选项组中选择"折弯系数表""K 因子""折弯系数""折弯扣除"或"折弯计算"选项。

说明：如果选择的是"K 因子""折弯扣除"或"折弯系数"选项，则要输入具体数值。

06 如果要自动切除释放槽，需勾选"自动切释放槽"复选框，然后选择释放槽切除的类型。

说明：如果选择"矩形"或"矩圆形"选项，则必须指定一个释放槽比例。

07 单击"确定"按钮 ✓，生成图 6-32 所示的钣金零件，其尺寸在展开状态下可反映指定的折弯系数及半径值。

2. 使用圆角折弯生成钣金零件

使用圆角折弯生成钣金零件的操作步骤如下。

01 绘制一个闭环或开环轮廓，生成一个图 6-33 所示的薄壁特征零件（根据轮廓类型，可使用诸如抽壳或拉伸之类的工具来生成薄壁特征）。

图 6-32　生成的钣金零件

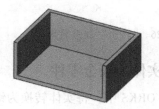

图 6-33　薄壁特征零件

02 单击"钣金"控制面板上的"插入折弯"按钮 ，打开"折弯"属性管理器。

03 设置"折弯参数"选项组中的"固定面或边线"选项 ，在模型中选择固定面，如图 6-34 所示。零件展开时，该固定面的位置会保持不变。

04 设定折弯半径 为 0，因为半径是从薄壁特征下的折弯半径扩展而来的。

05 在"折弯系数"选项组中选择"折弯系数表""K 因子""折弯系数""折弯扣除"或"折弯计算"选项。

06 如果要自动切除释放槽，需勾选"自动切释放槽"复选框，然后选择释放槽切除的类型。

07 在"切口参数"选项组中选择内部或外部边线（也可选择线性草图实体），如图 6-35 所示。

若只要在一个方向插入一个切口，可单击在要切口的边线 下列举的边线名称，然后单击更改方向。若想更改缝隙距离，可为切口缝隙 输入一个值。

08 单击"确定"按钮 ，生成图 6-36 所示的钣金零件。

图 6-34　选择固定面　　　图 6-35　选择内部或外部边线　　图 6-36　生成的钣金零件

3. 生成带圆柱面的钣金零件

如果带圆柱面的零件满足以下准则，则可以由钣金构成。

● 任何相邻的平面与圆柱面必须相切，如图 6-37a 所示。

● 任何圆柱面的至少一个端面必须至少有一条线性边线，如图 6-37b 所示。

生成带圆柱面的钣金零件的操作步骤如下。

01 绘制一开环轮廓圆弧，该圆弧必须与直线相切。

02 单击"钣金"控制面板上的"插入折弯"按钮 ，打开"折弯"属性管理器，如图 6-38 所示。

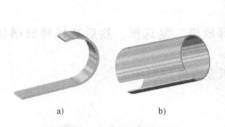

图 6-37　带圆柱面的零件
a）相切　b）线性边线

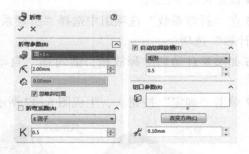

图 6-38　"折弯"属性管理器

03 设置"折弯参数"选项组中的"固定面或边线"选项 ，在模型中选择固定面，如图 6-39 所示。零件展开时该固定面的位置保持不变。

04 设定折弯半径 $\mathcal{R}$ 为 0，因为半径是从薄壁特征下的折弯半径扩展而来的。

05 在"折弯系数"选项组中选择"折弯系数表""K 因子""折弯系数""折弯扣除"或"折弯计算"选项。

06 如果要自动切除释放槽，需勾选"自动切释放槽"复选框，然后选择释放槽切除的类型。

07 单击"确定"按钮 ✓，生成图 6-40 所示的钣金零件。

图 6-39　选择固定面　　　　　　　　图 6-40　生成的钣金零件

注意： 只有带有完全解析的圆柱面的零件才可以被展开。用户可以尝试将轴插入圆柱面进行测试。如果能插入轴，模型即为确切圆柱；如果不能插入轴，那么模型不是确切圆柱，不能被展开。

4. 生成带圆锥面的钣金零件

带圆锥面的零件也能由钣金构成。生成带圆锥面的钣金零件的操作步骤如下。

01 生成具有一个或多个圆锥面的薄壁特征零件。此薄壁特征零件任何相邻的平面与圆锥面之间必须是相切的，同时任何圆锥面至少一个端面必须至少有一条线性边线，如图 6-41 所示。

02 单击"钣金"控制面板上的"插入折弯"按钮 🗐，打开"折弯"属性管理器。

03 在"折弯参数"选项组中选择圆锥面一个端面的一条线性边线为固定边线，或选择与圆锥面相切的平面为固定面。当零件展开时，固定的边线会保持在原来的位置，边线的名称会显示在固定的面或边线 🗐 框中。

04 设定折弯半径 $\mathcal{R}$。

05 在"折弯系数"选项组中选择"折弯系数表""K 因子""折弯系数""折弯扣除"或"折弯计算"选项。

06 如果要自动切除释放槽，需勾选"自动切释放槽"复选框，然后选择释放槽切除的类型。

07 单击"确定"按钮 ✓，生成图 6-42 所示的钣金零件。

相切面　　　　　　线性边线

图 6-41　带圆锥面的薄壁零件　　　　　图 6-42　生成的钣金零件

5. 添加薄壁到钣金零件

添加薄壁到钣金零件时，所有的薄壁必须在钣金特征插入折弯前添加。不过，如果需要，可以使用退回的方法，将属性管理器退回到钣金特征前的那个特征来添加薄壁。

添加薄壁到钣金零件的操作步骤如下。

01 在附加薄壁件的零件上打开一张草图，选择要添加薄壁的模型上平坦面的边线。

02 单击"草图"控制面板上的"转换实体引用"按钮⬚，拖动距折弯最近的顶点，退出折弯一段距离，留出折弯半径。

03 单击"特征"控制面板上的"拉伸凸台/基体"按钮⬚，在打开的"凸台-拉伸"属性管理器中指定深度⬚，设定厚度值⬚与基体零件相同。

04 单击"确定"按钮✓。如果出现"实体脱节"警告信息，则单击"反向"按钮，然后再单击"确定"按钮✓，添加薄壁的钣金零件即可完成，如图 6-43 所示。

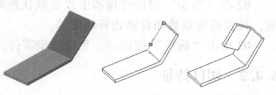

图 6-43　添加薄壁的钣金零件

6.4　钣金特征编辑

6.4.1　编辑折弯

用户可以为单一折弯或整个钣金零件编辑折弯参数，折弯参数包括默认的折弯半径、折弯系数和折弯扣除数值等。

6.4.1　编辑折弯

在折弯特征上右击，在弹出的快捷菜单中选择"编辑定义"命令，利用该命令可以编辑折弯的数据。

1. 编辑单一折弯

用户可为特征折弯改变释放槽切割的类型和大小。特征折弯与单一折弯的不同之处在于，特征折弯为实际钣金特征。

为单一折弯改变折弯系数、释放槽切割的类型和大小的操作步骤如下。

01 在特征管理器中，在所要改变的尖角折弯、圆角折弯或平面折弯项目上右击，在弹出的快捷菜单中选择"编辑定义"命令。

02 此时会显示属性管理器，对折弯的半径、阶数、自定义释放槽作必要的改变。

03 单击"确定"按钮✓，重建模型零件，即可完成对单一折弯的编辑。

2. 将零件转换为钣金

当使用"插入折弯"工具时，首先必须生成一实体，然后使用"插入折弯"工具将零件转换为钣金。同时可使用基体法兰命令从钣金直接生成零件。

要将零件转换为钣金，可采用如下操作步骤。

01 在统一厚度的零件中，单击"钣金"控制面板上的"插入折弯"按钮⬚，打开"折弯"属性管理器。

02 在"折弯参数"选项组中选择"固定的面或边线"⬚，并设定折弯半径。

03 在"折弯系数"选项组中选择"折弯系数表""K 因子""折弯系数""折弯扣除"或"折弯计算"选项。如果选择"K 因子"或"折弯系数"，还需要输入一个数值。

04 如果释放槽切除被自动添加，需要勾选"自动切释放槽"复选框，然后选择释放槽切除的类型。如果选择"矩形"或"矩圆形"选项，那么必须指定释放槽比例。

05 如有必要，在"切口参数"选项组中选择要切口的边线，如果想反转切口的方向，单击"改变方向"按钮；如果想设定一缝隙距离，取消勾选"默认缝隙"复选框，然后在"切口缝隙"微调框中输入数值。

06 单击"确定"按钮✔，折弯被添加，零件被转换成钣金。

3. 编辑零件的所有折弯

钣金特征包含默认的折弯参数，在 SOLIDWORKS 中，编辑整个零件的折弯参数也就是编辑默认值。如果要编辑零件的所有折弯，其操作步骤如下。

01 在特征管理器中右击钣金特征，在弹出的快捷菜单中选择"编辑定义"命令。

02 在"钣金"属性管理器中改变默认折弯半径，选择不同的边线或面来改变固定边线或面，设置折弯系数和自动切释放槽等。

03 单击"确定"按钮✔，重建模型零件，完成对零件所有折弯的编辑。

6.4.2 切口特征

切口特征是沿所选模型边线生成的。可以采用以下方法生成切口特征。

- 沿所选内部或外部模型边线生成切口特征。
- 从线性草图实体生成切口特征。
- 通过组合模型边线合成单一线性草图实体生成切口特征。

切口特征虽然通常用在钣金零件中，但可将切口特征添加到任何零件。生成切口特征的操作步骤如下。

01 生成一个具有相邻平面且厚度一致的零件，这些相邻平面形成一条或多条线性边线或一组连续的线性边线。

02 在平面上分别通过两顶点绘制两条直线，如图 6-44 所示。

03 单击"钣金"控制面板上的"切口"按钮📦，打开图 6-45 所示的"切口"属性管理器。

图 6-44 零件及草图实体　　　　　　图 6-45 "切口"属性管理器

04 在"切口参数"选项组中选择内部或外部边线，并选择线性草图实体，如图 6-46 所示。

05 若只在一个方向插入一个切口，单击在"要切口的边线"下列举的边线名称，然后单击"改变方向"按钮即可。

说明： 根据系统默认设置，将会在两个方向插入切口。在每次单击"改变方向"按钮时，切口方向都先切换到一个方向，接着是另一方向，然后返回到两个方向。

06 如果要更改缝隙距离，设置"切口缝隙"🔧数值。

07 单击"确定"按钮 ✔ ，生成切口特征，如图 6-47 所示。

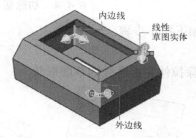

内边线
线性
草图实体
外边线

图 6-46 选择边线及草图实体

图 6-47 生成的切口特征

6.4.3 展开与折叠

6.4.3 展开与折叠

使用展开与折叠工具可在钣金零件中展开和折叠一个、多个或所有折弯。如果要在具有折弯的零件上添加特征，如钻孔、挖槽或折弯的释放槽等，必须将零件展开或折叠。

1. 利用展开特征展开钣金

使用展开特征可在钣金零件中展开一个、多个或所有折弯，具体操作步骤如下。

01 在钣金零件中单击"钣金"控制面板上的"展开"按钮 🗊 ，出现图 6-48 所示的"展开"属性管理器。

02 选择一个不因特征而移动的面作为固定面 🗊 ，选择一个或多个折弯作为要展开的折弯 🗊 ，或单击"收集所有折弯"按钮来选择零件中所有合适的折弯。

03 单击"确定"按钮 ✔ ，即可展开选定的折弯，如图 6-49 所示。

2. 利用折叠特征折叠钣金

使用折叠特征可在钣金零件中折叠一个、多个或所有折弯。此特征在沿折弯添加切除时很有用。具体操作步骤如下。

01 在钣金零件中单击"钣金"控制面板上的"折叠"按钮 🗊 ，出现图 6-50 所示的"折叠"属性管理器。

图 6-48 "展开"属性管理器

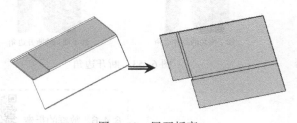

图 6-49 展开折弯

图 6-50 "折叠"属性管理器

02 选择一个不因特征而移动的面作为固定面 🗊 ，选择一个或多个折弯作为要折叠的折弯 🗊 ，或单击"收集所有折弯"按钮来选择零件中所有合适的折弯。

03 单击"确定"按钮 ✔ ，即可折叠选定的折弯。

6.4.4　切除钣金折弯

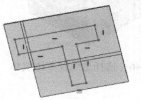
6.4.4　切除钣金折弯

如果要在钣金折弯处生成切除特征，可采用如下操作步骤。

01 在现有的钣金零件上展开钣金。

02 在零件的平坦面打开一张草图，并绘制切除拉伸到折弯线的草图形状。

03 单击"特征"控制面板上的"拉伸切除"按钮 。

04 在打开的属性管理器的"终止条件"选项组中选择"完全贯穿"选项，并单击"确定"按钮 。

05 将零件恢复到折叠的状态，即完成钣金折弯的切除操作，如图 6-51 所示。

图 6-51　钣金折弯的切除

6.4.5　断开边角

6.4.5　断开边角

断开边角工具可以从钣金零件的边线或面切除材料。当钣金零件被折叠或展开时，可使用断开边角工具；如果在钣金零件处于展开模式时使用该工具，SOLIDWORKS 在零件被折叠时会压缩断开边角。

在钣金零件上生成断开边角的操作步骤如下。

01 生成钣金零件。

02 单击"钣金"控制面板上的"断开边角/边角剪裁"按钮 ，出现图 6-52 所示的"断开边角"属性管理器。

03 在图形区域选择需要断开的边角边线或法兰面，此时会在图形区域显示断开边角的预览。

04 选择断开类型为"倒角" 或"圆角" ，再设定"距离" 的数值。

05 单击"确定"按钮 ，所选的边角便被断开，如图 6-53 所示。

图 6-52　"断开边角"属性管理器

加了倒角的断开边角

加了圆角的断开边角

图 6-53　断开边角

6.4.6　放样的折弯

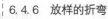
6.4.6　放样的折弯

在钣金零件中可以生成放样的折弯。放样的折弯同放样特征一样，使用由放样连接的两个草图。另外，基体法兰特征不能与放样的折弯特征一起使用，且放样的折弯不能被镜像。

生成放样的折弯的操作步骤如下。

01 生成两个单独的开环轮廓草图。

注意：两个草图必须符合如下准则：草图必须为开环轮廓；轮廓开口应同向对齐，使平板型式更精确；草图不能有尖锐边线。

02 单击"钣金"控制面板上的"放样折弯"按钮 ，出现"放样的折弯"属性管理器。

03 在图形区域选择两个草图，确认选择想要放样路径经过的点，查看路径预览。

04 如有必要，单击"上移"按钮 或"下移"按钮 调整轮廓的顺序；或重新选择草图，将不同的点连接在轮廓上。

05 为钣金零件设定厚度。如有必要，可单击"反向"按钮 。

06 单击"确定"按钮 ，生成放样的折弯，如图 6-54 所示。

图 6-54　放样的折弯

6.5　钣金实例

本节将详细介绍如何建立一个图 6-55 所示的钣金零件，其展开图如图 6-56 所示。其操作步骤如下。

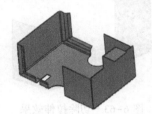
图 6-55　要绘制的钣金零件

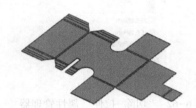
图 6-56　钣金零件展开图

01 启动 SOLIDWORKS，单击"标准"工具栏中的"新建"按钮 ，进入零件设计状态。在特征管理器中选择"前视基准面"。

02 单击"草图"控制面板上的"草图绘制"按钮 ，进入草图绘制界面，绘制图 6-57 所示的直线。标注图中各尺寸，尺寸数值如图 6-58 所示。

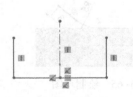
图 6-57　绘制草图

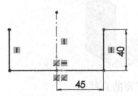
图 6-58　标注尺寸

图 6-59　"基体法兰"属性管理器

03 单击"钣金"控制面板上的"基体法兰/薄片"按钮 ，在出现的"基体法兰"属性管理器中按图 6-59 所示设置各参数，单击"确定"按钮 ，即可得到图 6-60 所示的效果。

04 选择钣金零件的底面作为参考面，单击"草图"控制面板上的"圆"按钮⊙，绘制图 6-61 所示的二维草图，设置圆的半径为 10。

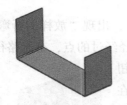

图 6-60　基体法兰效果　　　　　　　　　图 6-61　绘制二维草图

05 单击"特征"控制面板上的"拉伸切除"按钮▣，在弹出的"切除-拉伸"属性管理器中设置"方向 1"选项组中的↗为"完全贯穿"，如图 6-62 所示。单击"确定"按钮✓，即可得到图 6-63 所示的效果。

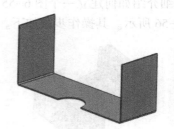

图 6-62　"切除-拉伸"属性管理器　　　　　图 6-63　切除拉伸效果

06 单击"钣金"控制面板上的"斜接法兰"按钮▣，选择内竖直边线，以生成与所选边线垂直的草图基准面，其新生成的原点位于边线的最近端点处，如图 6-64 所示。

07 单击"草图"控制面板上的"草图绘制"按钮▢，进入草图绘制界面，利用相关的草图绘制命令从原点开始绘制草图，并标注尺寸，效果如图 6-65 所示。

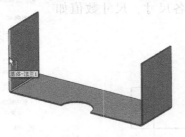

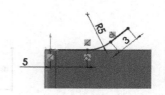

图 6-64　绘制折弯需要的直线　　　　　　　图 6-65　绘制草图

08 退出草图，此时生成的钣金零件预览效果如图 6-66 所示。单击零件图中的"延伸"按钮↳，即可得到图 6-67 所示的钣金预览效果。

09 设置"斜接法兰"属性管理器中的各参数，如图 6-68 所示。单击"确定"按钮✓，即可得到图 6-69 所示的钣金效果。

图 6-66　零件预览效果

图 6-67　钣金预览效果

图 6-68　"斜接法兰"属性管理器

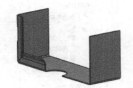

图 6-69　钣金折弯效果

10 单击"特征"控制面板上的"镜像"按钮 ⊪⊡，在弹出的"镜像"属性管理器中设置各参数，如图 6-70 所示。单击"确定"按钮 ✓，即可得到图 6-71 所示的效果。

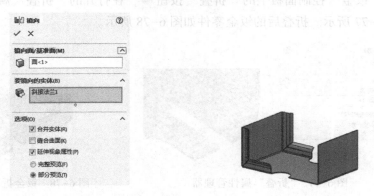

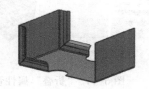

图 6-70　"镜像"属性管理器

图 6-71　钣金镜像效果

11 单击"钣金"控制面板上的"展开"按钮 ，在打开的"展开"属性管理器中设置各参数，如图 6-72 所示（固定面为底面，要展开的折弯为底面上的折弯），展开后的钣金零件效果如图 6-73 所示。

12 选择钣金零件的底面作为参考面，单击"草图"控制面板上的"边角矩形"按钮 ，绘制图 6-74 所示的二维草图。

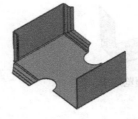

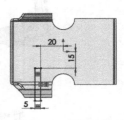

图 6-72 "展开"属性管理器 图 6-73 钣金折弯展开效果 图 6-74 草图效果

13 单击"钣金"控制面板上的"拉伸切除"按钮 ⬛，弹出图 6-75 所示的"切除-拉伸"属性管理器，设置"方向 1"选项组中的 ⬛ 为"完全贯穿"。单击"确定"按钮 ✓，即可得到图 6-76 所示的效果。

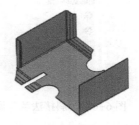

图 6-75 "切除-拉伸"属性管理器 图 6-76 拉伸切除效果

14 单击"钣金"控制面板上的"折叠"按钮 ⬛，在打开的"折叠"属性管理器中设置各参数，如图 6-77 所示。折叠后的钣金零件如图 6-78 所示。

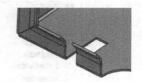

图 6-77 "折叠"属性管理器 图 6-78 钣金折弯折叠效果

15 单击"钣金"控制面板上的"边线-法兰"按钮 ⬛，选择外边线，如图 6-79 所示，在弹出的"边线-法兰"属性管理器中设置各参数，如图 6-80 所示。同时生成的预览效果如图 6-81 所示，单击"确定"按钮 ✓。

16 在特征管理器中的"边线-法兰"处右击，弹出图 6-82 所示的快捷菜单，选择"编辑草图"命令，按图 6-83 所示编辑草图。单击"确定"按钮 ✓ 后即可得到图 6-84 所示的效果。

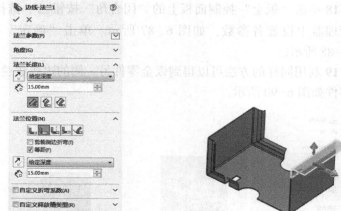

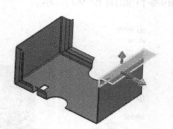

图 6-79　选择外边线　　图 6-80　"边线-法兰" 属性管理器（一）　图 6-81　边线-法兰预览效果（一）

17 单击 "钣金" 控制面板上的 "边线法兰" 按钮，选择外边线，在弹出的 "边线-法兰" 属性管理器中设置各参数如图 6-85 所示。同时生成的预览效果如图 6-86 所示，单击 "确定" 按钮。

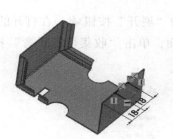
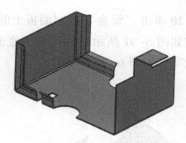

图 6-82　右键快捷菜单　　　　图 6-83　编辑草图　　　　图 6-84　修改后的钣金效果

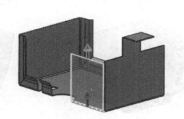

图 6-85　"边线-法兰" 属性管理器（二）　　　图 6-86　边线-法兰预览效果（二）

18 单击"钣金"控制面板上的"闭合角"按钮 ⚏，选择外边线，在弹出的"闭合角"属性管理器中设置各参数，如图 6-87 所示。单击"确定"按钮 ✔，生成闭合角后的效果如图 6-88 所示。

19 利用同样的方法可以得到钣金零件另一侧的边线法兰效果，如图 6-89 所示。最终生成的零件如图 6-90 所示。

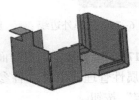

图 6-87 "闭合角"属性管理器　　　　　图 6-88 闭合角效果　　　图 6-89 边线-法兰效果

20 单击"钣金"控制面板上的"展开"按钮 ⚏，在打开的"展开"属性管理器中设置各参数如图 6-91 所示（固定面为底面，单击"收集所有折弯"按钮选择所有折弯）。展开后的钣金零件如图 6-92 所示。

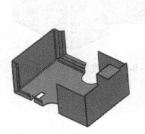

图 6-90 最终钣金零件效果　　　图 6-91 "展开"属性管理器　　　图 6-92 钣金零件展开效果

6.6 上机操作

1）生成图 6-93 所示的六角盒，创建过程如图 6-94~图 6-99 所示。

图 6-93 六角盒　　　　　图 6-94 生成拉伸实体　　　　　图 6-95 进行抽壳

图 6-96　生成切口

图 6-97　插入折弯

图 6-98　生成褶边特征

2）生成图 6-100 所示的仪表面板，创建过程如图 6-101～图 6-106 所示。

图 6-99　展开钣金件

图 6-100　仪表面板

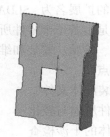
图 6-101　生成拉伸实体特征

图 6-102　使用异型孔向导生成侧面孔

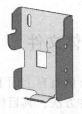
图 6-103　生成另一侧的拉伸实体

图 6-104　通过插入折弯
生成钣金特征

图 6-105　生成一侧的
边线法兰特征

图 6-106　展开钣金零件

6.7　复习思考题

1）在 SOLIDWORKS 中设计钣金零件的方式有哪些？

2）带圆柱面的零件遵循哪些准则才可以由钣金构成？

3）添加薄壁到钣金零件中应注意什么？

4）生成切口特征的方法有哪些？

5）放样的折弯和放样有哪些异同？

第7章 装配体的应用

装配体是由许多零部件组合生成的复杂体。装配体的零部件可以包括独立的零件和其他装配体（称为子装配体）。对于大多数操作，两种零部件的行为方式是相同的。零部件被链接到装配体文件的扩展名为 .SLDASM。

装配体是由若干个零件所组成的部件，表达的是部件（或机器）的工作原理和装配关系，设计、装配、检验、安装和维修的过程都是非常重要的。

学习要点
- 建立装配体文件
- 零部件压缩与轻化
- 装配体的干涉检查
- 装配体爆炸视图
- 动态显示爆炸

7.1 建立装配体文件

装配体的设计方法有自上而下设计法和自下而上设计法两种，也可以将两种方法结合起来使用。无论采用哪种方法，其目标都是配合这些零部件以生成装配体或子装配体。

1. 自下而上设计法

自下而上设计法是比较传统的方法。在自下而上的设计中，先生成零件并将之插入装配体，然后根据设计要求配合零件。当使用以前生成的不在线的零件时，自下而上的设计方案是首选。

自下而上设计法的另一个优点是因为零部件是独立设计的，与自上而下设计法相比，它们的相互关系及重建行为更为简单。使用自下而上设计法可以专注于单个零件的设计工作，当不需要建立控制零件大小和尺寸的参考关系时（相对于其他零件），此方法较为适用。

2. 自上而下设计法

自上而下设计法从装配体中开始设计工作，这是与自下而上设计法的不同之处：用一个零件的几何体来帮助定义另一个零件，或生成组装零件后才添加加工特征；将布局草图作为设计的开端，定义固定的零件位置、基准面等，然后参考这些定义来设计零件。

例如将一个零件插入装配体中，然后根据此零件生成一个夹具。使用自上而下设计法在关联中生成夹具，可参考模型的几何体，通过与原零件建立几何关系来控制夹具的尺寸。如果改变了零件的尺寸，夹具会自动更新。

7.1.1 创建装配体

在 SOLIDWORKS 中，可以采用如下方法新建装配体文件。

01 单击"标准"工具栏中的"新建"按钮 ，出现

图 7-1 所示的"新建 SOLIDWORKS 文件"对话框。

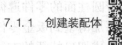

7.1.1 创建装配体

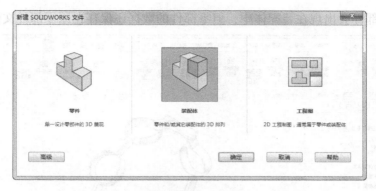

图 7-1 "新建 SOLIDWORKS 文件"对话框

02 在"新建 SOLIDWORKS 文件"对话框中单击"装配体"按钮 📦，再单击"确定"按钮即可进入装配体制作界面，如图 7-2 所示。

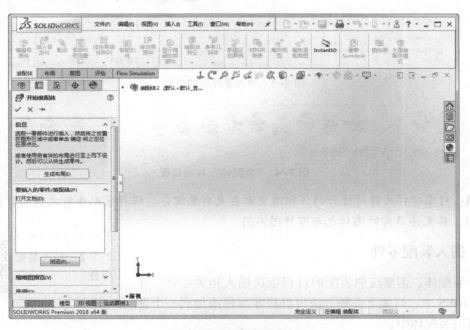

图 7-2 装配体制作界面

03 单击"开始装配体"属性管理器中"要插入的零件/装配体"选项组下的"浏览"按钮，出现"打开"对话框，具体操作可以参考 7.1.2 节内容。

04 选择一个零件作为装配体的基准零件，单击"打开"按钮，然后在窗口中合适的位置单击空白界面以放置零件。此后调整视图为"等轴测"，即可得到图 7-3 所示导入零件后的界面。

说明：另外，在编辑零件状态下单击"标准"工具栏中的"从零件/装配体制作装配体"按钮 📦，也可以进入装配体制作界面。装配体制作界面与零件的制作界面基本相同，特征管理器中会出现一个配合组，在控制面板中会出现图 7-4 所示的"装配体"控制面板，对"装配体"控制面板的操作与前边介绍的控制面板操作基本相同。

05 将一个零部件（单个零件或子装配体）放入装配体时，这个零部件文件会与装配体文件链接。此时零部件会出现在装配体中，但零部件的数据还保存在原零部件文件中。

图 7-3　导入零件后的界面

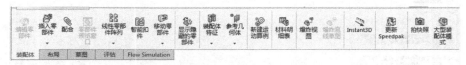

图 7-4　"装配体"控制面板

说明：对零部件文件所进行的任何改变都会更新装配体。保存装配体时文件的扩展名为 *.SLDASM，其文件名前的图标也与零件图不同。

7.1.2　插入装配零件

7.1.2　插入装配零件

制作装配体，需要按照装配的过程依次插入相关零件。在 SOLIDWORKS 中，有如下多种方法可以将零部件添加到一个新的或现有的装配体中。

- 使用"插入零部件"属性管理器。
- 从任何窗格中的文件探索器拖动。
- 从一个打开的文件窗口中拖动。
- 从资源管理器中拖动。
- 从 Internet Explorer 中拖动超文本链接。
- 在装配体中拖动以增加现有零部件的实例。
- 从任何窗格中的设计库中拖动。
- 使用"插入""智能扣件"命令可以添加螺栓、螺钉、螺母、销钉以及垫圈。

1. 使用"插入零部件"属性管理器添加零部件

01 导入一个装配体中的固定件，单击"装配体"控制面板上的"插入零部件"按钮 📄，出现图 7-5 所示的"插入零部件"属性管理器。

02 在"插入零部件"属性管理器中单击"浏览"按钮，出现"打开"对话框。在该对话框中选择要插入的零件（这里选择的是上滑轮轴），在对话框右上方可以预览零件，如图7-6所示。

图7-5 "插入零部件"属性管理器　　　　　图7-6 "打开"对话框

03 打开零件后，鼠标指针旁会出现一个零件图标。一般固定件放置在原点，在原点处单击即可插入该零件，如图7-7所示。此时特征管理器中该零件的前面会自动加有"（固定）"标识，如图7-8所示，表明其已定位。

04 按照装配的过程，用同样的方法导入其他零件（这里选择零件滑轮），其他零件可放置在任意点，如图7-9所示。

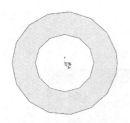

图7-7 放置零件　　　图7-8 特征管理器　　　图7-9 插入滑轮

05 此时单击"装配体"控制面板上的"移动零部件"按钮 和"旋转零部件"按钮 可以移动新插入的零件，以便放置到合适的位置。

06 对于滑轮零件，可以按照7.1.4节中的介绍进行装配。

提示：此处的"移动零部件"按钮 和"旋转零部件"按钮 只对其他零件（如此处的滑轮）起作用，对固定零件（此处的滑轮轴）不起作用，因为固定零件（滑轮）在导入时已经被固定到原点，而其他零件（滑轮轴）尚未定位。

注意："编辑"工具栏中的"移动"和"旋转"按钮对固定零件和其他零件都起作用，它们将随着原点一起移动或旋转。

2. 从资源管理器拖放来添加零部件

01 打开一个装配体。

02 打开 Windows 操作系统下的"资源管理器"，使它显示在最上层而不被任何窗口所遮挡，浏览包含所需零部件的文件夹。

03 找到有关零件所在的目录，从"资源管理器"窗口中拖动文件图标到 SOLIDWORKS 显示窗口中的任意位置。

04 出现零部件预览。

05 将其放置在装配体制作窗口的图形区域。

06 如果零部件具有多种配置，就会出现"选择配置"对话框，选择需要插入的配置后单击"确定"按钮。

07 用同样的方法可以导入其他零件，在装配图中的所有零件上都会显示各自的原点。

08 如果想要隐藏原点，可以通过选择菜单栏中的"视图"→"隐藏/显示"→"原点"命令实现。

7.1.3 删除装配零件

7.1.3 删除装配零件

如果想要从装配体中删除零部件，可以按如下步骤进行操作。

01 在图形区域或设计树中单击零部件。

02 按〈Delete〉键，或选择菜单栏中的"编辑"→"删除"命令，或在图 7-10 所示的右键快捷菜单中选择"删除"命令，出现图 7-11 所示的"确认删除"对话框。

图 7-10　右键快捷菜单

图 7-11　"确认删除"对话框

03 单击对话框中的"是"按钮以确认删除，此零部件及其所有相关项目（配合、零部件阵列、爆炸步骤等）都会被删除。

7.1.4 进行零件装配

7.1.4 进行零件装配

1. "配合"属性管理器选项说明

进行零件装配时，单击"装配体"控制面板上的"配合"

按钮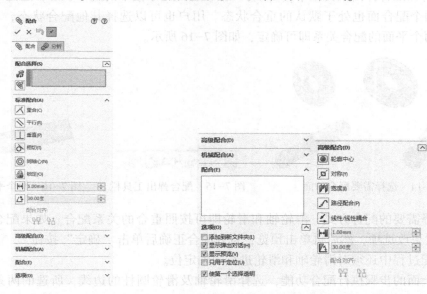，会出现图 7-12 所示的"配合"属性管理器，其中各选项的含义如下所述。

（1）"配合选择"选项组

选择想要配合在一起的面、边线、基准面等，被选择的选项会出现在其后的选项面板中。使用时可以参阅以下所列举的配合类型之一。

（2）"标准配合"选项组

"标准配合"选项组中有"重合""平行""垂直""相切""同轴心""锁空""距离""角度"等选项。所有配合类型会始终显示在属性管理器中，但只有适用于当前选择的配合时才可用。使用时可以根据需要切换"配合对齐"方式。

（3）"高级配合"选项组

"高级配合"选项组如图 7-13 所示，有"对称""线性/线性耦合""宽度""路径配合""轮廓中心"5 种配合选项。用户可以根据需要切换"配合对齐"方式。

图 7-12　"配合"属性管理器　　　　　　图 7-13　"高级配合"选项组

（4）"配合"选项组

"配合"选项组包含属性管理器打开时添加的所有配合，或正在编辑的所有配合。当"配合"选项组中有多个配合时，可以选择其中一个进行编辑。

注意：若要同时编辑多个配合，可先在 FeatureManager 中选择多个配合，然后右击并选择"编辑特征"命令，所有配合即会出现在"配合"框中。

（5）"选项"选项组

- 添加到新文件夹：勾选该复选框后，新的配合会出现在特征管理器中的配合组文件夹中；取消勾选后，新的配合会出现在配合组中。
- 显示弹出对话：勾选该复选框后，当添加标准配合时会出现"配合弹出"工具栏；取消勾选后，需要在属性管理器中添加标准配合。
- 显示预览：勾选该复选框后，为有效配合选择了足够对象后会出现配合预览。
- 只用于定位：勾选该复选框后，零部件会移至配合指定的位置，但不会将配合添加到特征管理器中。

"配合"属性管理器中，配合组会出现在配合框中，以便编辑和放置零部件，但当关闭"配合"属性管理器时，不会有任何内容出现在特征管理器中。

说明：勾选"只用于定位"复选框，可以避免在添加很多配合后，又在属性管理器中删除这些配合。

2. 装配过程

为了给读者一个直观的参考，装配的具体过程简单介绍如下。

01 通过移动和旋转操作将要装配的滑轮找到与固定滑轮轴配合的面。单击"装配体"控制面板上的"配合"按钮◎，出现"配合"属性管理器。

02 选择滑轮轴上折边圆孔的内侧面和滑轮的外侧面，如图7-14所示，所选滑轮轴和滑轮的面都会列在所选项目框中，同时会出现图7-15所示的配合弹出工具栏。

03 此时在配合弹出工具栏中，"重合"按钮已经处于按下的选择状态，这是系统默认的状态，并且两个配合面也处于默认的重合状态。用户也可以选择其他配合状态，单击"确定"按钮✓，两个平面的配合关系即可确定，如图7-16所示。

图7-14 选择需要配合的面

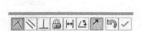
图7-15 配合弹出工具栏

图7-16 两个平面重合配合

04 选择需要的配合方式，滑轮轴和滑轮即可按照重合的关系配合。如果配合不正确，可以根据需要更改选项，然后再单击预览，直到配合正确后单击"确定"按钮。

05 装配过程中还须对滑轮轴和滑轮进行同轴定位。

06 按上面的步骤执行配合功能，选择滑轮轴及滑轮圆柱的边线，所选的两条边线名称都会列在所选项目框中。

07 此时"同轴心"按钮◎已经处于按下状态，这也是系统默认的状态。勾选"预览"复选框，滑轮轴和滑轮即可达到同轴配合，滑轮的位置也发生了改变，装配体如图7-17所示。

08 如果配合正确，单击"确定"按钮✓，此时的装配体如图7-18所示。

图7-17 两条边线同轴配合

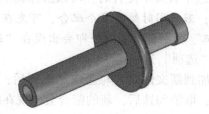
图7-18 装配体效果

09 此时可以利用"移动零件"按钮🔁和"旋转零件"按钮🔄来移动或旋转滑轮，滑轮可以与滑轮轴同轴且有一面重合的条件下发生一个自由度的旋转。

10 如果想要删除某种配合，只要在其中右击其名称，在弹出的快捷菜单中选择"删除"

命令，或按〈Delete〉键即可。

11 用同样的方法可以按照装配顺序依次装入其他零件，得到最终的装配效果。这样就完成了一个装配体的装配过程。

7.1.5　常用的配合方法

7.1.5　常用的配合方法

下面介绍建立装配体文件时常用的几种配合方法，这些配合方法都会出现在"配合"属性管理器中。

- 重合人：该配合会将所选择的面、边线及基准面（它们之间相互组合或与单一项组合）重合在一条无限长的直线上；或将两个点重合，定位两个顶点使它们彼此接触。
  注意：两个圆锥之间的配合必须使用同样半角的圆锥。
- 平行≤：所选的项目会保持相同的方向，并且互相保持相同的距离。
- 垂直⊥：该配合会将所选项目以 90°相互垂直配合，如两个所选的面垂直配合。
- 相切▷：所选的项目会保持相切（至少有一个选项必须为圆柱面、圆锥面或球面），例如滑轮轴的圆柱面和滑轮的平面相切配合，如图 7-19 所示。
- 同轴心◎：该配合将所选的项目位于同一中心点上。
- 距离⊢：所选的项目之间保持指定的距离。单击此按钮，可利用输入的数据确定配合件的距离。图 7-20 所示为设置不同距离值后的配合效果。

图 7-19　相切配合效果　　　　图 7-20　设置不同的距离值效果

注意：在这里，直线也可指轴。配合时必须在"配合"属性管理器的"距离"框中输入距离值。默认值为所选实体之间的当前距离。

- 角度⟋：该配合会将所选项目以指定的角度配合。单击此按钮，可输入一定的角度以便确定配合的角度。

注意：圆柱指的是圆柱的轴。拉伸指的是拉伸实体或曲面特征的单一面。不可使用拔模拉伸。必须在"配合"属性管理器的角度框中输入角度值。默认值为所选实体之间的当前角度。

7.2　零部件压缩与轻化

对于零件数目较多或零件复杂的装配体，根据某段时间内的工作范围，用户可以指定合适的零部件压缩状态，这样可以减少工作时装入和计算的数据量，装配体的显示和重建会更快，用户也可以更有效地使用系统资源。

7.2.1　压缩状态

7.2.1　压缩状态

对于装配体零件，有如下所述 3 种压缩状态。

1. 还原

还原（或解除压缩）是装配体零部件的正常状态。当零件完全还原时，零件的所有模型数据将被装入内存，可以使用所有功能，并可以完全访问和使用它的所有模型数据，如选取、参考、编辑，在配合中使用它的实体。

2. 压缩

使用压缩状态可以暂时将零部件从装配体中移除（不是删除）。它不被装入内存，不再是装配体中所有功能的部分，无法看到压缩的零部件，也无法选取其实体。

一个压缩的零部件将从内存中移除，所以装入速度、重建模型速度和显示性能均有提高。由于减少了复杂程度，其余的零部件计算速度会更快。

不过，压缩零部件包含的配合关系也被压缩，因此，装配体中零部件的位置可能变为欠定义，参考压缩零部件的关联特征也可能受到影响。

3. 轻化

当零件为轻化状态时，只有部分零件模型数据装入内存，其余的模型数据根据需要装入。使用轻化的零件，可以明显提高大型装配体的性能。

使用轻化的零件装入装配体比使用完全还原的零件装入同一装配体速度要快。因为计算的数据较少，包含轻化零件的装配体的重建速度更快。轻化零件上的配合关系将被解除，只可以编辑现有的配合关系。

7.2.2 改变压缩状态

7.2.2 改变压缩状态

1. 方法 1

如果要改变零部件的压缩状态，可以采用如下步骤进行操作。

01 在设计树中或图形区域右击所需的零部件，在弹出的快捷菜单中选择"零部件属性"命令。

02 若要同时改变多个零部件，可在选择零部件时按住〈Ctrl〉键，然后右击并选择"零部件属性"命令。

03 打开图 7-21 所示的"零部件属性"对话框，在"零部件属性"对话框的"压缩状态"选项组中选择所需的状态，这里选择"压缩"。

04 单击"确定"按钮，即可将零件压缩。被压缩的零件不再显示，同时其名字前面的图标呈灰色，如图 7-22 所示。

2. 方法 2

另外，还可以采用如下方法压缩零部件。

01 单击零部件，然后单击"装配体"工具栏中的"改变压缩状态"按钮。此方法可只改变激活配置的压缩状态。

02 选择菜单栏中的"编辑"→"压缩"（或"解除压缩"）→"此配置"（"所有配置""指定的配置"）命令压缩零部件。

7.2.3 轻化状态

7.2.3 轻化状态

在装配体中激活的零部件完全还原或轻化时可以装入装配体。零件和子装配体都可以轻化。当零部件完全还原时，其所有模型数据将装入内存。

图 7-21 "零部件属性"对话框

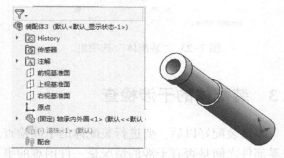

图 7-22 压缩后的零件状态

因为零部件的完整模型数据只有在需要时才装入，所以轻化零部件的效率很高。只有受当前编辑进程中所作更改影响的零部件才完全还原。

1. 激活自动轻化装入零部件

具体操作步骤如下。

01 单击"标准"工具栏中的"选项"按钮 ⚙。

02 在出现的"系统选项"对话框的"系统选项"选项卡下选择"性能"。

03 在"装配体"选项组中勾选"自动以轻化状态装入零部件"复选框，如图 7-23 所示。

2. 打开带有轻化零部件的装配体

具体操作步骤如下。

01 单击"标准"工具栏中的"打开"按钮，出现"打开"对话框。

02 在"打开"对话框中选择"轻化"模式，浏览到装配体文件后单击"打开"按钮即可。

如果选择"轻化"模式，在打开装配体时所有零部件均以轻化状态装入。在装配体特征范围中的零部件都可以轻化状态装入。

当零部件为"轻化"时，会有"羽毛"图标出现在特征管理器中的零部件图标 🪶 上，如图 7-24 所示。

3. 将一个或多个还原的零部件设定为轻化

具体操作步骤如下。

01 对于单一零部件，在右键快捷菜单中选择"设定为轻化"命令。

02 对于整个装配体，右击顶层装配体图标，然后在弹出的快捷菜单中选择"设定还原到轻化"命令。当右击子装配体时，此命令可用于子装配体及其零部件。

图 7-23　"装配体"选项组　　　　　　图 7-24　选择轻化与否的设计树对比

7.3　装配体的干涉检查

零件装配好以后，要进行装配体的干涉检查。在一个复杂的装配体中，如果想用视觉来检查零部件之间是否有干涉的情况是一件困难的事，而利用干涉检查则可以轻松实现如下功能。

- 确定零部件之间是否干涉。
- 显示干涉的真实体积为上色体积。
- 更改干涉和不干涉零部件的显示设定，以更好地看到干涉。
- 选择忽略想排除的干涉，如紧密配合、螺纹扣件的干涉等。
- 选择将实体之间的干涉包括在多实体零件内。
- 选择将子装配体看作单一零部件，这样子装配体零部件之间的干涉将不被曝出。
- 将重合干涉和标准干涉区分开。

7.3.1　配合属性

单击"装配体"工具栏中的"干涉检查"按钮 ，出现图 7-25 所示的"干涉检查"属性管理器，"干涉检查"属性管理器中各选项的含义说明如下。

1. "所选零部件"选项组

用于显示为干涉检查所选择的零部件。根据系统默认，除非预选了其他零部件，否则出现顶层装配体。当检查一装配体的干涉情况时，所有零部件都将被检查。

单击"计算"按钮，可以检查零件之间是否发生干涉。

2. "排除的零部件"复选框

勾选此复选框，激活此选项组。

- 要排除的零部件：列举选择要排除的零部件。
- 在视图中隐藏已排除的零部件：隐藏选定的零部件。
- 记住排除的零部件：保存零部件列表，使其在下次打开属性管理器时被自动选定。

图 7-25　"干涉检查"属性管理器

3. "结果"选项组

用于显示检测到的干涉。每个干涉的体积出现在每个列举项的右侧，当在结果中选择一干涉时，干涉将在图形区域以红色高亮显示。

- 忽略/解除忽略：单击为所选干涉在忽略和解除忽略模式之间转换。如果干涉设定为忽略，则会在以后的干涉计算中保持忽略。
- 零部件视图：勾选该复选框后，将按零部件名称而不按干涉号显示干涉。

4. "选项"选项组

"选项"选项组如图 7-26 所示，其中各选项的含义如下所述。

- 视重合为干涉：勾选该复选框，可将重合实体报告为干涉。
- 显示忽略的干涉：勾选该复选框，在结果清单中以灰色图标显示忽略的干涉。当此选项被消除选择时，忽略的干涉将不列举。
- 视子装配体为零部件：当取消勾选时，子装配体被看作单一零部件，这样子装配体零部件之间的干涉将不报出。
- 包括多体零件干涉：勾选该复选框，以报告多实体零件中实体之间的干涉。
- 使干涉零件透明：勾选该复选框，以透明模式显示所选干涉的零部件。
- 生成扣件文件夹：勾选该复选框，可将扣件（如螺母和螺栓）之间的干涉隔离为在结果下的单独文件夹。
- 创建匹配的装饰螺纹线文件夹：在结果下，将带有适当匹配装饰螺纹线的零部件之间的干涉隔离至命名为匹配装饰螺纹线的单独文件夹。
- 忽略隐藏实体/零部件：如果装配体包括含有隐藏实体的多实体零件，勾选该复选框，可忽略隐藏实体与其他零部件之间的干涉。

5. "非干涉零部件"选项组

"非干涉零部件"选项组如图 7-27 所示，设置以所选模式显示非干涉的零部件，包括"线架图""隐藏""透明""使用当前项"4 个选项。

图 7-26　"选项"选项组　　　　　图 7-27　"非干涉零部件"选项组

7.3.2　干涉检查

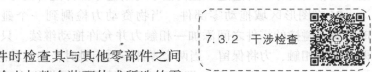

用户可以在移动或旋转零部件时检查其与其他零部件之间的冲突。SOLIDWORKS 软件可以检查与整个装配体或所选的零部件组之间的碰撞。

用户可以发现对所选的零部件的碰撞，或对由于与所选的零部件有配合关系而移动的所有零部件的碰撞。

如果要检查含有装配错误的装配体，可以采用如下步骤进行操作。

01 单击"标准"工具栏中的"新建"按钮▢，打开一个装配体文件（为了示范，可以在该装配体中含有装配错误）。

02 单击"装配体"工具栏中的"干涉检查"按钮 ，打开"干涉检查"属性管理器。

03 在所选零部件项目中系统默认窗口内的整个装配体单击"计算"按钮，进行干涉检查，在干涉信息中将列出发生干涉情况的干涉零件。

04 单击列表框中的一项，相关的干涉体便在图形区域被高亮显示，并列出相关零部件的名称。

05 单击"确定"按钮，即可完成对干涉体的干涉检查操作。

因为检查干涉对设计工作非常重要，所以每次移动或旋转一个零部件后都要进行干涉检查。

7.3.3 利用物资动力

7.3.3 利用物资动力

物资动力是碰撞检查中的一个选项，允许以现实的方式查看装配体零部件的移动。

启用物资动力后，当拖动一个零部件时，此零部件会向其接触的零部件施加一个力，进而在接触的零部件所允许的自由度范围内移动和旋转接触的零部件。当碰撞时，拖动的零部件在其允许的自由度范围内旋转或向约束的或部分约束的零部件相反的方向滑动，使拖动得以继续。

物资动力将贯穿到整个装配体。拖动的零部件可以推动一个零部件的侧面向前移动，并推动另一个零部件的侧面，以此类推。

如果想要使用物资动力移动零部件，可以采用如下步骤进行操作。

01 单击"装配体"控制面板上的"移动零部件"按钮 或"旋转零部件"按钮 。

02 在出现的属性管理器中的"选项"选项组中选择"物资动力"。

03 拖动"灵敏度"滑块来更改物资动力检查碰撞所使用的频度。将滑块移到右侧可以增加灵敏度。当设定到最高灵敏度时，软件每间歇 0.02（以模型单位）就检查一次碰撞。当设定到最低灵敏度时，检查间歇为 20。

注意：通常只将最高灵敏度设定用于很小的零部件，或用于在碰撞区域具有复杂几何体的零部件。当检查大型零部件之间的碰撞时，如使用最高灵敏度，拖动将很慢。因此，应使用所需的灵敏度设定来查看装配体中的运动。

04 如有必要，可指定参与碰撞的零部件。单击"这些零部件"按钮，为"供碰撞检查的零部件"选择零部件，然后单击"恢复拖动"按钮。

注意：在碰撞检查中，选择具体的零部件可提高物资动力的性能。可以只选择与正在测试的运动直接联系的那些零部件。

05 勾选"仅对于拖动的零件"复选框，检查只与选择移动的零部件的碰撞。取消勾选时，选择要移动的零部件遗迹。任何由于与所选零部件配合而移动的其他零部件都将检查。

06 在图形区域拖动零部件。当物资动力检测到一个碰撞时，将在碰撞的零件之间添加一相触力并允许拖动继续。只要两个零件相触，力将保留。当两个零件不再相触时，力被移除。

7.3.4 装配体的统计

07 单击"确定"按钮，即可完成所有的移动操作。

7.3.4 装配体的统计

为了报告出一个装配体文件的某些统计资料，用户可以在装配体中生成零部件和配合报告。生成装配体统计报告的步骤如下所述。

01 打开欲生成装配体统计报告的装配体，如图 7-28 所示。

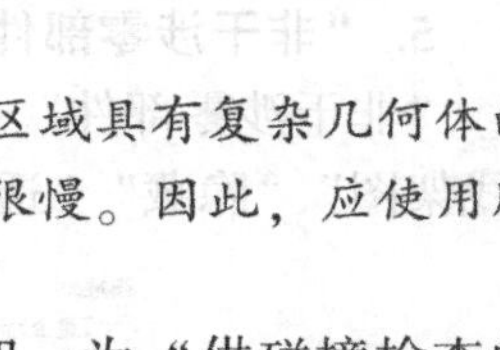

图 7-28 装配体文件

02 单击"装配体"工具栏中的"性能评估"按钮，出现图 7-29 所示的"性能评估-××"对话框。

图 7-29 "性能评估-××"对话框

03 阅读报告，包括如下项目。

- 总零部件数：零件数、不同零件、独特零件文档、子装配体、不同子装配体、独特子装配体文档、压缩零部件数、还原零部件数及轻化零部件数等。
- 顶层配合数。
- 顶层零部件数。
- 实体数。
- 装配体层次关系（巢状子装配体）之最大深度。

04 单击"确定"按钮✔，关闭此对话框。

7.4 装配体爆炸视图

7.4 装配体爆炸视图

为了便于直观地观察装配体之间零件与零件之间的关系，经常需要分离装配体中的零部件，以形象地分析它们之间的相互关系。装配体的爆炸视图可以分离其中的零部件，以便用户查看这个装配体。

装配体爆炸后，不能给装配体添加配合。一个爆炸视图包括一个或多个爆炸步骤，每一个爆炸视图保存在所生成的装配体配置中，每一个配置都可以有一个爆炸视图。

7.4.1 "爆炸"属性管理器

单击"装配体"控制面板上的"爆炸视图"按钮✑，会出现图 7-30 所示的"爆炸"属性管理器。

"爆炸"属性管理器中各选项的含义说明如下。

1. "爆炸步骤"选项组

该选项组中会显示现有的爆炸步骤，其内容有如下两项。

- 爆炸步骤<n>：爆炸到单一位置的一个或多个所选零部件。
- 链<n>：勾选"拖动后自动调整零部件间距"复选框，沿轴心爆炸的两个或多个成组的所选零部件。

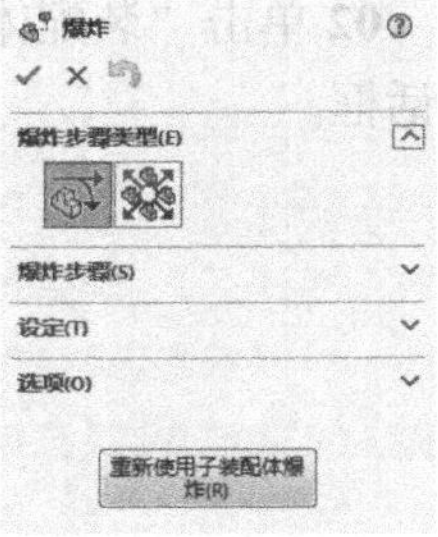

2. "设定"选项组

- "爆炸步骤的零部件" ：显示当前爆炸步骤所选的零部件。
- 爆炸方向：显示当前爆炸步骤所选的方向。如有必要，可以单击"反向"按钮 。
- "爆炸距离" ：显示当前爆炸步骤零部件移动的距离。
- 应用：单击该按钮，可以预览对爆炸步骤的更改。
- 完成：单击该按钮，可以完成新的或已更改的爆炸步骤。

图 7-30 "爆炸"
属性管理器

3. "选项"选项组

- 拖动后自动调整零部件间距：勾选该复选框，将沿轴心自动均匀地分布零部件组的间距。
- "调整零部件链之间的间距" ：调整拖动后自动调整零部件间距放置的零部件之间的距离。
- 选择子装配体的零件：勾选该复选框，可以选择子装配体的单个零部件。取消勾选，可以选择整个子装配体。

4. "重新使用子装配体爆炸"按钮

单击该按钮，表示使用先前在所选子装配体中定义的爆炸步骤。

7.4.2 添加爆炸到装配体

如果要对装配体添加爆炸，可以采用如下操作步骤。

01 打开一个要爆炸的装配体文件，单击"装配体"控制面板上的"爆炸视图" 按钮，出现"爆炸"属性管理器。

02 在图形区域或弹出的特征管理器中选择一个或多个零部件，将其包含在第一个爆炸步骤中。此时操纵杆出现在图形区域，在属性管理器中，零部件出现在设定爆炸步骤下的零部件 中。

03 将鼠标指针移到指向零部件爆炸方向的操纵杆控标上，鼠标指针变为 样式。

04 拖动操纵杆控标来爆炸零部件，爆炸步骤将出现在"爆炸步骤"列表框中。

说明：拖动操纵杆中心的黄色球体，可以将操纵杆移至其他位置。如果在特征上拖动操纵杆，则操纵杆的轴会对齐该特征。

05 完成设定后，单击"完成"按钮，属性管理器中的内容清除，并为下一爆炸步骤作准备，如图 7-31 所示。根据需要生成更多爆炸步骤，为每一个零部件或一组零部件重复这些步骤，在定义每一步骤后，单击"完成"按钮。

06 当对此爆炸视图满意时，单击"确定"按钮 ，生成爆炸图，如图 7-32 所示。

图 7-31 "爆炸步骤"列表框

图 7-32 爆炸图

204

7.4.3 爆炸视图编辑

如果对生成的爆炸图并不满意，可以对其进行修改，具体的操作步骤如下。

01 在属性管理器中的爆炸步骤下选择所要编辑的爆炸步骤，在弹出的右键快捷菜单中选择"编辑步骤"命令。

提示：此时视图中爆炸步骤要爆炸的零部件为绿色高亮显示，爆炸方向及拖动控标以绿色三角形出现。

02 在属性管理器中编辑相应的参数，或拖动绿色控标来改变距离参数，直到零部件达到所想要的位置为止。

03 改变要爆炸的零部件或要爆炸的方向，单击相对应的方框，然后选择或取消选择所要的项目。

04 清除所爆炸的零部件并重新选择，在图形区域选择该零件后右击，在快捷菜单中选择"清除选项"命令。

05 要撤销对上一个步骤的编辑，单击"撤销"按钮 即可。

06 编辑每一个步骤之后，单击"应用"按钮。

07 要删除一个爆炸视图的步骤，在操作步骤下右击，然后在弹出的快捷菜单中选择"删除"命令即可。

08 单击"确定"按钮，完成爆炸视图的修改。

7.4.4 爆炸的解除

爆炸视图保存在生成它的装配体配置中，每一个装配体配置可以有一个爆炸视图，如果要解除爆炸视图，可采用如下步骤进行操作。

01 单击 ConfigurationManager 标签。

02 单击所需配置旁边的⊞，即在爆炸视图特征旁单击以查看爆炸步骤。

03 爆炸视图，采用下面任意一种方法。

- 双击爆炸视图特征。
- 右击爆炸视图特征，然后在快捷菜单中选择"爆炸"命令。
- 右击爆炸视图特征，然后在快捷菜单中选择"动画爆炸"命令，在装配体爆炸时将显示动画控制器弹出工具栏。

04 如果想解除爆炸，可以采用下面的任意一种方法来解除爆炸状态，恢复装配体原来的状态。

- 双击爆炸视图特征。
- 用右键单击爆炸视图特征，然后在快捷菜单中选择"解除爆炸"命令。

05 用右键单击爆炸视图特征，然后在快捷菜单中选择"动画解除爆炸"命令，在装配体爆炸时将显示动画控制器弹出工具栏。

7.5 动态显示爆炸

使用 SOLIDWORKS Animator 模块可以模拟和捕获装配体的装配过程，还可以生成基于 Windows 的 avi 动画文件，并在任何基于 Windows 的计算机上播放。

7.5.1　运动算例

　　运动算例是装配体模型运动的图形模拟。用户可将诸如光源和相机透视图之类的视觉属性融合到运动算例中。运动算例并不更改装配体模型或其属性。

　　新建运动算例的方法有两种。

- 新建一个零件文件或装配体文件，在 SOLIDWORKS 工作界面左下角会出现"运动算例"标签。右击"运动算例"标签，在弹出的快捷菜单中选择"生成新运动算例"命令，如图 7-33 所示，即可自动生成新的运动算例。

| 复制算例 |
| 重新命名(R) |
| 删除(D) |
| 生成新运动算例(C) |
| 生成新设计算例 |

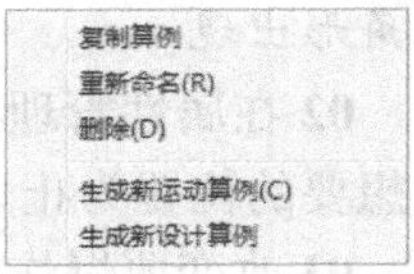

图 7-33　右键
快捷菜单

- 打开装配体文件，单击"装配体"工具栏中的"新建运动算例"按钮，即可在左下角自动生成新的运动算例。

7.5.2　动态爆炸与解除爆炸

　　打开一个已经生成爆炸视图的装配体文件，生成其动态爆炸过程的方法如下。

　　01 单击工作界面下方的"运动算例 1"标签，此时的窗口如图 7-34 所示。

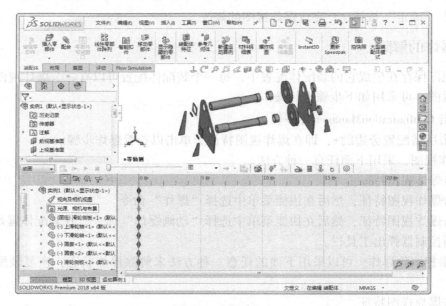

图 7-34　动画窗口

　　02 单击动画窗口左下方的"动画向导"按钮，此时会出现图 7-35 所示的"选择动画类型"对话框。

　　03 选中"爆炸"单选按钮，即可对装配体进行爆炸动画。单击"下一步"按钮，弹出图 7-36 所示的"动画控制选项"对话框。

　　04 在"时间长度"文本框内设定播放动画总时间长度，输入动画开始运动前的延迟时间，然后单击"完成"按钮，此时的动画窗口如图 7-37 所示。

　　05 单击"播放"按钮▶播放动画，这时即可在装配体视窗中看到爆炸的动态过程。

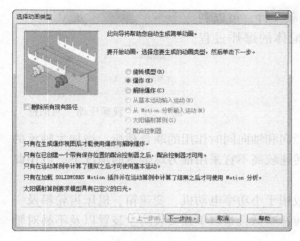

图 7-35 "选择动画类型"对话框   图 7-36 "动画控制选项"对话框

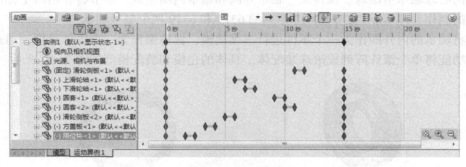

图 7-37 动画窗口

06 单击"停止"按钮■可结束播放,再单击"播放"按钮▶可继续播放动画,动画控制按钮可对动画进程进行控制,也可以单击"连续播放动画"按钮重复播放动画。

说明:动画控制按钮有"正常播放"➡、"循环播放"⟳以及"往复播放"↔ 3种。

07 在动画向导中,"动画类型"选择"解除爆炸",其他操作仍按照上面的方法,即可生成装配体解除爆炸的动画。

7.5.3 保存与播放动画文件

7.5.3 保存与播放动画文件

如果要保存动画文件,可以采用下面的操作步骤。

01 单击视图窗口中的"保存"按钮🖫,此时会弹出图 7-38 所示的"保存动画到文件"对话框。

02 将该 *.avi 文件保存到合适的目录下,也可以选择保存类型为一系列的 bmp 文件。

说明:每秒的动画片数数值越小,则产生动画的时间越短,动画文件长度越小。

03 单击"保存"按钮,会弹出图 7-39 所示的"视频压缩"对话框。

04 在"视频压缩"对话框中选择视频压缩程序,然后单击"确定"按钮,即可将动画保存。

图 7-38 "保存动画到文件"对话框

05 在 Windows 资源管理器中双击保存的视频文件，可以利用 Windows 的 MediaPlayer 媒体播放器播放装配体的爆炸过程动画。

7.6 轴承设计实例

图 7-39 "视频压缩"对话框

单列向心球轴承通常用来承受径向载荷及径向和轴向同时作用的联合载荷，当加大轴承的径向间隙时，具有向心推力球轴承的性质；在转速较高不宜采用推力球轴承的情况下，可用此类轴承承受纯轴向力。

单列向心球轴承适用于刚度较大的轴，一般用于小功率电动机、变速箱、机床齿轮箱及一般机械。带防尘盖的单列向心球轴承一般用于转速略低且难以单独安装防尘装置以及不易对轴承进行加油检查的机件中。

单列向心球轴承由滚珠、保持架、轴承外圈和轴承内圈组成。本节将介绍两个标准单列向心球轴承的制作，即 GB/T 276—2013 系列的 6315 和 6319 两个型号轴承。

这里将轴承的内外圈作为一个零件进行三维建模，保持架作为一个零件建模，通过圆周阵列零部件功能将单个滚珠阵列成滚珠装配体。具体的建模和装配模型如图 7-40 所示。

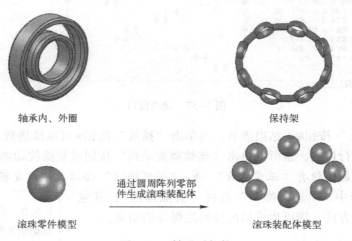

图 7-40 轴承零部件

从图 7-40 中可以看出，单列向心球轴承的建模可以通过旋转凸台/基体、旋转切除、圆周阵列特征、圆周阵列零部件等方法实现。本例中两个标准轴承的内部结构基本一致，所以本章通过特征重定义的方法建立一个零件序列，从而生成两套结构一致、尺寸不同的轴承。

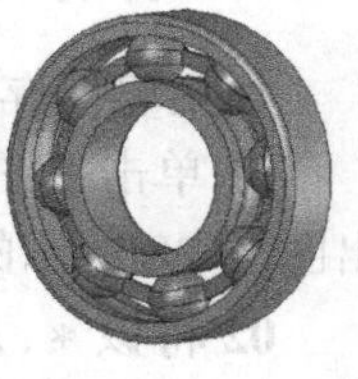

首先介绍 6315 型号单列向心球轴承的制作（装配后的效果如图 7-41 所示），然后通过特征重定义的方法生成 6319 型号轴承。

图 7-41 完成后的轴承效果图

7.6.1 轴承 6315 内外圈建模

轴承内外圈都是类圆柱体结构，可以通过旋转命令来创建，再结合一些其他辅助命令生成辅助特征。

7.6.1 轴承 6315
内外圈建模

1. 生成轴承内外圈

生成一个文件夹，命名为"轴承6315"，所有轴承6315的零部件都保存在该文件夹下。

本例将通过旋转凸台/基体特征结合圆角特征生成轴承内、外圈，具体的创建过程如下。

01 启动SOLIDWORKS 2018，单击"标准"工具栏中的"新建"按钮，在打开的"新建SOLIDWORKS文件"对话框中单击"确定"按钮。

02 在设计树中选择"前视基准面"作为草图绘制平面，再单击"草图"控制面板上的"草图绘制"按钮，新建一张草图。

03 利用草图绘制工具绘制基体旋转的草图轮廓，并标注尺寸，如图7-42所示。

注意：在图中通过坐标原点绘制一条水平中心线作为旋转特征的旋转轴，同时整个草图轮廓关于Y轴对称。

04 单击"特征"控制面板上的"旋转凸台/基体"按钮。

05 在"旋转"属性管理器中设置旋转类型为"给定深度"，在微调框中设置旋转角度为360°，如图7-43所示。因为在草图轮廓中只有一条中心线，所以在默认情况下该中心线作为旋转轴，并出现在"旋转轴"按钮右侧的旋转栏中。

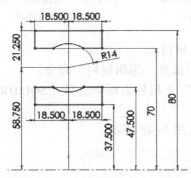

图7-42 基体旋转的草图轮廓

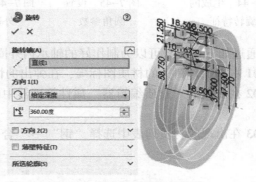

图7-43 "旋转"属性管理器

06 单击"确定"按钮，生成旋转特征，如图7-44所示。

07 选择轴承外圈的外边线，单击"特征"控制面板上的"圆角"按钮。

08 在"圆角"属性管理器中指定"圆角类型"为"恒定大小圆角"；在"圆角参数"选项组的圆角半径输入栏中输入圆角半径为3.5，其默认单位是mm，如图7-45所示。

09 单击"确定"按钮，生成圆角特征，如图7-46所示。

10 仿照步骤07~步骤09，对轴承内圈的内边线进行圆角操作，其圆角半径为3.5。生成的圆角特征如图7-47所示。

至此，整个轴承内外圈的设计建模过程完成。整个建模过程使用旋转基体的方法建立整个框架，然后通过圆角的方法对内外圈进行圆角处理。实际上也可以通过拉伸特征的方法建立整个框架结构，有兴趣的读者可以使用该方法进行建模练习。需要注意的是，在SOLIDWORKS 2003版以后的版本软件中，零件文件形式中的模型可以存在多个互不相交的实体，这个功能的改进可以说是该模型在一个零件文件中完成的基础。

2. 为轴承内外圈指定材质

SOLIDWORKS 2018中提供了内置的材质编辑器对零件或装配体进行渲染。材料编辑器还内置了新的材料数据库，使得用户能够单独为零件选择材料特性，包括颜色、质地、纹理以及物理特性。

图 7-44 生成的
旋转特征

图 7-45 设置
圆角参数

图 7-46 生成轴承外圈
外边的圆角特征

图 7-47 完成轴承内圈
内边的圆角特征

通过如下操作，可以为制作好的轴承内外圈模型指定材料。

01 右击设计树上的材质图标 🖃，在弹出的快捷菜单中选择"编辑材料"命令。

02 在出现的"材质编辑器"属性管理器中的"材料"下拉列表框中选择"SOLIDWORKS 材质"。

03 在出现的材料列表中选择"钢"→"合金钢"，如图 7-48 所示。

图 7-48 在"材质编辑器"中指定材质

04 单击"应用"按钮，为轴承内外圈指定材料为"合金钢"。

05 单击"标准"工具栏中的"保存"按钮 🖫，将零件文件保存到"轴承 6315"文件夹，文件名称为"轴承内外圈.SLDPRT"。

在指定好材质后，轴承内外圈模型的颜色、质地、纹理以及物理特性（密度、弹性模量、泊松比等）都被确定。指定材质后的轴承内外圈模型如图 7-49 所示。至此轴承内外圈制作完成，最后的效果如图 7-50 所示，从特征管理器中可以清晰地看到整个零件的建模过程。

图 7-49　合金钢轴承内外圈　　　　　　　　图 7-50　轴承 6315 内外圈的最后效果

7.6.2　轴承 6315 保持架建模

保持架用来对轴承中的滚珠进行限位，滚珠在保持架和轴承内外圈的约束下进行滚动。保持架的模型如图 7-51 所示。

整个建模过程中用到了拉伸、旋转、圆周阵列、切除-拉伸、旋转切除特征。在这里主要介绍圆周阵列特征和旋转切除特征的应用。

1. 拉伸基体

首先利用拉伸特征生成保持架基体，具体步骤如下。

01 启动 SOLIDWORKS 2018，单击"标准"工具栏中的"新建"按钮 ，在打开的"新建 SOLIDWORKS 文件"对话框中单击"确定"按钮。

02 在设计树中选择"前视基准面"作为草图绘制平面，再单击"草图"控制面板上的"草图绘制"按钮 ，新建一张草图。

03 利用"草图"绘制工具以坐标原点为圆心绘制一个直径为 160 的圆，作为拉伸特征的草图轮廓，如图 7-52 所示。

图 7-51　保持架

04 单击"特征"控制面板上的"拉伸凸台/基体"按钮 。

05 在出现的"凸台-拉伸"属性管理器中设置拉伸终止条件为"两侧对称"，拉伸深度为 3，如图 7-53 所示。生成一个以"前视"为对称面的前后各拉伸 1.5 的圆柱体，效果图如图 7-54 所示。

2. 生成球体

生成滚珠保持架中的球体的具体步骤如下。

01 在设计树中选择"上视基准面"作为草图绘制平面，单击"草图"控制面板上的"草图绘制"按钮 ，新建一张草图。

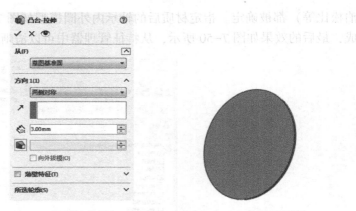

图 7-52　拉伸草图轮廓　　　　　图 7-53　指定拉伸特征属性　　　　　图 7-54　拉伸效果图

02 单击"草图"控制面板上的"中心线"按钮，鼠标指针变为样式；绘制一条竖直的中心线，并标注中心线到原点的距离为 58.75。

03 单击"草图"控制面板上的"圆"按钮，鼠标指针变为样式；绘制一个以坐标（58.75，0）为圆心、直径为 30 的圆。

04 单击"草图"控制面板上的"剪裁实体"按钮，剪裁掉中心线左侧的半圆。

05 单击"草图"控制面板上的"直线"按钮，或选择菜单栏中的"工具" → "草图绘制实体" → "直线"命令，绘制一条将半圆封闭的竖直直线，最后的旋转草图如图 7-55 所示。

06 单击"特征"控制面板上的"旋转凸台/基体"按钮。

07 在出现的"旋转"属性管理器中设置旋转参数如图 7-56 所示。由于在草图中只有一条中心线，所以被默认为旋转轴。

08 单击"确定"按钮，从而生成旋转特征，如图 7-57 所示。

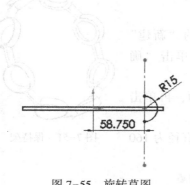

图 7-55　旋转草图　　　　　图 7-56　设置旋转参数　　　　　图 7-57　生成的球体

3. 圆周阵列球体

圆周阵列是指绕一个轴心以圆周路径生成多个子样本特征。将制作好的球体通过圆周阵列特征，可使球体以保持架基体中心轴为轴均匀地分布在基体上。

在生成圆周阵列之前，首先要生成一个中心轴。这个轴可以是基准轴或者临时轴。对于每一个圆柱和圆锥面都有一条轴线，称之为临时轴。临时轴是由模型中的圆柱和圆锥隐含生成的，在图形区域一般不可见。本例中，以圆柱基体的轴线作为圆周阵列的中心轴。圆周阵列球体的具体步骤如下。

01 选择菜单栏中的"视图"→"隐藏/显示"→"临时轴"命令，显示临时轴。从图形区域可以看到两条临时轴：一条是圆柱基体的临时轴，与坐标系中的 Z 轴重合；一条是球体的临时轴。

02 单击"特征"控制面板上的"圆周阵列"按钮 ❖。

03 在图形区域选择圆柱基体的临时轴，则该轴出现在"圆周阵列"属性管理器的阵列轴显示框中。

04 在"圆周阵列"属性管理器中选择"等间距"单选按钮，则 ⬚ 角度栏中的总角度默认为 360°，所有的阵列特征等角度均匀分布。

05 在"阵列个数" ❖ 框中设置圆周阵列的个数为 8，即单列向心球轴承中滚珠的个数为 8。

06 在图形区域的特征管理器中选择"旋转 1"特征，或者在图形区域选择球体特征，选择的特征会出现在"要阵列的特征"选项组的列表框中，如图 7-58 所示。

07 单击"确定"按钮 ✔，生成圆周阵列特征，如图 7-59 所示。

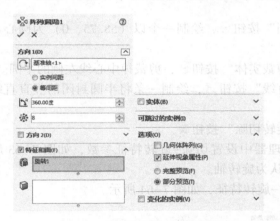

图 7-58　设置圆周阵列特征参数

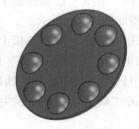

图 7-59　生成的圆周阵列特征

4. 切除基体

使用两次拉伸切除特征对保持架基体进行剪裁，具体步骤如下。

01 选择设计树中的"前视基准面"作为切除特征的草图平面。

02 单击"草图"控制面板上的"草图绘制"按钮 ⬚，在前视基准面上新建一个草图。

03 单击"草图"控制面板上的"圆"按钮 ⊙，绘制一个以原点为圆心、直径为 125 的圆。

04 绘制一个以原点为圆心、直径为 110 的圆。

05 单击"特征"控制面板上的"拉伸切除"按钮 ⬚。

06 在出现的"切除-拉伸"属性管理器中设置切除拉伸参数，如图 7-60 所示。

07 单击"确定"按钮 ✔，生成切除-拉伸特征，如图 7-61 所示。

5. 旋转切除

使用旋转切除特征对保持架上的球体进行裁剪，旋转切除出放置滚珠的位置，具体步骤如下。

01 选择设计树中的"上视基准面"作为旋转切除特征的草图平面。

02 单击"草图"控制面板上的"草图绘制"按钮 ⬚，在上视基准面上新建一草图。

图 7-60　设置切除-拉伸特征参数　　　　图 7-61　生成的切除-拉伸特征

03 单击"草图"控制面板上的"中心线"按钮⟍，绘制一条竖直的中心线，标注中心线到原点的距离为 58.75。

04 单击"草图"控制面板上的"圆"按钮⊙，绘制一个以（58.75，0）为圆心、直径为 28 的圆。

05 单击"草图"控制面板上的"剪裁实体"按钮⟱，剪裁掉中心线左侧的半圆。

06 单击"草图"控制面板上的"直线"按钮⟍，绘制一条将半圆封闭的竖直直线，最后的旋转草图如图 7-62 所示。

07 单击"特征"控制面板上的"旋转切除"按钮⟱。

08 在出现的"切除-旋转"属性管理器中设置切除-旋转特征参数，如图 7-63 所示。由于在草图中只有一条中心线，所以被默认为旋转轴。

09 单击"确定"按钮✓，生成切除-旋转特征，如图 7-64 所示。

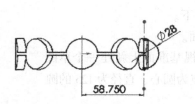

图 7-62　旋转草图轮廓　　　　图 7-63　设置切除-旋转特征参数　　　　图 7-64　生成切除-旋转特征

6. 圆周阵列"旋转-切除"特征

将"旋转-切除"特征以保持架基体中心轴为轴均匀地分布到基体上，具体步骤如下。

01 在设计树中，选取"切除-旋转"特征。

02 单击"特征"控制面板上的"圆周阵列"按钮💠。

03 在"阵列（圆周）"属性管理器中单击"阵列轴"框，然后在图形区域选择圆柱基体的临时轴作为阵列轴，如图 7-65 所示。

04 在"圆周阵列"属性管理器中选择"等间距"单选按钮，使所有的阵列特征等角度均匀分布。

05 在"阵列个数" ✱ 框中设置圆周阵列的个数为 8，即单列向心球轴承中滚珠的个数为
8。圆周阵列特征参数如图 7-65 所示。

06 单击"确定"按钮 ✔，生成圆周阵列特征，如图 7-66 所示。

图 7-65　设置圆周阵列特征参数　　　　图 7-66　生成的圆周阵列

　　至此，保持架的建模过程完成。接下来通过"材质编辑器"属性管理器为保持架赋予
"锻制不锈钢"的材质。再单击"标准"工具栏中的"保存"按钮 ✔，将零件文件保存为"保
持架.SLDPRT"。保持架最后的效果如图 7-67 所示。从特征管理器中可以清晰地看出整个零
件的建模过程。

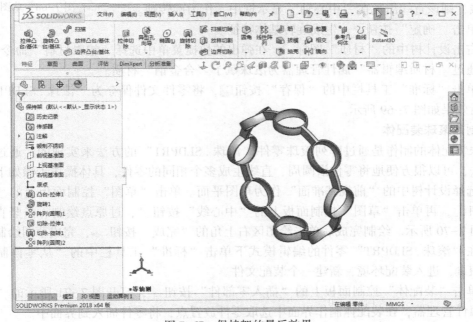

图 7-67　保持架的最后效果

7.6.3　轴承6315滚珠建模

首先通过旋转凸台/基体特征生成单个滚珠，然后将生成的单个滚珠零件插入新装配体中，通过圆周阵列装配体中的滚珠零件生成模型。

1. 制作滚珠零件

滚珠零件的制作步骤如下。

01 单击"标准"工具栏中的"新建"按钮，在打开的"新建SOLIDWORKS文件"对话框中选择"零件"模型，单击"确定"按钮新建一个零件模型。

02 在设计树中选择"前视基准面"作为草图绘制平面，再单击"草图"工具栏中的"草图绘制"按钮，新建草图。

03 单击"草图"控制面板上的"中心线"按钮，绘制一条竖直的中心线，标注中心线到原点的距离为58.75。这条中心线将作为旋转凸台/基体特征的旋转轴。

04 单击"草图"控制面板上的"中心线"按钮，再绘制一条通过原点的竖直的中心线。这条中心线将作为装配体中的阵列轴，在零件状态中没有其他的作用。

05 单击"草图"控制面板上的"圆"按钮，绘制一个以（58.75，0）为圆心、直径为28的圆。

06 单击"草图"控制面板上的"剪裁实体"按钮，剪裁掉中心线左侧的半圆。

07 单击"草图"控制面板上的"直线"按钮，绘制一条将半圆封闭的竖直直线。草图如图7-68所示。

08 单击"特征"控制面板上的"旋转凸台/基体"按钮。

09 在"旋转"属性管理器中单击作为旋转凸台/基体特征旋转轴的中心线，则该直线出现在"中心轴"显示框中，作为旋转轴。

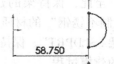

图7-68　草图轮廓

10 单击"确定"按钮，生成旋转基体特征。

11 右击设计树中的"材质"图标，在弹出的快捷菜单中选择"编辑材料"命令。

12 通过"材质编辑器"属性管理器为滚珠赋予"合金钢"材质。

13 单击"标准"工具栏中的"保存"按钮，将零件文件保存为"滚珠.SLDPRT"。滚珠的最后效果如图7-69所示。

2. 制作滚珠装配体

滚珠装配体的制作是通过阵列滚珠零件"滚珠.SLDPRT"的方法来实现的。通过阵列零件的方法，可以很方便地将零件沿圆周、直线生成多个相同的零件，具体操作步骤如下。

01 选择设计树中的"前视基准面"作为草图平面。单击"草图"控制面板上的"草图绘制"按钮，再单击"草图"控制面板上的"中心线"按钮，过原点绘制一条竖直的中心线，如图7-70所示。绘制完成后单击绘图区右上角的"完成"按钮，完成草图绘制。

02 在"滚珠.SLDPRT"零件的编辑模式下单击"标准"工具栏中的"从零件制作装配体"按钮，进入装配环境，新建一个装配文件。

03 单击"装配体"控制面板上的"插入零部件"按钮，打开图7-71所示的"插入零部件"属性管理器，在装配体制作界面中选取零件放置点，将零件插入到界面中。

04 单击"装配体"控制面板上的"圆周零部件阵列"按钮，弹出图7-72所示的"圆周阵列"属性管理器。

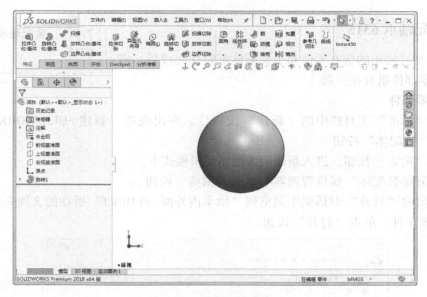

图 7-69　滚珠的最后效果

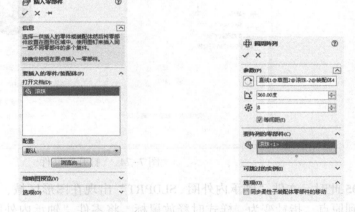

图 7-70　绘制草图　　　图 7-71　"插入零部件"属性管理器　　　图 7-72　设置圆周阵列零件参数

05 在"圆周阵列"属性管理器中单击"阵列轴"显示框，然后在图形区域选择步骤 01 中绘制的中心线作为阵列轴。

06 在"圆周阵列"属性管理器中勾选"等间距"复选框，使所有的阵列特征等角度均匀分布。

07 在"阵列个数" ❀框中设置圆周阵列的个数为 8，即滚珠的个数为 8。

08 单击"确定"按钮 ✓，生成圆周阵列特征。

09 单击"标准"工具栏中的"保存"按钮 🖫，将文件保存为"滚珠装配体 . SLDASM"。最后效果如图 7-73 所示。

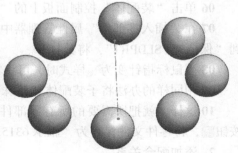

图 7-73　滚珠装配体的最后效果

7.6.4 装配轴承 6315

在 6315 型号轴承的所有零件和子装配体都制作完成后，需要把所有的零部件组合在一起。

1. 插入零部件

01 单击"标准"工具栏中的"新建"按钮，在出现的"新建 SOLIDWORKS 文件"对话框中单击"装配体"按钮。

02 单击"确定"按钮，进入新建的装配体编辑模式下。

03 在"开始装配体"属性管理器中单击"浏览"按钮。

04 在弹出的"打开"对话框中浏览到"轴承内外圈.SLDPRT"所在的文件夹，如图 7-74 所示，选择该文件，单击"打开"按钮。

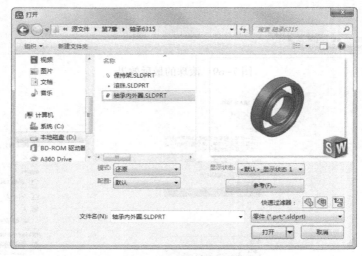

图 7-74 "打开"文件

05 此时，文件"轴承内外圈.SLDPRT"出现在图形区域，鼠标指针变为样式。拖动零部件到原点，指针变为样式时释放鼠标，将零件"轴承内外圈.SLDPRT"的原点与新装配体原点重合，并将其固定。此时的模型如图 7-75 所示，从中可以看到"轴承内外圈"被固定。

06 单击"装配体"控制面板上的"插入零部件"按钮。

07 在"插入零部件"属性管理器中单击"浏览"按钮，在出现的"打开"对话框中浏览到"保持架.SLDPRT"，将其打开。

08 当鼠标指针变为样式时，可将零件"保持架.SLDPRT"插入到装配体中的任意位置。

09 用同样的办法将子装配体"滚珠装配体.SLDASM"插入装配体中的任意位置。

10 这样，就把所需要的所有零部件插入到装配体中，单击"标准"工具栏中的"保存"按钮，将零件文件保存为"轴承6315.SLDASM"。最后的效果如图 7-76 所示。

2. 添加配合关系

在零部件放入装配体中后，用户可以移动、旋转零部件或固定其位置，大致确定零部件的位置，然后再使用配合关系精确地定位零部件。使用配合关系不但可以相对于其他零部件精确地定位零部件，还可定义零部件如何相对于其他零部件进行移动和旋转。只有添加了完整的配

218

合关系，才算完成了装配体模型。

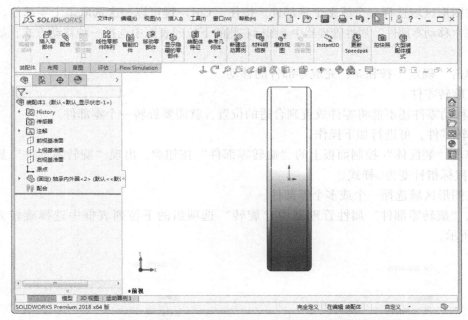

图7-75 "轴承内外圈"被插入到装配体中并被固定

图7-76 插入零部件后的装配体

通过移动和旋转零部件，可使它们处于一个比较合适的位置，为进一步添加配合关系做准备。移动零部件只适用于没有固定关系，并且没有被添加完全配合关系的零部件。

（1）移动零部件

移动零部件的具体步骤如下。

01 单击"装配体"控制面板上的"移动零部件"按钮，出现"移动零部件"属性管理器，并且鼠标指针变为✥样式。

02 在图形区域选择一个或多个零部件。按住〈Ctrl〉键可以一次选取多个零部件。

03 在"移动零部件"属性管理器中✥图标右侧的下拉列表框中选择一种移动方式，如图7-77所示。

04 单击"确定"按钮✓，完成零部件的移动。

（2）旋转零件

若只移动零件还不能将零件放置到合适的位置，就需要旋转一个零部件。

要旋转零件，可进行如下操作。

01 单击"装配体"控制面板上的"旋转零部件"按钮🔄，出现"旋转零部件"属性管理器，并且鼠标指针变为↻样式。

02 在图形区域选择一个或多个零部件。

03 从"旋转零部件"属性管理器中"旋转"选项组的下拉列表框中选择旋转方式，如图7-78所示。

图7-77 "移动零部件"属性管理器　　　　图7-78 "旋转零部件"属性管理器

04 单击"确定"按钮✓，完成旋转零部件的操作。

经过移动和旋转零部件后，可将装配体中的零件移动到合适的位置，如图7-79所示。

（3）添加配合关系

下面为轴承6315添加配合关系，具体步骤如下。

01 首先为滚珠装配体和保持架添加配合关系。单击"装配体"控制面板上的"配合"按钮🔗。

02 在图形区域选择要配合的实体——保持架的中心轴和滚珠装配体的中心轴，所选实体会出现在"配合"属性管理器中🔗图标右侧的显示框中，如图7-80所示。

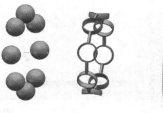

图7-79 调整零件到合适的位置

03 在"标准配合"选项组中单击"重合"按钮⚓。

04 单击"确定"按钮✓，将保持架和滚珠装配体的两个中心线和轴重合。

05 单击"装配体"控制面板上的"配合"按钮🔗，在特征管理器中选择保持架零件的"前视基准面"和滚珠装配体的"上视基准面"。

06 在"标准配合"选项组中单击"重合"按钮⚓。

07 单击"确定"按钮 ✔，为两个零部件的所选基准面赋予重合关系。

08 单击"装配体"控制面板上的"配合"按钮 🔗，在特征管理器中选择保持架零件的"右视基准面"和滚珠装配体的"前视基准面"。

09 在"标准配合"选项组中单击"重合"按钮 ⅄。

10 单击"确定"按钮 ✔，为两个零部件的所选基准面赋予重合关系。至此，保持架和滚珠装配体的装配完成，被赋予配合关系后的装配体如图 7-81 所示。

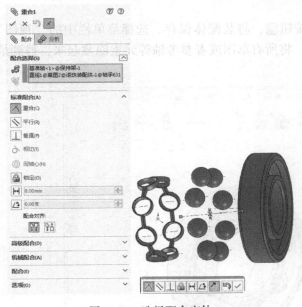

图 7-80　选择配合实体

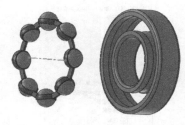

图 7-81　装配好的滚珠装配体和保持架

11 单击"装配体"控制面板上的"配合"按钮 🔗，在特征管理器中选择保持架零件的"前视基准面"和零件"轴承内外圈"的"右视基准面"。

12 在"标准配合"选项组中单击"重合"按钮 ⅄。

13 单击"确定"按钮 ✔，为两个零部件的所选基准面赋予重合关系，如图 7-82 所示。

14 单击"装配体"控制面板上的"配合"按钮 🔗，在图形区域选择零件"轴承内外圈"的中心轴和滚珠装配体的中心轴。

15 在"标准配合"选项组中单击"重合"按钮 ⅄，使零件"轴承内外圈"和保持架同轴线，如图 7-83 所示。

图 7-82　基准面重合后的效果

图 7-83　中心轴同轴后的效果

16 单击"装配体"控制面板上的"旋转零部件"按钮 🔄，若可以自由地旋转保持架，说明装配体还没有被完全定义。要固定保持架，还需要再定义一个配合关系。

17 单击"装配体"控制面板上的"配合"按钮 🔗，在特征管理器中选择保持架零件的"上视基准面"和零件"轴承内外圈"的"上视基准面"。

18 在"标准配合"选项组中单击"重合"按钮 ⅄。

19 单击"确定"按钮 ✔，为两个零部件的所选基准面赋予重合关系，从而完全定义轴承的装配关系。

20 单击"标准"工具栏中的"保存"按钮 🖫，将装配体保存。选择菜单栏中的"视图"→"隐藏/显示"→"隐藏所有类型"命令，将所有草图或者参考轴等元素隐藏起来，得到最后的装配体效果如图 7-84 所示。

图 7-84　完全定义好装配关系的装配体"轴承 6315.SLDASM"

7.6.5　用轴承 6315 生成轴承 6319

7.6.5　用轴承 6315
生成轴承 6319

装配体"轴承 6319.SLDASM"的生成可以基于装配体"轴承 6315.SLDASM"及其零件。也就是说将装配体"轴承 6315.SLDASM"中的零件通过编辑草图、特征重定义和动态修改特征的办法生成装配体"轴承 6319.SLDASM"所需要尺寸的零件，然后通过更新装配体的办法即可生成新的装配体。

首先将装配体"轴承 6315.SLDASM"及其对应的零部件文件复制到另一个文件夹（即"轴承 6319"）下。这样做的目的是避免对装配体的重新装配以及由此带来的装配错误等结果。

1. 利用"编辑草图"命令修改零件"滚珠.SLDPRT"

零件生成后，如果需要对生成特征的草图进行进一步修改，就需要使用"编辑草图"命令来完成。下面将利用该命令修改零件"滚珠.SLDPRT"，使之成为"轴承 6319"所需要的零件尺寸。

01 在文件夹"轴承 6319"下打开零件"滚珠.SLDPRT"。

02 在特征管理器中右击要编辑的草图，在弹出的快捷菜单中选择"编辑草图"命令。

03 此时草图进入到编辑状态，将草图的尺寸改变为图 7-85 所示的尺寸。

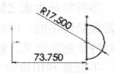

图 7-85 改变草图尺寸

04 单击图形区域右上角的"完成"按钮 ⌐↵，确认对草图的修改，零件将自动更新特征。

05 选择菜单栏中的"文件"→"另存为"命令，将新修改的零件保存为"滚珠-6319. SLDPRT"。

2. 更新"滚珠装配体 . SLDASM"

文件夹"轴承 6319"下的装配体"滚珠装配体 . SLDASM"中的零件只有"滚珠 . SLDPRT"，在该零件改变后，整个滚珠装配体也可随之更新、改变。

01 在文件夹"轴承 6319"下打开装配体"滚珠装配体 . SLDASM"。

02 右击设计树中的零件"滚珠"，在弹出的快捷菜单中选择"替换零部件"命令。

03 在出现的"替换"属性管理器中单击"浏览"按钮，如图 7-86 所示。

04 在打开的"打开"对话框中选择"滚珠-6319. SLDPRT"文件，用"滚珠-6319. SLDPRT"替换"滚珠 . SLDPRT"。

05 单击"确定" ✔ 按钮，完成零件的替换。

06 选择菜单栏中的"文件"→"另存为"命令，将新修改的装配体保存为"滚珠装配体-6319. SLDASM"。

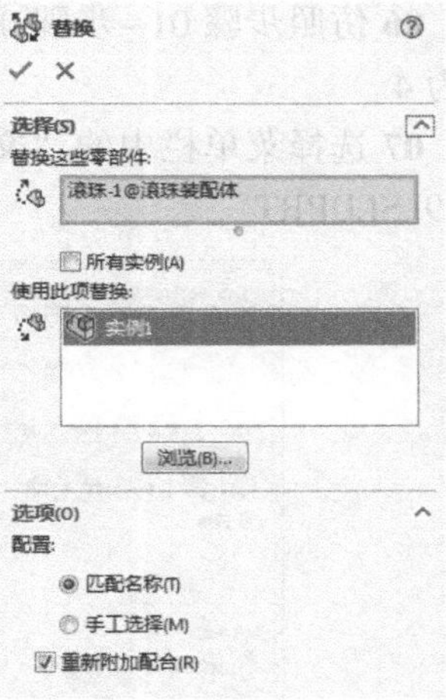

图 7-86 重建后的装配体模型

3. 重定义零件"轴承内外圈"的特征

对于零件"轴承内外圈 . SLDPRT"，首先利用"编辑草图"命令修改其旋转特征的草图轮廓尺寸，然后利用特征重定义的办法重新定义其圆角特征。

（1）更新特征

01 在文件夹"轴承 6319"下，打开装配体"轴承内外圈 . SLDPRT"。在特征管理器中右击"旋转"特征对应的草图，在弹出的快捷菜单中选择"编辑草图"命令。

02 单击"标准视图"工具栏中的"正视于"按钮 ↓，正视于该草图，以方便编辑。

03 单击"草图"控制面板上的"智能尺寸"按钮 ⌁，修改草图中的各个尺寸。最后的旋转轮廓尺寸如图 7-87 所示。

04 单击图形区域右上角的"完成"按钮 ⌐↵，确认对草图的修改。零件将自动更新特征，更新后的模型如图 7-88 所示。

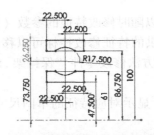

图 7-87 修改旋转特征草图尺寸

图 7-88 修改草图轮廓尺寸后的模型

（2）重定义特片

零件特征生成之后，用户可以对特征进行多种操作，如删除、重新定义、复制等。特征重定义是频繁使用的一项功能，如果用户发现特征的某些地方不符合要求，通常不必将其删除，而可以对特征重新定义，修改特征的参数，如拉伸特征的深度、圆角特征中处理的边线或半径等。

下面就利用重定义特征，对该零件的圆角特征进行如下操作。

01 在特征管理器或图形区域单击特征"圆角1"。

02 选择菜单栏中的"编辑"→"定义"命令，或右击设计中的特征"圆角1"后在弹出的快捷菜单中选择"编辑特征"命令。

03 根据特征的类型，系统出现相应的属性管理器。此时出现"圆角1"属性管理器。

04 在"圆角1"属性管理器的"圆角半径"文本框中输入新的圆角半径值为4，从而重新定义该特征，如图7-89所示。

05 单击"确定"按钮✔，接受特征的重定义。

06 仿照步骤01~步骤05，对特征管理器中的"圆角2"特征进行重定义，将圆角半径设置为4。

07 选择菜单栏中的"文件"→"另存为"命令，将新修改的零件保存为"轴承内外圈-6319.SLDPRT"。

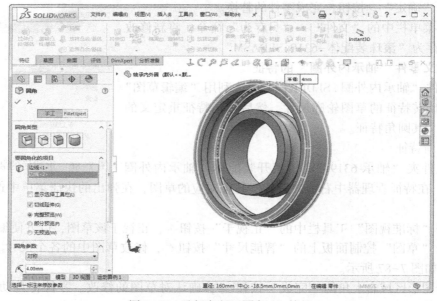

图7-89　重新定义"圆角1"特征

4. 用动态修改特征的方法修改保持架

在SOLIDWORKS 2018中，零件建模完成之后，可以随时修改特征的参数（如拉伸特征的深度等），而不必回到特征的重定义状态。通过系统提供的特征修改控标可以移动、旋转和调整拉伸及旋转特征的大小。下面就利用动态修改特征的方法修改零件"保持架.SLDPRT"，操作方法如下。

01 在设计树中双击要修改的特征"凸台-拉伸1"，显示对应特征的草图尺寸，如图7-90所示。

02 双击要修改的特征尺寸或者草图尺寸，便可出现修改尺寸的对话框，如图7-91所示。

224

修改拉伸的草图尺寸为180，修改拉伸深度为4。当对特征的修改满意时，在文件窗口中的空白处单击或按〈Esc〉键，取消选择特征。

图7-90　显示特征修改控标和特征、草图尺寸

图7-91　修改拉伸的草图尺寸

03 在设计树中双击要修改的特征"旋转1"，将草图尺寸由58.75修改为73.75、30修改为37，如图7-92所示。在文件窗口的空白处单击，确认尺寸的修改。

04 在设计树中双击要修改的特征"切除-拉伸1"，将草图尺寸由110修改为140、125修改为155，如图7-93所示。在文件窗口的空白处单击，确认尺寸的修改。

05 在设计树中双击要修改的特征"切除-旋转1"，将草图尺寸由58.75修改为73.75、28修改为35，如图7-94所示。

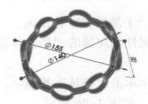
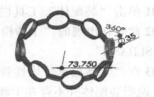

图7-92　修改后的特征
"旋转1"的草图尺寸

图7-93　修改后的特征
"切除-拉伸1"的草图尺寸

图7-94　修改后的特征
"切除-旋转1"的草图尺寸

06 在全部特征或者对应的草图尺寸修改完后，系统立即更新这种改变。

07 选择菜单栏中的"文件"→"另存为"命令，将新修改的零件的名称保存为"保持架-6319.SLDPRT"。最后的效果如图7-95所示。

5. 更新装配体

在完成轴承6319中所有零件尺寸的改变后，可以对装配体进行重建，从而更新装配体，具体步骤如下。

01 在文件夹"轴承6319"下打开装配体"轴承6315.SLDASM"。

02 在弹出的对话框中单击"重建"按钮，重建模型，装配体模型将更新所有的装配关系和零部件尺寸。

03 右击设计树中的零件"轴承6315.SLDPRT"，在弹出的快捷菜单中选择"替换零部件"命令，将新生成的"轴承内外圈-6319.SLDPRT"替换零件"轴承内外圈.SLDPRT"。

04 仿照步骤03，将零件"滚珠装配体.SLDASM"替换为"滚珠装配体-6319.SLDASM"，将零件"保持架.SLDASM"替换为"保持架-6319.SLDASM"。

05 选择菜单栏中的"文件"→"另存为"命令，将新修改的装配体另存为"轴承6319.SLDASM"。

6. 干涉检查

为了验证装配体模型是否进行了准确的更新，需要对装配体进行干涉检查和尺寸测量。下面就对装配体"轴承 6319. SLDASM"进行干涉检查，具体步骤如下。

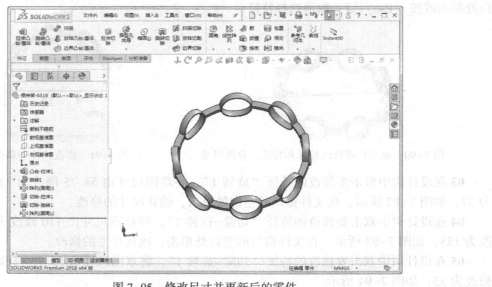

图 7-95 修改尺寸并更新后的零件

01 单击"装配体"工具栏中的"干涉检查"按钮 ⛊。

02 此时在出现的"干涉检查"属性管理器的"所选零部件"选项组中显示装配体"轴承 6319. SLDASM"。

03 在"干涉检查"属性管理器中单击"确认"按钮 ✓，在"结果"选项组中显示"无干涉"，说明装配体并不存在干涉问题，如图 7-96 所示。

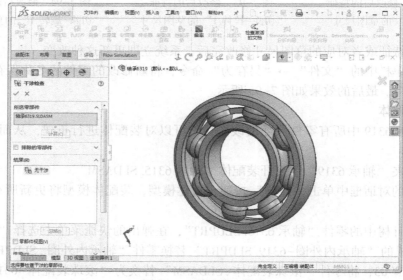

图 7-96 干涉检查结果

04 单击"取消"按钮 ✕，完成干涉检查。

7. 尺寸测量

SOLIDWORKS 不仅能完成三维设计工作，还能对所设计的模型进行简单的计算。通过这些计算工具可以测量草图、三维模型、装配体或工程图中直线、点、曲面、基准面的距离、角度、半径、大小以及它们之间的距离、角度、半径或尺寸。测量两点之间的距离时，两点的 X、Y 和 Z 距离差值会显示出来。选择顶点或草图点时，会显示其 X、Y 和 Z 坐标值。

下面就通过测量装配体"轴承 6319.SLDASM"的尺寸来确认轴承 6319 尺寸的准确性，具体步骤如下。

01 单击"评估"控制面板上的"测量"按钮 。

02 此时出现"测量"窗口。

03 单击选择模型上的测量项目，此时鼠标指针变为 样式。

04 单击测量工具 ，选择轴承的外圈边线。选择的测量项目出现在"所选项目"列表框中，同时在"测量"列表框中显示所得到的测量结果。在其中可以看到外圈边线的周长为628.32，直径为 200，如图 7-97 所示。

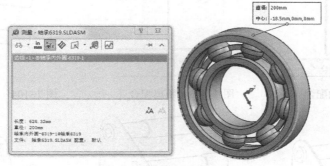

图 7-97　测量轴承边线

05 单击"关闭"按钮 ，关闭对话框。

至此，整个轴承 6319 装配体的制作完成，最后的效果如图 7-98 所示。

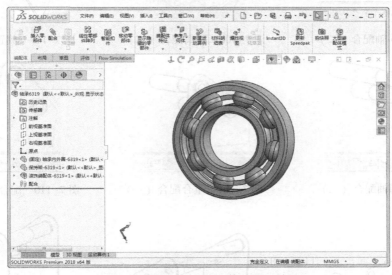

图 7-98　轴承 6319 装配体的最后效果

7.7　上机操作

创建图 7-99 所示的滑轮支架装配，其装配过程如图 7-100~图 7-138 所示。

图 7-99　滑轮支架装配体

图 7-100　放置零件（一）

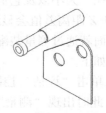

图 7-101　放置零件（二）

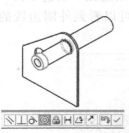

图 7-102　同轴配合（一）

图 7-103　距离配合（一）

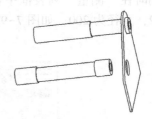

图 7-104　放置零件（三）

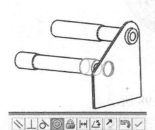

图 7-105　同轴配合（二）

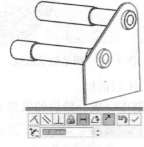

图 7-106　距离配合（二）

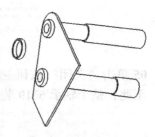

图 7-107　放置零件（四）

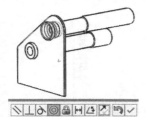

图 7-108　同轴配合（三）

图 7-109　重合配合（一）

图 7-110　配合另一圆套装配

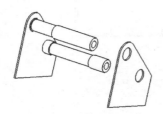

图 7-111　放置零件（五）

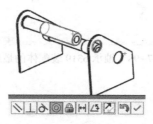

图 7-112　同轴配合（四）

图 7-113　距离配合（四）

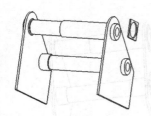

图 7-114 放置零件（六）

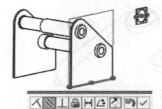

图 7-115 平行配合

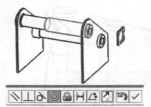

图 7-116 同轴配合（五）

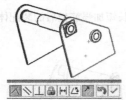

图 7-117 重合配合（二）

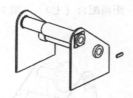

图 7-118 放置零件（七）

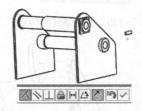

图 7-119 重合配合（三）

图 7-120 重合配合（四）

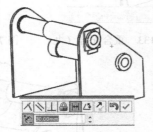

图 7-121 距离配合（五）

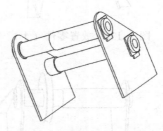

图 7-122 装配方大闷盖和限位块后的装配体

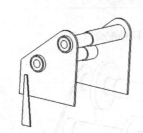

图 7-123 放置零件（八）

图 7-124 重合配合（五）

图 7-125 重合配合（六）

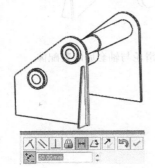

图 7-126 距离配合（六）

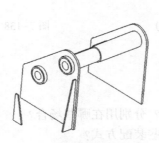

图 7-127 放置零件（九）

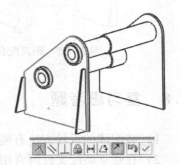

图 7-128 重合配合（七）

图 7-129　重合配合（八）

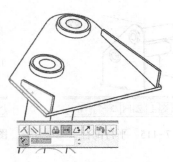
图 7-130　距离配合（七）

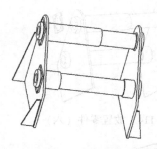
图 7-131　装配长短加强筋板后的装配体

图 7-132　放置零件（十）

图 7-133　重合配合（九）

图 7-134　距离配合（八）

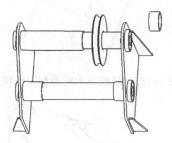
图 7-135　放置零件（十一）

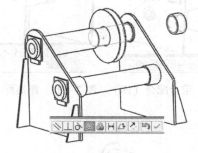
图 7-136　同轴配合（六）

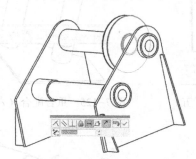
图 7-137　距离配合（九）

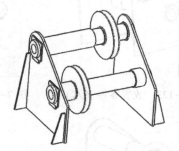
图 7-138　装配滑轮与轴套后的装配体

7.8　复习思考题

1）装配体的设计方法有哪几种？分别用在哪些场合？

2）在建立装配文件时常用到哪些装配方式？

3）将零部件进行压缩和轻化的主要作用是什么？压缩状态包括哪几种？

第8章 工程图的应用

在工程设计中，工程图是用来指导生产的主要技术文件，通过一组具有规定表达方式的二维多面正投影、标注尺寸和表面粗糙度符号及公差配合来指导机械加工。

SOLIDWORKS 可以使用二维几何绘制生成工程图，也可将三维的零件图或装配体图变成二维的工程图。本章将介绍如何将三维模型转换成二维工程图，然后通过增加相关注解完成整体工程图的设计。

零件、装配体和工程图是互相链接的文件。对零件或装配体所做的任何更改都会导致工程图文件的相应变更。

学习要点
- 打开及生成工程图
- 图纸格式设定
- 工程图工具栏
- 生成标准视图及派生视图
- 操纵视图
- 尺寸注释
- 表面粗糙度及形位公差标注

8.1 SOLIDWORKS 的工程图设置环境

默认情况下，SOLIDWORKS 系统在工程图和零件或装配体三维模型之间提供全相关的功能。全相关意味着无论何时修改零件或装配体的三维模型，所有相关的工程视图都将自动更新，以反映零件或装配体的形状和尺寸变化；反之，当在一个工程图中修改一个零件或装配体尺寸时，系统也将自动将相关的其他工程视图及三维零件或装配体中的相应尺寸加以更新。

8.1.1 建立新工程图

工程图包含一个或多个由零件或装配体生成的视图，在生成工程图之前，必须先保存与它有关的零件或装配体的三维模型。

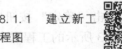
8.1.1 建立新工程图

要生成新的工程图，可进行如下操作。

01 单击"标准"工具栏中的"新建"按钮 。

02 在"新建 SOLIDWORKS 文件"对话框中单击"工程图"按钮 ，如图 8-1 所示。

03 单击"确定"按钮，关闭对话框。

04 在弹出的"图纸格式/大小"对话框中设置图纸格式，如图 8-2 所示。

- 标准图纸大小：在下拉列表框中选择一个标准图纸大小的图纸格式。
- 自定义图纸大小：在"宽度"和"高度"文本框中设置图纸的大小。
- 如果要选择已有的图纸格式，可单击"浏览"按钮导航到所需的图纸格式文件。

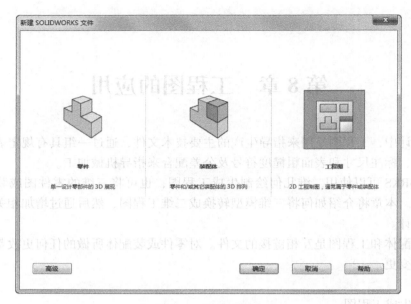

图 8-1 新建工程图

这里单击"浏览"按钮，导航到"\图纸格式\"目录下，选择图纸格式"a3. slddrt"，将该文件作为模板文件。

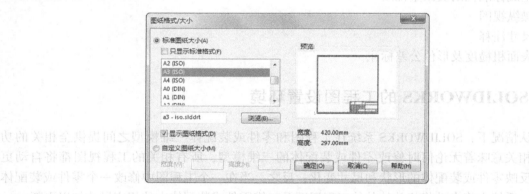

图 8-2 选择图纸格式

05 单击"确定"按钮进入工程图编辑状态。

图 8-3 所示的工程图窗口中也包括特征管理器，它与零件和装配体窗口中的特征管理器相似，包括项目层次关系的列表。每张图纸都有一个图标，每张图纸都有一个图纸格式和每个视图的图标。项目图标旁边的符号┫｜表示它包含相关的项目，单击它将展开所有的项目并显示其内容。标准视图包含视图中显示的零件和装配体的特征清单，派生视图（如局部或剖面视图）包含不同的特定视图的项目（如局部视图图标、剖切线等）。

工程图窗口的顶部和左侧有标尺，标尺会报告图纸中鼠标指针的位置。选择"视图"→"用户界面"→"标尺"命令可以打开或关闭标尺。

如果要放大视图，右击设计树中的视图名称，在弹出的快捷菜单中选择"放大所选范围"命令即可。

用户可以在设计树中重新排列工程图文件的顺序，可在图形区域拖动工程图到指定的位置。

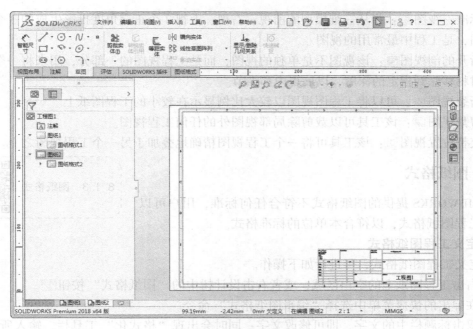

图 8-3 工程图窗口

工程图文件的扩展名为 .SLDDRW。新工程图会使用所插入的第一个模型的名称。保存工程图时，模型名称会作为默认文件名出现在"另存为"对话框中，并带有扩展名 .SLDDRW。

8.1.2 控制面板

8.1.2 控制面板

在"工程图"模式下最常用的工具都集中在"视图布局"控制面板上，如图 8-4 所示。

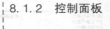

- 模型视图：该工具用来插入模型视图。选择该工具之后，会自动打开"模型视图"属性管理器。从中选择要插入视图的零部件，然后单击"下一步"按钮，选择"视图方向"和"样式"之后，在图形区域单击

图 8-4 "视图布局"控制面板

鼠标，即可将生成的"模型视图"插入文件中。

- 投影视图：该工具用来生成与当前视图正交方向上的投影视图。选择该工具后，在工程图区域选择一个投影用视图，将指针移动到所选视图的相应一侧单击即可将"投影视图"插入文件中。
- 预定义的视图：该工具是 SOLIDWORKS 2018 版中新添加的，用来定义工程图中的任何正交、投影或命名视图，并增添视图。
- 辅助视图：类似于"投影视图"，是指垂直于现有视图中的参考边线展开视图。
- 局部视图：用来放大显示视图中的某个部分，它可以是正交视图、三维视图或剖面视图。
- 剖面视图：是指用一条剖切线分割工程图中的一个视图，然后从垂直于生成剖面的方向投影得到的视图。

233

- 标准三视图█：指从三维模型的前视、右视、上视 3 个正交角度投影生成的 3 个正交视图，是工程中最常用的视图。
- 断开的剖视图█：该视图不是单独的视图，而是工程视图的一部分，用来将一个区域的材料移除到指定的深度，以展现内部细节。
- 断裂视图█：可以将工程图视图以较大比例显示在较小的工程图纸上。
- 剪裁视图█：该工具可以裁剪除局部视图外的任何工程视图。
- 交替位置视图█：该工具可将一个工程视图精确地叠加于另一个工程视图之上。

8.1.3 图纸格式

8.1.3 图纸格式

SOLIDWORKS 提供的图纸格式不符合任何标准，用户可以自定义工程图纸格式，以符合本单位的标准格式。

1. 定义工程图纸格式

要定义工程图纸格式，可进行如下操作。

01 右击工程图纸上的空白区域，或者右击设计树中的"图纸格式"按钮█。

02 在弹出的快捷菜单中选择"编辑图纸格式"命令。

03 双击标题栏中的文字，即可修改文字；同时会出现"格式化"工具栏，输入所需文字，如图 8-5 所示。根据需要修改字体类型、字体大小、粗细等属性，然后单击文字以外的区域退出编辑模式。

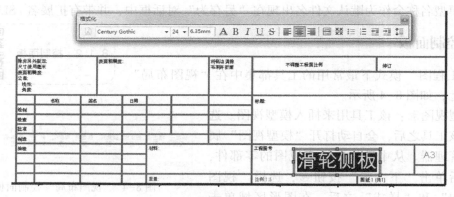

图 8-5　编辑文字

04 如果要移动线条或文字，单击该项目并将其拖动到新的位置即可。

05 如果要添加线条，则单击"草图"控制面板上的"直线"按钮█，然后绘制线条。

06 在设计树中右击"图纸格式"按钮█，在弹出的快捷菜单中选择"属性"命令。

07 在弹出的"图纸属性"对话框中进行图 8-6 所示的设定。

- 在"名称"文本框中输入图纸的标题。
- 在"标准图纸大小"列表框中选择一种标准纸张（如 A4、B5 等）。如果选择"自定义图纸大小"，则在下面的"宽度"和"高度"文本框中指定纸张的大小。
- 在"比例"文本框中指定图纸上所有视图的默认比例。
- 单击"浏览"按钮可以使用其他图纸格式。
- 在"投影类型"选项组中选择"第一视角"或"第三视角"。
- 在"下一视图标号"文本框中指定下一个视图要使用的英文字母代号。

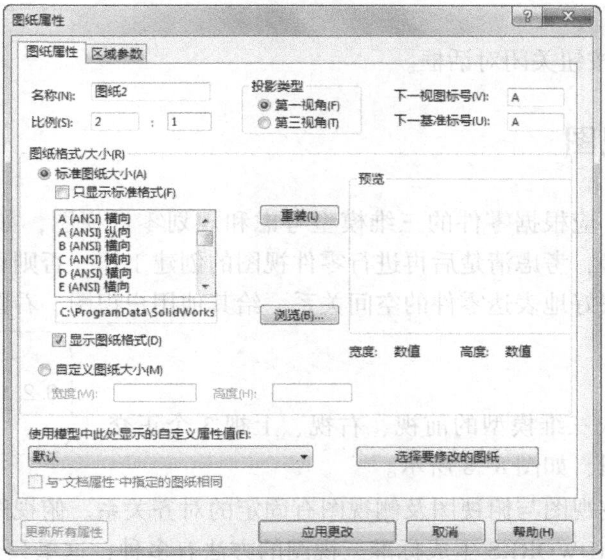

图 8-6 "图纸属性" 对话框

- 在 "下一基准标号" 文本框中指定下一个基准标号要使用的英文字母代号。
- 如果图纸上显示了多个三维模型文件，在 "使用模型中此处显示的自定义属性值" 下拉列表框中选择一个视图，工程图将使用该视图包含模型的自定义属性。

08 单击 "确定" 按钮，关闭对话框。

2. 保存图纸格式

要保存图纸格式，可进行如下操作。

01 选择菜单栏中的 "文件" → "保存图纸格式" 命令，系统会弹出 "保存图纸格式" 对话框，如图 8-7 所示。

图 8-7 "保存图纸格式" 对话框

02 如果要替换 SOLIDWORKS 提供的标准图纸格式，则在 "保存类型" 下拉列表框中选择一种图纸格式。单击 "确定" 按钮，图纸格式将被保存在<安装目录>\data 下。

03 如果要使用新的名称保存图纸格式，则选择图纸格式保存的目录，然后输入图纸格式名称即可。

04 单击"保存"按钮关闭对话框。

8.2 建立工程视图

在创建工程图前，应根据零件的三维模型考虑和规划零件视图，如工程图由几个视图组成、是否需要剖视图等，考虑清楚后再进行零件视图的创建工作。否则可能如同用手工绘图一样，创建的视图不能很好地表达零件的空间关系，给其他用户识图、看图造成困难。

8.2.1 建立三视图

8.2.1 建立三视图

标准三视图是指从三维模型的前视、右视、上视 3 个正交角度投影生成正交视图，如图 8-8 所示。

标准三视图中，主视图与俯视图及侧视图有固定的对齐关系。俯视图可以竖直移动，侧视图可以水平移动。SOLIDWORKS 生成标准三视图的方法有多种，这里只介绍常用的两种方法。

1）用标准方法生成"减速箱"组件的标准三视图，操作方法如下。

01 打开装配体文件"减速箱 .SLDASM"。

02 新建工程图。在自动出现的"模型视图"属性管理器中单击✖按钮，忽略该步骤。

03 单击"视图布局"控制面板上的"标准三视图"按钮，此时鼠标指针变为样式。

04 在出现的"标准三视图"属性管理器中会看到装配体"减速箱"出现在"要插入的零件/装配体"选项组中。在工程图窗口右击，在快捷菜单中选择"从文件中插入"命令。单击"确认"按钮✔即可将标准三视图插入到工程图文件中，如图 8-9 所示。

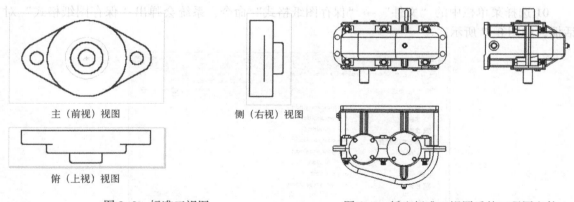

主（前视）视图　　　　　　　侧（右视）视图

俯（上视）视图

图 8-8　标准三视图　　　　　　　图 8-9　插入标准三视图后的工程图文件

05 单击"标准"工具栏中的"保存"按钮，将工程图文件保存为"减速箱 .SLDDRW"。

2）如果不打开零件或装配体模型文件，用标准方法生成标准三视图的操作如下。

01 新建一张工程图。

02 单击"视图布局"控制面板上的"标准三视图"按钮。

03 弹出"标准三视图"属性管理器，如图 8-10 所示。

04 单击"浏览"按钮，弹出"打开"对话框，如图 8-11 所示。

05 在对话框中选择指定文件，然后单击"打开"按钮 ，标准三视图便会放置在图形区域。

图 8-10 "标准三视图"属性管理器

图 8-11 "打开"对话框

8.2.2 建立剖面视图

剖面视图是指用一条剖切线分割工程图中的一个视图，然后从垂直于生成的剖面方向投影得到的视图。剖面视图是从标准三视图、模型视图或其他派生视图中派生出来的视图，剖面视图必须依赖于这几种视图，而且可以是直线剖视图和旋转剖视图。

1. 建立直线剖视图

01 单击"视图布局"控制面板上的"剖面视图"按钮 ↕。

02 此时会出现"剖面视图辅助"属性管理器，在"切割线"选项组中单击"水平"按钮 ↓↑。

03 将切割线放置到"工程视图1"（即主视图）螺栓孔上单击。弹出图 8-12a 所示的"选择"工具栏，单击 ✓ 按钮，弹出图 8-12b 所示的"剖面视图"对话框，勾选"自动打剖面线"复选框，单击"确定"按钮。

图 8-12

a）"选择"工具栏 b）"剖面视图"对话框

04 系统会在垂直于剖切线的方向出现一个方框，表示剖切视图的大小。同时弹出"剖面视图"属性管理器，如图 8-13 所示。拖动这个方框到适当的位置后释放鼠标，剖切视图便被放置在工程图中。

05 在"剖面视图"属性管理器中设置选项，如图8-13所示。

- 单击 反转方向(L) 按钮，反转切除的方向。
- 如果勾选"随机化比例"复选框，则剖面视图上的剖面线将随着模型尺寸比例的改变而改变。
- 在名称文本框中指定与剖面线或剖面视图相关的字母，这里指定为A。
- 如果剖面线没有完全穿过视图，勾选"部分剖面"复选框将生成局部剖面视图。

06 单击"确定"按钮 ✓，生成直线剖视图，如图8-14所示。

2. 建立旋转剖视图

旋转剖视图中的剖切线由两条具有一定夹角的线段组成。系统从垂直于剖切方向投影生成剖面视图。

下面就来生成一个减速箱的旋转剖视图，操作方法如下。

01 单击"视图布局"控制面板上的"剖面视图"按钮 。

02 此时会出现"剖面视图辅助"属性管理器，在"切割线"选项组中单击"对齐"按钮 。

03 捕捉出油孔圆心为切割线的第一点，然后放置水平和竖直切割线。

04 系统沿第一条剖切线段的方向出现一个方框，表示剖面视图的大小。拖动这个方框到适当的位置后释放鼠标，则剖面视图被放置在工程图中。

05 在"剖面视图"中设置选项，其选项设置同于直线剖视图。

06 单击"确定"按钮 ✓，生成旋转剖视图，如图8-15所示。

图8-13 "剖面视图"
属性管理器

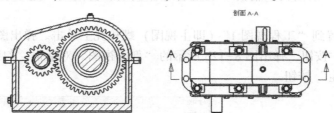

图8-14 生成的直线剖视图

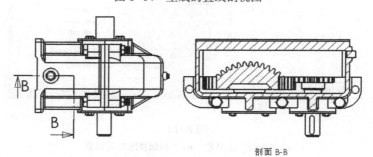

图8-15 生成的旋转剖视图

8.2.3 建立投影视图

投影视图是通过从正交方向对现有视图投影生成的视图，

8.2.3 建立投影
视图

238

可以从所选视图的上、下、左、右4个方向生成。本例中存在的标准三视图在某种程度上也可以认为是投影视图的一种，即侧视图是主视图从左投影得到的投影视图，而俯视图则是从上投影得到的视图。

要生成投影视图，可进行如下操作。

01 单击"视图布局"控制面板上的"投影视图"按钮■。

02 在工程图中选择一个要投影的工程视图。

03 系统将根据鼠标指针在所选视图中的位置决定投影方向，可以从所选视图的上、下、左、右4个方向生成投影视图。

04 系统会在投影的方向出现一个方框，表示投影视图的大小。拖动这个方框到适当的位置后释放鼠标，则投影视图被放置在工程图中。

05 单击"确定"按钮✓，生成投影视图。

8.2.4 建立辅助视图

8.2.4 建立辅助视图

辅助视图类似于投影视图，所不同的是它的投影方向垂直于所选视图的参考边线。

在工程图中生成一张辅助视图的操作步骤如下。

01 单击"视图布局"控制面板上的"辅助视图"按钮♧。

02 选择要生成辅助视图的工程视图上的一条直线作为参考边线，可以是零件的边线、侧影轮廓线、轴线或所绘制的直线。

03 系统在与参考边线垂直的方向出现一个方框，表示辅助视图的大小。拖动这个方框到适当的位置后释放鼠标，则辅助视图即被放置在工程图中。

04 在"辅助视图"属性管理器中设置选项，如图8-16所示。

● 在名称文本框中指定与剖面线或剖面视图相关的字母。

● 如果勾选"反转方向"复选框，将会反转切除的方向。

05 单击"确定"按钮✓，生成辅助视图，如图8-17所示。

图8-16 "辅助视图"属性管理器

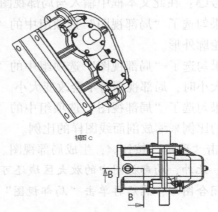

图8-17 生成的辅助视图

8.2.5 建立局部放大视图

8.2.5 建立局部放大视图

在工程图中可以生成一个局部视图来放大显示视图中的某

个部分。局部视图可以是正交视图、三维视图或剖面视图。

要建立局部视图，可按如下步骤进行操作。

01 单击"视图布局"控制面板上的"局部视图"按钮$\bigcirc$。

02 此时，"草图"控制面板上的"圆"按钮$\odot$被激活，利用它在要放大的区域绘制一个圆。

03 系统出现一个方框，表示局部视图的大小。拖动这个方框到适当的位置后释放鼠标，则局部视图被放置在工程图中。

04 在"局部视图"属性管理器中设置各选项，如图 8-18 所示。

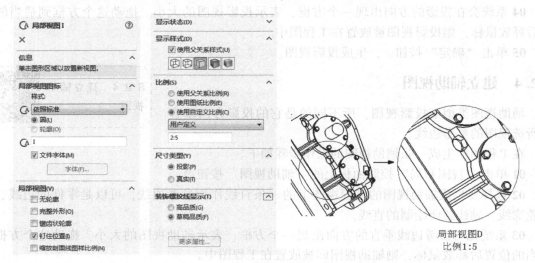

图 8-18 "局部视图"属性管理器

- 样式$\bigcirc$：在该下拉列表框中选择局部视图图标的样式，有"依照标准""断裂圆""带引线""无引线""相连"5 种。
- 标号$\bigcirc$：在此文本框中输入与局部视图相关的字母。
- 如果勾选了"局部视图"选项组中的"完整外形"复选框，则系统会显示局部视图中的轮廓外形。
- 如果勾选了"局部视图"选项组中的"钉住位置"复选框，在改变派生局部视图的视图大小时，局部视图将不会改变大小。
- 如果勾选了"局部视图"选项组中的"缩放剖面线图样比例"复选框，将根据局部视图的比例来缩放剖面线图样的比例。

05 单击"确定"按钮$\checkmark$，生成局部视图。

说明：此外，局部视图中的放大区域还可以是其他任何闭合图形。方法是首先绘制用作放大区域的闭合图形，然后再单击"局部视图"按钮$\bigcirc$，其余的步骤同上。

8.3 修改工程视图

许多视图的生成位置和角度都受到其他条件的限制，如辅助视图的位置与参考边线相垂直。用户有时需要自己任意调整视图的位置和角度及其显示和隐藏，SOLIDWORKS 就提供了这项功能。此外，SOLIDWORKS 还可以更改工程图中的线型、线条颜色等。

8.3.1 移动视图

8.3.1 移动视图

鼠标指针移到视图边界上时，变为 样式，表示可以拖动
该视图。如果移动的视图与其他视图没有对齐或约束关系，可
以拖动它到任意位置。如果视图与其他视图之间有对齐或约束关系，若要任意移动视图，应进
行如下操作。

01 单击要移动的视图。

02 选择菜单栏中的"工具"→"对齐工程图视图"→"解除对齐关系"命令。

03 单击该视图，即可以拖动它到任意位置。

8.3.2 旋转视图

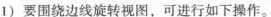
8.3.2 旋转视图

SOLIDWORKS 提供了两种旋转视图的方法：一是绕着所选
边线旋转视图；二是绕视图中心点以任意角度旋转视图。

1）要围绕边线旋转视图，可进行如下操作。

01 在工程图中选择一条直线。

02 选择菜单栏中的"工具"→"对齐工程图视图"→"水平边线"命令，或选择"工
具"→"对齐工程图视图"→"竖直边线"命令。

03 此时视图会旋转，直到所选边线为水平或竖直状态，如图 8-19 所示。

2）要围绕中心点旋转视图，可进行如下操作。

01 选择要旋转的工程视图。

02 单击"视图（前导）"工具栏中的"旋转"按钮 ，系统会出现"旋转工程视图"对
话框，如图 8-20 所示。

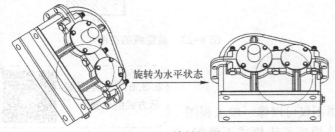

旋转为水平状态

图 8-19 旋转视图

图 8-20 "旋转工程视图"对话框

03 使用如下方法旋转视图。

- 在"旋转工程视图"对话框的"工程视图角度"文本框中输入旋转的角度。
- 使用鼠标直接旋转视图。

04 如果在"旋转工程视图"对话框中勾选了"相关视图反映新的方向"复选框，则与该
视图相关的视图将随着该视图的旋转做相应的旋转。如果勾选了"随视图旋转中心符号线"
复选框，则中心符号线将随视图一起旋转。

8.3.3 删除视图

8.3.3 删除视图

SOLIDWORKS 可以很方便地删除工程视图，值得注意的

是，当删除某个视图时，其自身的派生视图（基于该视图所生成的视图）也被一并删除。

图 8-21　"确认删除"对话框

要删除工程视图，可进行如下操作。

01 在视图区域或特征管理器中选择要删除的视图。

02 按〈Delete〉键，出现"确认删除"对话框，如图 8-21 所示。

03 单击"是"按钮，即可将所选视图删除。

8.3.4　隐藏和显示视图

8.3.4　隐藏和显示视图

在编辑工程图时，可以使用"隐藏视图"命令来隐藏一个视图。隐藏视图后，可以使用"显示视图"命令再次显示此视图。当用户隐藏了具有从属视图（如局部、剖面或辅助视图等）的父视图时，可以选择是否一并隐藏这些从属视图。再次显示父视图或其中一个从属视图时，同样可选择是否显示相关的其他视图。

要隐藏或显示视图，可进行如下操作。

01 右击要隐藏的视图，从快捷菜单中选择"隐藏"命令。如果该视图有从属视图（如局部、剖面视图等），则会出现图 8-22 所示的对话框询问"是否也要隐藏从属视图？"。

02 视图被隐藏后，当指针经过隐藏的视图时，变为 样式，并且视图边界高亮显示。

03 如果要查看图样中隐藏视图的位置但并不显示它们，选择菜单栏中的"视图"→"隐藏/显示"→"被隐藏视图"命令，显示隐藏视图的边界时会带有 X，效果如图 8-23 所示。

图 8-22　提示信息

图 8-23　被隐藏的视图

8.3.5　工程图显示方式的设置

8.3.5　工程图显示方式的设置

SOLIDWORKS 2018 版本中的工程图不仅可以像一般工程图那样显示外框边线，还可以与三维实体模型编辑模式下类似，显示"上色"模式等。

要改变某个工程图的显示方式，可进行如下操作。

01 在图形区域选择要改变显示方式的工程图。

02 在图形区域右侧出现的属性管理器的"显示样式"选项组中选择对应的显示模式，如图 8-24 所示。

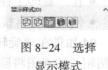

图 8-24　选择显示模式

03 单击"确定"按钮 ，即可改变工程图的显示方式。

8.3.6　改变零部件的线型

8.3.6　改变零部件的线型

在装配体中，为了区别不同的零件，可以改变每一个零件边线的线型。

242

要改变零件边线的线型，可进行如下操作。

01 在工程视图中右击要改变线型的零件中的任一视图。

02 在弹出的快捷菜单中选择"零部件线型"命令，系统会出现"零部件线型"对话框。

03 取消勾选"使用文档默认值"复选框，如图 8-25 所示。

04 选择一个边线样式。在对应的"线条样式"和"线粗"下拉列表框中选择线条样式和线条粗细。

05 重复步骤 04，直到为所有边线类型设定线型。

06 如果单击选中"从选择"单选按钮，此边线类型设定将应用到该零件视图和它的从属视图中。如果单击选中"所有视图"单选按钮，此边线类型设定将应用到该零件的所有视图。

07 如果零件在图层中，可以从"图层"下拉列表框中改变零件边线的图层。

图 8-25 "零部件线型"对话框

08 单击"确定"按钮关闭对话框，应用边线类型设定。

8.3.7 改变显示比例

8.3.7 改变显示比例

SOLIDWORKS 不仅可以在"图纸属性"对话框中改变整个图纸的显示比例，还可以改变任一单独工程图的显示比例。

要改变图纸中的某个工程视图的比例，可进行如下操作。

01 在图形区域选择要改变比例的工程视图。

02 在属性管理器的"比例"选项组中选中"使用自定义比例"单选按钮，如图 8-26 所示。

03 在下面的比例文本框中输入视图比例。

04 单击"确定"按钮 ✔，即可改变工程图的显示比例。

图 8-26 "比例"选项组

8.3.8 修改剖面线

8.3.8 修改剖面线

在剖面视图中，SOLIDWORKS 会自动添加剖面线到视图中，但有时候自动添加的剖面线并不能满足要求，这就要求单独为指定的零部件修改剖面线，具体步骤如下。

01 在图形区域选择指定的零部件的剖面区域。

02 在弹出的右键快捷菜单中选择"剖面线属性"命令。

03 在"区域剖面线/填充"属性管理器中取消勾选"材质剖面线"复选框，如图 8-27 所示。

04 在"剖面线图样"下拉列表框中选择剖面线样式。

05 在"剖面线图样比例" 微调框中指定剖面线显示比例。

06 在"剖面线图样角度" 微调框中指定剖面线角度。

07 在"应用到"下拉列表框中选择指定剖面线的应用范围。

- 零部件：应用到装配体中该零部件上的所有剖面。
- 局部范围：只应用到当前所选的面。
- 实体：应用到当前激活的剖面视图中的所有实体。

图 8-27 "区域剖面线/填充"属性管理器

● 查看：将区域剖面线或填色应用到当前激活的剖面视图中的所有实例。

08 单击"确定"按钮 ✓，将剖面线应用到指定的应用范围中。

8.4　尺寸标注和技术要求

8.4　尺寸标注和技术要求

工程图中的尺寸标注是与模型相关联的，模型中的更改会
反映在工程图中。通常用户在生成每个零件特征时生成尺寸，然后将这些尺寸插入各个工程视图中。在模型中更改尺寸会更新工程图，反之，在工程图中更改插入的尺寸也会更改模型。用户可以在工程图文件中添加尺寸，但是这些尺寸是参考尺寸，并且是从动尺寸。参考尺寸显示模型的测量值，但并不驱动模型，也不能更改其数值。但是当更改模型时，参考尺寸会相应更新。当压缩特征时，特征的参考尺寸也随之被压缩。

在默认情况下，插入的尺寸显示为黑色，包括零件或装配体文件中显示为蓝色的尺寸（如拉伸深度）；参考尺寸显示为灰色，并带有括号。

如果要将模型的尺寸插入工程图中，只需选择"注解"控制面板上的"模型项目"按钮 ⚞，然后在"模型项目"属性管理器选择需要插入的模型项目即可，如图8-28所示。

图8-28　"模型项目"属性管理器

在SOLIDWORKS中，工程图中的尺寸标注还可以像草图中那样进行标注，这里不再赘述。

8.5　明细表和序号

8.5　明细表和序号

在SOLIDWORKS中，可以将材料明细表插入装配体工程图中。如果在"文档属性"选项卡的"出详图"选项组中选择了"自动更新材料明细表"选项，则当装配体中添加或删除零部件时，材料明细表会自动更新以反映这些更改。

要插入材料明细表，可按如下步骤进行操作。

01 选择一个工程视图为生成材料明细表指定模型。这里选择"主视图"。

02 单击"注解"控制面板"表格"下拉列表框中的"材料明细表"按钮 ⚞。

03 在"材料明细表"属性管理器中设置材料明细表的属性，如图8-29所示。单击"表格模板"选项组中的"为材料明细表打开表格模板"按钮 ⚞，选择标准或自定义的明细表模板。在"表格位置"选项组中选择明细表的定位点。在"材料明细表类型"选项组中选择材料明细表中要包含的项目。

● 仅限顶层：明细表中将列举零件和子装配体，但非子装配体零部件。

● 仅限零件：明细表中不列举子装配体，列举子装配体零部件为单独项目。

● 缩进：明细表中列举子装配体。将子装配体零部件缩进在其子装配体下，无项目号。

在"配置"选项组中为零部件的配置列举数量。在"零件配置分组"选项组中如果勾选"显示为一个项目号"复选框，那么如果一个零部件有多个配置，所有配置会出现在一个项目号下，数量也相应增加。如果勾选"保留遗失项目/行"复选框，则如果在生成材料明细表后零部件已从装配体中删除，还可以将零部件保留在材料明细表中。在"零值数量显示"选项组中设置

不在装配体中的零部件配置的显示方式。在"项目号"选项组中指定明细表中的起始项目号。

04 单击"确定"按钮✔，然后将出现的材料明细表插入工程图中。

05 将鼠标指针拖动到"材料明细表"的左上角，单击出现的按钮✚，此时弹出"材料明细表"属性管理器，如图 8-30 所示。在其中调整明细表中各零部件的项目号和位置。

06 再次单击"确定"按钮✔，关闭"材料明细表"属性管理器。

插入材料明细表后的减速箱总装图如图 8-31 所示。

图 8-29 "材料明细表"属性管理器（一）

图 8-30 "材料明细表"属性管理器（二）

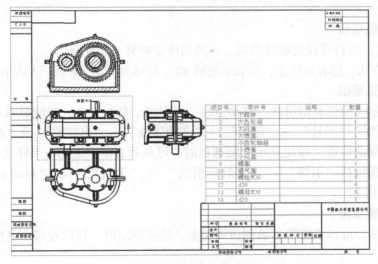

图 8-31 减速箱总装图

8.6 表面粗糙度及形位公差

8.6.1 表面粗糙
度属性

8.6.1 表面粗糙度属性

单击"注解"控制面板上的"表面粗糙度符号"按钮✔，将会出现图 8-32 所示的"表面粗糙度"属性管理器，其中选项含义说明如下。

1. "样式"选项组

该部分的内容与"注释"属性管理器中的相同，这里不再介绍。

2. "符号"选项组主要选项

- ✓：表示基本加工表面粗糙度。
- ✓：表示要求切削加工。
- ✓：表示禁止切削加工。
- ✓：表示要求当前加工。
- 🔍：表示要求全周加工。

3. "符号布局"选项组

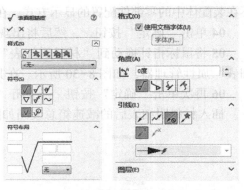

图 8-32 "表面粗糙度"属性管理器

- 对于 ANSI 符号及使用 ISO 和 2002 以前相关

  标准的符号，用于指定最大粗糙度、最小粗糙度、材料移除系数、加工方法/代号、抽样长度、其他粗糙度值、粗糙度间隔和刀痕方向等。

- 对于使用 ISO 和 2002 相关标准的符号，则用于指定制造方法、纹理要求、纹理要求 2、纹理要求 3、加工系数、表面刀痕和方向等。

- 对于表面粗糙度参数的含义，当鼠标指针指向相应位置时会显示出具体标注的内容，如表面粗糙度参数最大值和最小值、标注加工或热处理方法代号、取样长度等。

4. "格式"选项组

若要为符号和文字指定不同的字体，取消勾选"使用文档字体"复选框后单击"字体"按钮即可。

5. "角度"选项组

- "角度" 🔄：为符号设定旋转角度。正的角度逆时针旋转注释。
- 设定旋转方式：✓表示竖立，🔄表示旋转 90°，🔄表示旋转/垂直，🔄表示垂直（反转）。

6. "引线"选项组

该选项组中包括始终显示引线、自动引线、无引线、折断引线、智能显示和箭头样式。设定智能显示时会使用"工具"→"选项"→"文档属性"→"出详图"→"箭头"菜单命令指定的样式。当取消勾选"智能显示"复选框时，可从列表框中选择一个样式。

引线样式按钮包括"引线"✓、"多转折引线"📈、"无引线"🔄、"自动引线"📌、"直引线"📈和"折弯引线"📈。

7. "图层"选项组

选择图层名称，可以将符号移动到该图层上。选择图层时，可以在带命名图层的工程图中进行。

8.6.2 插入及编辑表面粗糙度符号

8.6.2 插入及编辑表面粗糙度符号

表面粗糙度符号可以用来标注粗糙度高度参数代号及其数值，单位为 μm。

1. 插入符号

插入表面粗糙度符号的操作步骤如下。

01 单击"注解"控制面板上的"表面粗糙度符号"按钮✓。

注意：也可以右击图形区域后从快捷菜单中选择"注解"→"表面粗糙度符号"命令。

02 在打开的"表面粗糙度"属性管理器中选择所需选项。

03 当表面粗糙度符号预览在图形中处于所需边线时,单击以放置符号。

04 根据需要单击多次,放置多个相同的符号。

2. 编辑符号

编辑表面粗糙度符号的操作步骤如下所述。

01 将鼠标指针指向表面粗糙度符号,当其样式变成 √ 时单击符号,即可出现"表面粗糙度"属性管理器。

02 在"表面粗糙度"属性管理器中设置各选项和各参数值。

03 单击"确定"按钮,即可完成对表面粗糙度内容的修改。

3. 移动符号

如果要移动表面粗糙度符号,可以采用如下操作方法。

● 对于带有引线或未指定边线或面的表面粗糙度符号,可拖动到工程图的任何位置。

● 对于指定边线标准的表面粗糙度符号,只能沿模型拖动,当拖离边线时将自动生成一条细线延伸线。

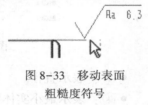

图 8-33 移动表面粗糙度符号

用户可以将带有引线的表面粗糙度符号拖到任意位置。如果将没有引线的符号附加到一条边线,然后将它拖离模型边线,将生成一条延伸线,如图 8-33 所示。

注意:用户可以用标注多引线注释的方法,生成多引线表面粗糙度。

8.6.3 形位公差[⊖]

8.6.3 形位公差

1. 形位公差属性

单击"注解"控制面板上的"形位公差"按钮 ▣▣ ,会弹出图 8-34 所示的"形位公差"属性管理器以及形位公差"属性"对话框,其中选项含义分别介绍如下。

(1)"形位公差"属性管理器

● "引线"选项组:显示可用的形位公差符号引线类型。使用时可参考前面介绍过的相关内容,这里不再赘述。

● "格式"选项组:允许使用默认字体,方法是取消勾选"使用文档字体"复选框,然后单击"字体"按钮选择字体样式和大小。使用时可参考前面介绍过的相关内容,这里不再赘述。

● "引线样式"选项组:用来定义形位公差的箭头和引线类型。使用时可参考前面介绍过的相关内容,这里不再赘述。

● "图层"选项组:选择图层名称,可以将符号移动到该图层上。选择图层时,可以在带命名图层的工程图中进行。

(2)"属性"对话框

1)材料条件:利用该选项可以选择要插入的材料条件,材料条件中各符号的含义如下。

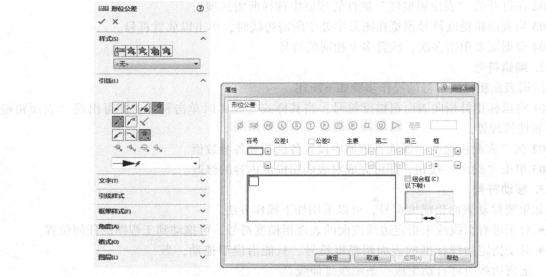

图 8-34 "形位公差"属性管理器和"属性"对话框

- Ø：表示直径。
- Ⓛ：表示最小实体要求。
- Ⓕ：表示自由状态条件（非刚体）。
- SØ：表示球体直径。
- Ⓢ：表示无论特征大小如何。
- Ⓣ：表示相切基准面。
- ⓈⓉ：表示统计。
- Ⓜ：表示最大实体要求。
- Ⓟ：表示延伸公差带。
- □：表示方形。
- Ⓤ：表示不相等排列的轮廓。

2）符号：利用该选项可以选择要插入的符号（如平行∥、垂直⊥等）。

注意：只有那些适合于所选符号的材料条件才可以使用该选项。

3）高度：输入投影公差带（PTZ）值，数值会出现在第一框的公差方框中。

4）公差：利用该选项可以为"公差1"和"公差2"输入公差值。

5）主要、第二、第三：可以为主要、第二及第三基准输入基准名称与材料条件符号。

6）框：在形位公差符号中生成额外框。

7）组合框：勾选该复选框，表示组合两个或多个框的符号。

8）介于两点间：如果公差值适用于两个点或实体之间的测量，在框中输入点的标号。

2. 生成形位公差符号

要生成形位公差符号，可以采用如下操作步骤。

01 单击"注解"控制面板上的"形位公差"按钮 ⊡⊡，也可以右击图形区域后从快捷菜单中选择"注解"→"形位公差"命令。

02 在"属性"对话框中选择形位公差项目符号，同时在相应的公差栏中输入公差值。

248

03 当预览处于被标注位置时，单击放置形位公差符号。如果需要，还可单击多次，放置多个相同符号。

04 单击"确定"按钮关闭对话框，完成标注。

图 8-35 所示为使用形位公差命令生成的注释效果。

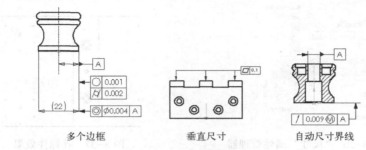

多个边框　　　　垂直尺寸　　　　自动尺寸界线

图 8-35　生成形位公差

3. 编辑形位公差

从"属性"对话框中可以编辑现有符号的各项内容，具体操作步骤如下。

01 将鼠标指针指向形位公差符号，当其样式变成 🔲 时，双击符号；或右键单击形位公差符号，从快捷菜单中选择"属性"命令。

02 在"属性"对话框中设置各选项或各参数值。

03 单击"确定"按钮，完成对形位公差的编辑。

04 拖动形位公差框格。将鼠标指针指向形位公差框格，当其样式变成 🔲 时，可拖动形位公差框格到图形中的任何位置。

05 拖动形位公差指引线。将鼠标指针指向引线箭头，变成 🔲 样式时，或先选择形位公差符号，将鼠标指针指向引线的拖动指标变成 🔲 样式时，可将引线拖动到图形中的任何位置。

06 生成多引线。按住〈Ctrl〉键拖动引线控标，可为现有的符号添加更多引线。

说明：生成多引线平面度公差时，可先标注单引线的平面度公差，然后按住〈Ctrl〉键拖动指针到所需位置，即可生成第二条引线。

8.7　孔标注

8.7.1　标注孔符号

8.7.1　标注孔符号

标注孔符号的操作步骤如下。

01 单击"注解"控制面板上的"孔标注"按钮 🔲，鼠标指针变成 🔲 样式。

注意：也可以右键单击图形区域后从快捷菜单中选择"注解"→"孔标注"命令。

02 单击小孔的边线，出现图 8-36 所示的"尺寸"属性管理器。

注意：关于孔标注的"尺寸"属性管理器中各选项的含义，在前面已经作过较为详细的介绍，这里不再赘述。

03 移动鼠标指针到合适的位置，单击放置孔标注位置。

04 在"尺寸"属性管理器中输入要标注的尺寸大小以及需要说明的文字等。

05 单击"注解"工具栏中的"孔标注"按钮 🔲，或单击"确定"按钮 ✓，即可结束孔标注命令。

在工程图中添加孔标注符号的效果如图 8-37 所示。

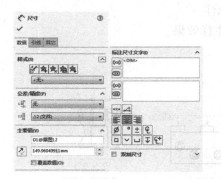

图 8-36 "尺寸"属性管理器

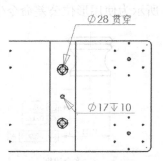

图 8-37 孔标注效果

8.7.2 编辑孔标注

孔标注可在工程图中使用，如果改变了模型中的一个孔尺寸，则标注将自动更新。值得注意的是，孔的轴心必须与工程图纸正交。

1. 编辑孔标注属性

右击孔标注符号，从快捷菜单中选择"属性"命令，出现"尺寸属性"对话框。在对话框中可更改孔标注的属性。单击"修改文字"按钮，打开"尺寸文字"对话框，可修改各项内容。

注意：如果手工更改标注文字的某部分，可能会断开此部分与模型的链接。如果断开链接，SOLIDWORKS 会显示警告信息。

2. 修改孔标注以包括公差

01 单击"注解"控制面板上的"孔标注"按钮 ⊔∅ ，在"尺寸"属性管理器的"公差/精度"选项组的"标注值"中选择一项目。

02 选择"与公差套合"。

03 根据需要为"最大变化" ＋ 和"最小变化" － 输入数值。

04 单击"确定"按钮，完成修改孔标注以包括公差。

8.7.3 装饰螺纹线

装饰螺纹线是机械制图中螺纹的规定画法，装饰螺纹线与其他的注解有所不同，它是其所附加项目的专有特征。

在零件或装配体中添加的装饰螺纹线可以输入工程视图中，如果在工程视图中添加了装饰螺纹线，零件或装配体会更新以包括装饰螺纹线特征。

1. 插入装饰螺纹线

（1）操作步骤

插入装饰螺纹线的操作步骤如下所述。

01 在圆柱形特征上单击其圆形边线。

02 选择菜单栏中的"插入"→"注解"→"装饰螺纹线"命令，可以弹出图 8-38 所示的"装饰螺纹线"属性管理器。

03 当插入装饰螺纹线到零件或工程图中时,需要指定"装饰螺纹线"属性管理器属性。在"装饰螺纹线"属性管理器中选择要应用的螺纹。

04 单击"确定"按钮✔,即可完成插入装饰螺纹线的操作。

(2) 选项说明

"装饰螺纹线"属性管理器中各选项的含义如下。

1)"螺纹设定"选项组:包括如下选项。

- 圆形边线 ◎:在利用该选项设置的图形区域选择圆形边线。
- 终止条件:装饰螺纹线从所选边线延伸到终止的条件,包括如下选项。
- 给定深度:指定的深度,指定以下延伸的深度。
- 通孔:完全贯穿现有几何体。
- 成形到下一面:至隔断螺纹线的下一个实体。

图 8-38 "装饰螺纹线"
属性管理器

- 深度 ◎:当终止条件为给定深度时,利用该选项输入给定深度值。
- 次要直径、主要直径或圆锥等距 ◎:利用这些选项可以为与带有装饰螺纹线的实体类型对等的尺寸设定直径。

2)"螺纹标注"选项组:利用该选项组可以输入在螺纹标注中出现的文字。

3)"图层"选项组:选择图层名称,可以将符号移动到该图层上。选择图层时,可以在带命名图层的工程图中进行。

2. 编辑装饰螺纹线

如果要编辑装饰螺纹线,操作步骤如下。

01 在零件图文件中右击装饰螺纹线。

02 从快捷菜单中选择"编辑定义"命令,出现"装饰螺纹线"属性管理器。

03 在属性管理器中进行必要的更改。

04 单击"确定"按钮✔,所更改的内容自动应用到该零件的工程图中。

图 8-39 所示为利用"装饰螺纹线"命令为螺纹添加标注的效果。

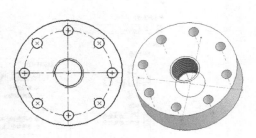

图 8-39 螺纹标注

8.8 工程图实例

8.8 工程图实例

本实例进行的操作是将图 8-40 所示的机械零件转化为工程图,具体操作步骤如下所述。

01 启动 SOLIDWORKS,单击"标准"工具栏中的"打开"按钮 🖿,在弹出的"打开"对话框中选择将要转化为工程图的零件文件。

02 单击"标准"工具栏中的"从零件制作工程图"按钮 📳,弹出"图纸格式/大小"对话框,选中"自定义图纸大小"单选按钮,并设置图纸尺寸,如图 8-41 所示。完成图纸设置后单击"确定"按钮。

03 将视图调色板中的前视拖到工程图中，在图纸中合适的位置放置正视图，如图 8-42 所示。

图 8-40　机械零件图

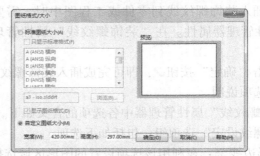

图 8-41　"图纸格式/大小"对话框

04 利用同样的方法在图形操作窗口放置俯视图（由于该零件图比较简单，故侧视图没有标出），相对位置如图 8-43 所示。

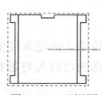

图 8-42　正视图

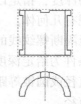

图 8-43　视图模型

05 在图形区域的正视图内单击，出现"工程图视图"属性管理器，设置相关参数：在"显示样式"选项组中单击"隐藏线可见"按钮 ⊞（见图 8-44），此时的三视图将显示隐藏线，如图 8-45 所示。

图 8-44　"工程图视图"属性管理器

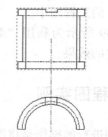

图 8-45　显示隐藏线

06 单击"注解"控制面板上的"模型项目"按钮 ✎，出现"模型项目"属性管理器。在属性管理器中设置各参数，如图 8-46 所示。单击属性管理器中的"确定"按钮 ✔，这时视图中自动显示尺寸，如图 8-47 所示。

07 在主视图中单击选取要移动的尺寸，按住鼠标左键移动指针位置，即可在同一视图中动态地移动尺寸位置。选中将要删除的多余尺寸，然后按键盘中的〈Delete〉键即可将多余的

252

尺寸删除。调整后的主视图如图8-48所示。

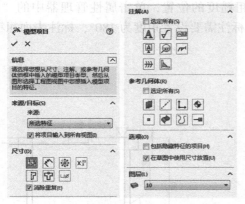

图8-46 "模型项目"属性管理器

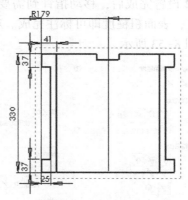

图8-47 显示尺寸

注意：*如果要在不同视图之间移动尺寸，需首先选择要移动的尺寸，并按住鼠标左键拖动，然后按住键盘中的〈Shift〉键移动指针到另一个视图中释放鼠标，即可完成尺寸的移动。*

08 利用同样的方法可以调整俯视图，得到的结果如图8-49所示。

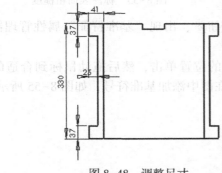

图8-48 调整尺寸

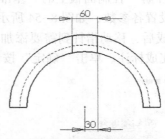

图8-49 调整俯视图

09 选择"草图"控制面板上的"中心线"按钮，在主视图中绘制中心线，如图8-50所示。

10 单击"注解"控制面板上的"智能尺寸"按钮，标注视图中的尺寸。在标注过程中将不符合国标的尺寸删除，最终得到的结果如图8-51所示。

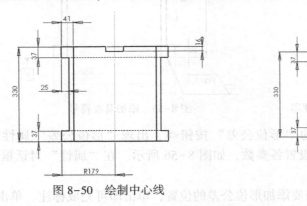

图8-50 绘制中心线　　　　　　　　图8-51 添加尺寸

11 单击"注解"控制面板上的"表面粗糙度符号"按钮，出现"表面粗糙度"属性管理器，在属性管理器中设置各参数，如图8-52所示。

12 设置完成后，移动指针到需要标注表面粗糙度的位置，单击属性管理器中的"确定"按钮，表面粗糙度即可标注完成。对下表面的标注需要设置角度为180°，标注表面粗糙度效果如图8-53所示。

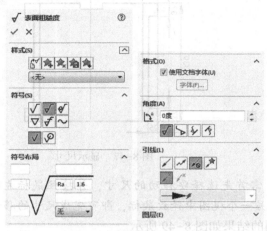

图8-52 "表面粗糙度"属性管理器

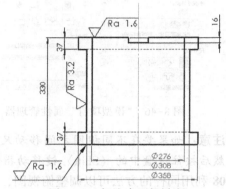

图8-53 标注表面粗糙度

13 单击"注解"控制面板上的"基准特征"按钮，出现"基准特征"属性管理器，在属性管理器中设置各参数，如图8-54所示。

14 设置完成后，移动指针到需要添加基准特征的位置单击，然后拖动鼠标到合适的位置再次单击即可完成标注。单击"确定"按钮即可在图中添加基准符号，如图8-55所示。

图8-54 "基准特征"属性管理器

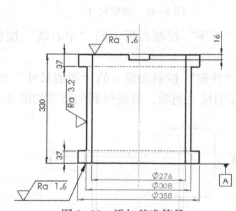

图8-55 添加基准符号

15 单击"注解"控制面板上的"形位公差"按钮，出现"形位公差"属性管理器及"属性"对话框，在属性管理器中设置各参数，如图8-56所示。在"属性"对话框中设置各参数，如图8-57所示。

16 设置完成后，移动指针到需要添加形位公差的位置，单击即可完成标注。单击"确定"按钮即可在图中添加形位公差符号，如图8-58所示。

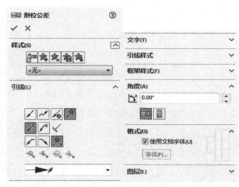

图 8-56　"形位公差"属性管理器

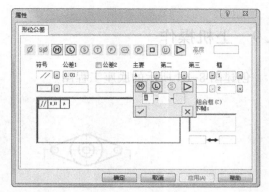

图 8-57　"属性"对话框

17 单击"草图"控制面板上的"中心线"按钮 ✎，在俯视图中绘制两条中心线，如图 8-59 所示。

18 选择主视图中的所有尺寸，如图 8-60 所示，在"尺寸"属性管理器"引线"选项卡的"尺寸界线/引线显示"选项组中选择实心箭头，如图 8-61 所示。单击"确定"按钮 ✔，修改后的俯视图如图 8-62 所示。

19 利用同样的方法修改俯视图中的尺寸属性，最终可以得到图 8-63 所示的工程图。工程图的生成到此即结束。

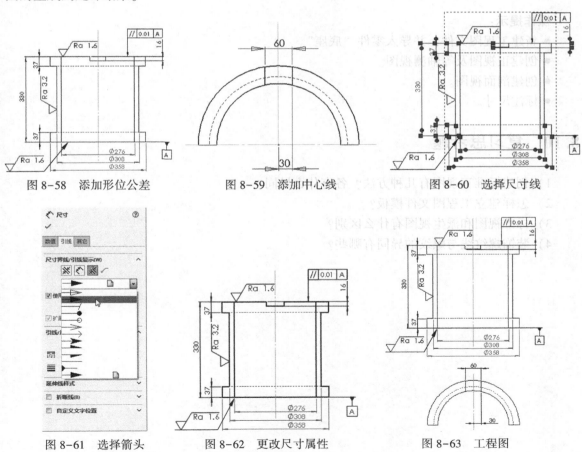

图 8-58　添加形位公差　　图 8-59　添加中心线　　图 8-60　选择尺寸线

图 8-61　选择箭头　　图 8-62　更改尺寸属性　　图 8-63　工程图

8.9 上机操作

创建图 8-64 所示的底座工程图。

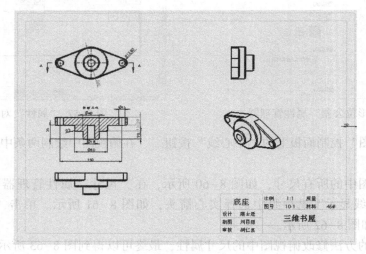

图 8-64 底座工程图

操作提示：
- 新建工程图文件，并导入零件"底座"。
- 创建正视图及等轴测视图。
- 创建剖面视图。
- 标注尺寸。

8.10 复习思考题

1）创建标准三视图有几种方法？各有什么异同？
2）怎样建立工程图文件模板？
3）标准视图和派生视图有什么区别？
4）装饰螺纹线与螺纹的异同有哪些？

第9章 综合实例

本章将给出齿轮、变速箱上箱盖的设计和变速箱装配等综合实例的操作讲解，以加深读者对前面章节的理解。

学习要点

◆ 齿轮设计
◆ 变速箱上箱盖设计
◆ 变速箱装配
◆ 高速轴工程图

9.1 齿轮设计

9.1 齿轮设计

作为现代机械制造和仪表制造等行业中的重要零件，齿轮的应用很广，类型也很多，主要有圆柱齿轮传动、锥齿轮传动、齿轮齿条传动和蜗杆传动等类型，而最常用的是渐开线齿轮、圆柱齿轮传动（包括直齿、斜齿和人字齿齿轮）。

齿轮传动是瞬时速比恒定的传动。齿轮传动的功率范围很大，能传递的功率可达 2500 kW，传动的速度可达 150 m/s，甚至更高；其单级齿轮传动比可达 8～10，两级齿轮可达 45，三级可达 75；其传动效率高，一对齿轮可达到 98%～99.5%；其使用寿命长，装配方便，结构紧凑，体积较小。

本节将介绍减速箱中一对啮合齿轮的设计，齿轮的基本参数见表 9-1，效果如图 9-1 所示。

图 9-1 大齿轮效果图

表 9-1 齿轮的基本参数

齿轮类型 参数	大　齿　轮	小　齿　轮
模数	10	10
齿数	46	20
分度圆直径	460	200
齿顶圆直径	480	220
齿根圆直径	435	175
齿轮厚度	140	75

本例将具体介绍其中的大齿轮的设计过程，其建模主要通过拉伸特征建立基体，使用三点圆弧的方法模拟渐开线齿轮的外廓；然后通过圆周阵列的方法阵列齿轮，从而实现多齿轮的效果；最后通过切除-拉伸特征来实现齿轮的键槽和通孔。

9.1.1 拉伸基体

拉伸特征由截面轮廓草图经过拉伸而成，它适合于构造等截面的实体特征。这个拉伸特征的草图是一个以坐标原点为圆心、直径为 435 的正圆，拉伸的深度为 140，具体操作如下。

01 启动 SOLIDWORKS 2018，单击"标准"工具栏中的"新建"按钮，在打开的"新建 SOLIDWORKS 文件"对话框中，单击"确定"按钮。

02 在设计树中选择"前视基准面"作为草图绘制平面，再单击"草图"控制面板上的"草图绘制"按钮，新建一张草图。

03 单击"草图"控制面板上的"圆"按钮，此时鼠标指针变为样式。

04 单击图形区域将圆心放置到坐标原点上，鼠标指针变为样式，此时"圆"属性管理器出现。

05 拖动鼠标来设定半径，系统会自动显示半径的值，如图 9-2 所示。

说明：如果要对绘制的圆进行修改，可以使用选择工具拖动圆的边线来缩小或放大圆，也可以拖动圆的圆心来移动圆。

06 单击"草图"控制面板上的"智能尺寸"按钮，此时鼠标指针变为样式。

07 将鼠标指针放到要标注的圆上，这时鼠标指针变为样式，要标注的圆以红色高亮度显示。

08 单击鼠标，则出现标注尺寸线，并随鼠标指针移动。

09 将尺寸线移动到适当的位置后，单击鼠标将尺寸线固定下来。

10 在"修改"对话框中设置圆的直径为 435，如图 9-3 所示。单击"确定"按钮，完成标注。

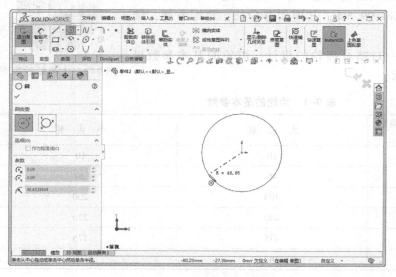

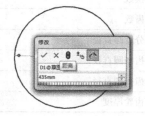

图 9-2　绘制圆　　　　　　　　　　　图 9-3　标注圆的直径

11 单击"特征"控制面板上的"拉伸凸台/基体"按钮。

12 在出现的"凸台-拉伸"属性管理器中设置拉伸终止条件为"给定深度"、拉伸深度为 140，如图 9-4 所示。

13 单击"确定"按钮 ✔，生成一个以"前视基准面"为基准面的向 Z 轴正向拉伸 140 的基体，完成基体拉伸，如图 9-5 所示。

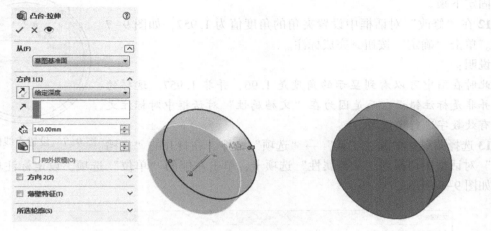

图 9-4　设置拉伸属性　　　　　　　　　图 9-5　基体效果图

9.1.2　绘制齿轮

接下来就要在基体上通过拉伸特征生成齿轮的一个齿。这里用三点圆弧来模拟渐开线齿轮的外形，具体操作如下所述。

01 在设计树中选择"前视基准面"作为草图绘制平面，再单击"草图"控制面板上的"草图绘制"按钮 ▢，再新建一张草图。

02 单击"标准视图"工具栏中的"正视于"按钮 ⬇，正视于草图。

03 选择基体的外圆，再单击"草图"控制面板上的"转换实体引用"按钮 ▣，将特征的边线转换为草图轮廓，从而作为齿轮的齿根圆。

04 单击"草图"控制面板上的"圆"按钮 ⊙，以坐标原点为圆心，绘制一个直径为 480 的圆作为齿顶圆。

05 单击"草图"控制面板上的"圆"按钮 ⊙，以坐标原点为圆心，绘制一个直径为 460 的圆作为分度圆。分度圆在齿轮中是一个非常重要的参考几何体。选择该圆，在出现的"圆"属性管理器中的"选项"选项组中选中"作为构造线"单选按钮，单击"确定"按钮 ✔，将其作为构造线。从图 9-6 中可以看出分度圆成为虚线。

图 9-6　绘制分度圆

06 单击"草图"控制面板上的"中心线"按钮 ⁄，此时出现"插入线条"属性管理器，鼠标指针变为 ↘ 样式。

07 拖动鼠标指针绘制一条通过原点竖直向上的中心线。

注意：

鼠标指针变为 ↘ 样式，表示捕捉到了点；变为 ↘ 样式，表示绘制竖直直线。

08 绘制一条通过原点的中心线，这条中心线是一条斜线。

09 单击"草图"控制面板上的"智能尺寸"按钮，此时鼠标指针变为 ↖ 样式，用鼠标左键拾取第一条直线。

10 此时标注尺寸线出现，继续用鼠标左键拾取第二条直线。

11 这时标注尺寸线显示为两条直线之间的角度，单击鼠标将尺寸线固定下来。

12 在"修改"对话框中设置夹角的角度值为1.957，如图9-7所示。单击"确定"按钮 ✔ 完成标注。

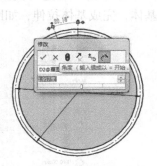

说明：

此时在图中可以看到显示的角度是1.96，并非1.957。这样的结果并非是标注错误，而是因为在"文档属性"对话框中对标注文字的有效数字进行了设定。

13 选择菜单栏中的"工具"→"选项"命令，在打开的"文档属性"对话框中切换到"文档属性"选项卡，单击左侧的"单位"选项，设定标注单位的属性，如图9-8所示。

图9-7　设置直线间的角度

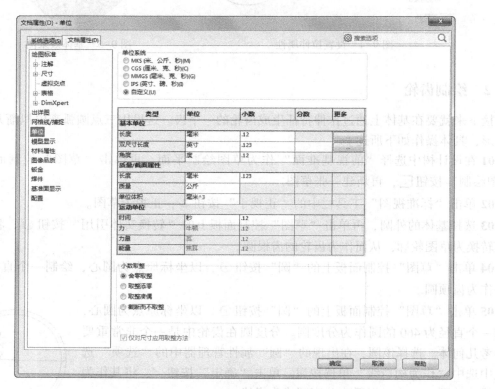

图9-8　设置标注单位属性

14 在"角度"行中将"小数"位数设置为.123，这样在文件中将显示角度单位小数点后的3位数字。单击"确定"按钮，关闭对话框。此时的草图如图9-9所示。

15 单击"草图"控制面板上的"点"按钮 ▪，在分度圆和与通过原点的竖直中心线成1.957°的中心线的交点上绘制一点。

16 单击"草图"控制面板上的"中心线"按钮 ╱，绘制两条竖直中心线，并标注尺寸，如图9-10所示。

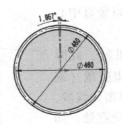
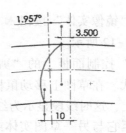

图 9-9　标注角度后的草图　　　　图 9-10　绘制三点圆弧

17 单击"草图"控制面板上的"三点圆弧"按钮 ⌒，此时指针变为 ▶ 样式。

18 单击圆弧的起点位置，即与原点相距 10 的竖直中心线和齿根圆的交点，此时鼠标指针变为 ▶ 样式，并出现"圆弧"属性管理器。

19 拖动鼠标到圆弧结束的位置，即与原点相距 3.5 的竖直中心线和齿顶圆的交点，释放鼠标。

20 拖动鼠标设置圆弧的半径，释放鼠标，从而确定三点圆弧，如图 9-10 所示。

21 单击"草图"控制面板"显示/删除几何关系"下拉列表框中的"添加几何关系"按钮 ⊥。

22 在草图上选择要添加几何关系的实体，即三点圆弧和步骤 15 中所绘制的交点。此时所选实体会在"添加几何关系"属性管理器的"所选实体"显示框中显示。

23 在"添加几何关系"选项组中单击要添加的几何关系类型（相切或固定等），这时添加的几何关系类型就会出现在"现有几何关系"显示框中。这里添加"重合"几何关系（见图 9-11）。

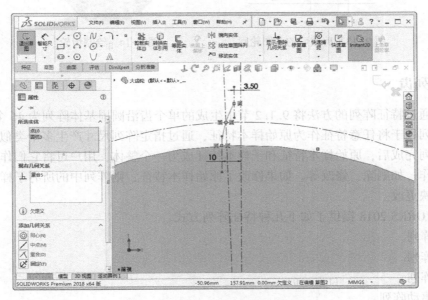

图 9-11　添加"重合"几何关系

24 单击"确定"按钮 ✓，几何关系即被添加到草图实体间。此时三点圆弧被固定，草图被完全定义，草图的颜色也由原来的蓝色变为黑色。

25 按住〈Ctrl〉键选择三点圆弧和通过原点的竖直中心线（作为对称轴），再单击"草

261

图"控制面板上的"镜像实体"按钮 ⊮⊧，将三点圆弧以竖直中心线进行镜像，如图9-12所示。

26 单击"草图"控制面板上的"剪裁实体"按钮 ✂，此时鼠标指针变为 ✂ 样式。在草图上移动鼠标指针，到希望剪裁（或删除）的草图线段上，这时线段显示为红色高亮度。单击此线段，则线段将一直删除至它与另一草图实体或模型边线的交点处。如果草图线段没有和其他草图实体相交，则整条草图线段都将被删除。完成剪裁草图，显现出齿轮轮廓，最后的效果如图 9-13 所示。

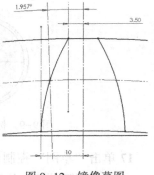

图 9-12　镜像草图

27 单击"特征"控制面板上的"拉伸凸台/基体"按钮 🔲。

28 在出现的"凸台-拉伸"属性管理器中设置拉伸终止条件为"给定深度"、拉伸深度为140。

29 单击"确定"按钮 ✓，生成一个以"前视基准面"为基准面的向 Z 轴正向拉伸 140 的基体，如图 9-14 所示。

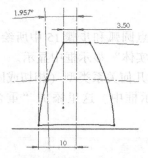

图 9-13　剪裁后的草图轮廓

图 9-14　绘制齿轮

9.1.3　阵列齿

本节将通过特征阵列的方法将 9.1.2 节中生成的单个齿沿圆周基体阵列为 46 个齿。

特征阵列用于将任意特征作为原始样本特征，通过指定阵列尺寸产生多个类似的子样本特征。特征阵列完成后，原始样本特征和子样本特征成为一个整体，用户可将它们作为一个特征进行相关操作，如删除、修改等。如果修改了原始样本特征，则阵列中的所有子样本特征将随之更新以反映更改。

SOLIDWORKS 2018 提供了如下几种特征阵列方式。

◆ 线性阵列。

◆ 圆周阵列。

◆ 草图阵列。

◆ 曲线驱动阵列。

下面将 9.1.2 节中通过拉伸特征生成的齿，以基体的中心轴为中心进行阵列。

01 在设计树或图形区域选择原始样本特征。

02 单击"特征"控制面板上的"圆周阵列"按钮 🔄，打开"圆周阵列"属性管理器，选择阵列轴栏目，然后在图形区域选择圆柱基体的临时轴作为阵列轴。

03 在"阵列（圆周）"属性管理器中选择"等间距"单选按钮，使所有的阵列特征等角度均匀分布。

04 在"实例数"文本框✿中设置圆周阵列的个数为46，即大齿轮的齿数为46，圆周阵列参数设置如图 9-15 所示。

05 单击"确定"按钮✔，生成圆周阵列特征，效果如图 9-16 所示。

图 9-15　设置圆周阵列参数

图 9-16　阵列齿

9.1.4　制作轴孔和键槽

本节将利用切除-拉伸特征来生成轴孔和键槽，具体操作如下。

01 在设计树中选择"前视基准面"作为草图绘制平面，再单击"草图"控制面板上的"草图绘制"按钮▢，新建一张草图。

02 单击"标准视图"工具栏中的"正视于"按钮⬆，正视于草图。

03 使用草图绘制工具和标注工具绘制图 9-17 所示的草图轮廓，作为切除-拉伸的草图。

04 保持草图处于激活状态，单击"特征"控制面板上的"拉伸切除"按钮▣，打开"切除-拉伸"属性管理器，如图 9-18 所示。其中的选项与"拉伸"属性管理器基本相同。

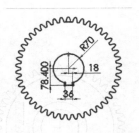

图 9-17　切除草图轮廓

05 在"方向 1"选项组的"终止条件"下拉列表框↗中选择拉伸的终止条件为"完全贯穿"。将切除从草图的基准面拉伸，直到贯穿所有现有的几何体。

06 单击"确定"按钮✔，完成切除-拉伸特征的生成，效果如图 9-19 所示。

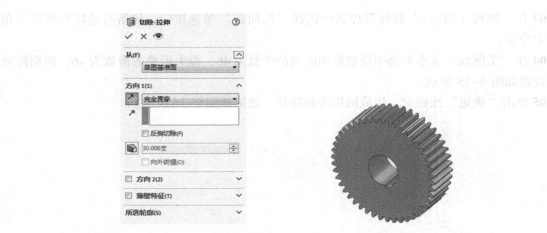

图 9-18 "切除-拉伸"属性管理器 　　　图 9-19 　轴孔、键槽的绘制

9.1.5 去除多余材料

齿轮的受力分析表明齿轮中轮盘中央的受力强度较大，有必要对其进行部分切除，从而达到等强度设计的效果。本节将利用带拔模效果的拉伸-切除特征对齿轮盘中央进行加工。

首先在齿轮盘的一面进行带拔模属性的切除；然后在齿轮的中央建立一个基准面，从而将齿轮对称分开；最后利用镜像特征的方法在齿轮盘的两面上都生成切除特征。具体步骤如下所述。

01 在设计树中选择"前视基准面"作为草图绘制平面，再单击"草图"控制面板上的"草图绘制"按钮□，新建一张草图。

02 单击"标准视图"工具栏中的"正视于"按钮↓，正视于草图。

03 单击"草图"控制面板上的"圆"按钮⊙。绘制两个以原点为圆心、直径分别为 200 和 400 的圆作为切除的草图轮廓，如图 9-20 所示。

04 单击"特征"控制面板上的"拉伸切除"按钮⑩。打开"切除-拉伸"属性管理器，设置拉伸的终止条件为"给定深度"，单击"反向"按钮↗，使切除沿 Z 轴正向拉伸；在深度🗇后的输入框中设置拉伸深度为 30；单击"拔模"按钮◙激活拔模属性，在右侧的"拔模角度"文本框中设置拔模角度为 30°，如图 9-21 所示。

05 单击"确定"按钮✓，完成带拔模属性的切除特征，如图 9-22 所示。

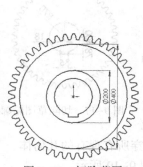

图 9-20 　切除草图 　　　图 9-21 　设置带拔模的切除特征参数 　　　图 9-22 　拔模-切除特征效果图

9.1.6　镜像齿轮特征

如果零件结构是对称的，用户可以只创建一半零件模型，然后使用特征镜像的方法生成整个零件。如果修改了原始特征，则镜像的副本也将更新，以反映其变更。

这里将以一个基准面镜像切除特征，首先要建立一个基准面，为镜像特征做准备。

01 在设计树中选择"前视基准面"。

02 单击"特征"控制面板上的"基准面"按钮 ，打开"基准面"属性管理器，单击"偏移距离"按钮 ，并在右侧的文本框中指定偏移距离为 70，如图 9-23 所示。

03 单击"确定"按钮 ，生成一个沿 Z 轴正向距"前视基准面"为 70 的基准面，如图 9-24 所示。接下来就可以使用镜像特征的方法将本节生成的特征"切除-拉伸 2"以生成的"基准面 1"镜像到另一面。

04 单击"特征"控制面板上的"镜像"按钮 。打开"镜像特征/曲面"属性管理器，单击"镜像特征/曲面"按钮 右侧的显示框，然后在图形区域或特征管理器中选择作为镜像面的"基准面 1"。

05 单击"要镜像的特征"选项组中"要镜像的特征"按钮 右侧的显示框，然后在图形区域或特征管理器中选择要镜像的特征，即"切除-拉伸 2"，如图 9-25 所示。

图 9-23　设置偏移指定距离的基准面　　图 9-24　生成的基准面效果　　图 9-25　设置镜像特征属性

06 单击"确定"按钮 ，完成特征的镜像。

07 单击"标准"工具栏中的"保存"按钮 ，将零件保存为"大齿轮.SLDPRT"。至此，该零件就制作完成了，最后的效果如图 9-26 所示。

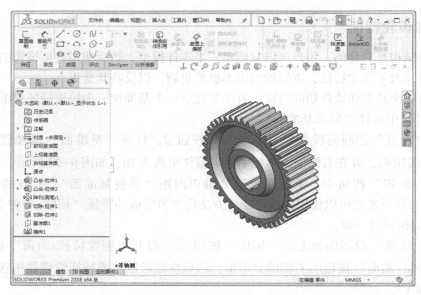

图 9-26 "大齿轮 . SLDPRT"的最终效果

9.2 变速箱上箱盖设计

9.2 变速箱上箱盖设计

变速箱上箱盖是一个典型的箱体类零件,是变速箱的关键组成部分,用于保护箱体内的零件。与下箱体类似,上箱盖的设计综合运用了 SOLIDWORKS 2018 中提供的拉伸、抽壳、切除、钻孔、复制特征、制作加强筋及圆角等多项功能。

本例制作的某种类型的变速箱上箱盖效果如图 9-27 所示。

9.2.1 绘制初步轮廓

变速箱上箱盖的初步轮廓设计包括制作上箱盖的基本实体外形、制作装配凸沿和生成上箱盖初步轮廓,可以通过 SOLIDWORKS 2018 中的拉伸、抽壳或切除等工具来实现。

图 9-27 变速箱上箱盖

1. 生成上箱盖实体

上箱盖实体可利用 SOLIDWORKS 2018 中的拉伸工具来实现,具体的操作步骤如下。

01 启动 SOLIDWORKS 2018,单击"标准"工具栏中"新建"按钮 □,在打开的"新建 SOLIDWORKS 文件"对话框中单击"确定"按钮,如图 9-28 所示。

02 确定草图绘制基准。在设计树中选择"前视基准面"作为草图绘制平面,再单击"标准视图"工具栏中的"正视于"按钮 ↓,使绘图平面转为正视方向。

03 单击"草图"控制面板上的"中心线"按钮 ✓,在草图绘制平面上绘制两条以系统坐标原点为交点的垂直中心线,作为上箱盖实体的草图绘制基准,如图 9-29 所示。

04 单击"草图"控制面板上的"中心线"按钮 ✓,在草图绘制平面上绘制一条垂直中心线并标注尺寸。它与水平中心线的交点将作为下面步骤中小圆绘制的中心,如图 9-30 所示。至此,上箱盖初步轮廓设计的基准要素已设置完成,下面将在此基础上进行初步轮廓的设计。

05 单击"草图"控制面板上的"圆"按钮 ⊙，在草图绘制平面上绘制两个圆：大圆圆心与系统坐标原点重合；小圆圆心则与步骤 03 中所确定的小圆中心重合。单击"草图"控制面板上的"智能尺寸"按钮 ✦，标注圆的外形尺寸，如图 9-31 所示。

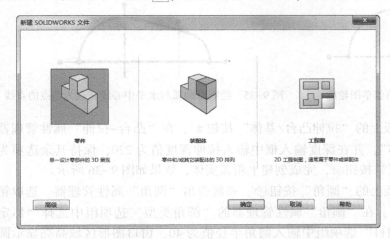

图 9-28 "新建 SOLIDWORKS 文件"对话框　　　　图 9-29 确定草图绘制基准

06 单击"草图"控制面板上的"直线"按钮 ╱，在草图绘制平面上绘制一条直线与前面所创建的两个圆相交，如图 9-32 所示。

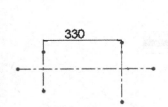

图 9-30 确定小圆绘制中心

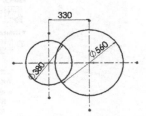

图 9-31 绘制圆并标注尺寸

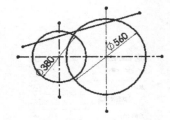

图 9-32 绘制与两个圆相交的直线

07 添加几何关系。单击"草图"控制面板"显示/删除几何关系"下拉列表框中的"添加几何关系"按钮 ⊥，系统弹出"添加几何关系"属性管理器。选择步骤 05 中所绘制的直线与小圆为"所选实体"，并单击"添加几何关系"选项组中的"相切"按钮 ♂，设置直线与圆的几何关系为"相切"；添加直线与大圆的几何关系为"相切"。单击"确定"按钮 ✓，确认设置，如图 9-33 所示。

08 剪裁多余图形。单击"草图"控制面板上的"剪裁实体"按钮 ⚔，剪裁掉草图中的多余图形。剪裁后的上箱盖草图轮廓如图 9-34 所示。

09 单击"草图"控制面板上的"直线"

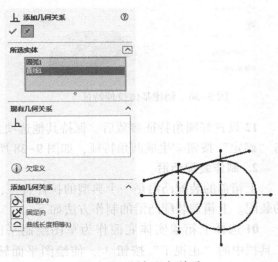

图 9-33 添加几何关系

按钮 ✓，在草图绘制平面上绘制一条直线，直线的两个端点分别为圆弧与水平中心线的两个交点，如图 9-35 所示。

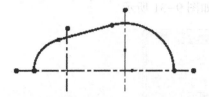

图 9-34　剪裁后的上箱盖草图轮廓

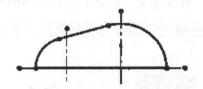

图 9-35　绘制以圆弧与水平中心线交点为端点的直线

10 单击"特征"控制面板上的"拉伸凸台/基体"按钮 🗐，在"凸台-拉伸"属性管理器中设置拉伸类型为"两侧对称"，并在深度输入框中输入拉伸深度值为 220，保持其余选项为系统默认值不变，单击"确定"按钮 ✓，完成创建上箱盖实体，效果如图 9-36 所示。

11 单击"特征"控制面板上的"圆角"按钮 🗐，系统弹出"圆角"属性管理器。选取箱体实体的两条带有圆弧的边线，在"圆角"属性管理器的"圆角类型"选项组中选择"恒定大小圆角"项，并在"圆角项目"选项组中输入圆角半径值为 40，窗口图形区域高亮显示圆角的设计参数，如图 9-37 所示。

图 9-36　创建基体拉伸特征

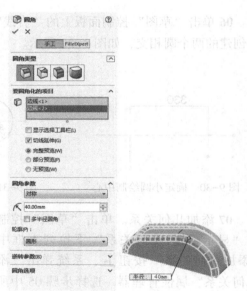

图 9-37　设置圆角设计参数

12 设置好圆角特征参数后，保持其他选项为系统默认值不变，单击"确定"按钮 ✓ 生成圆角特征，如图 9-38 所示。

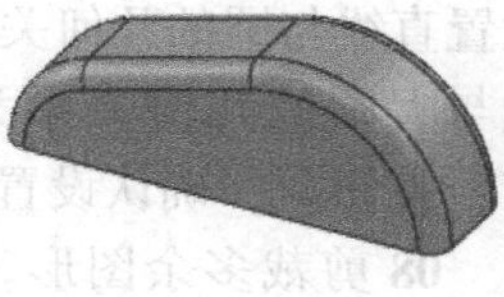

2. 制作装配凸沿

上箱盖的装配凸沿是一个典型的拉伸特征，用于和变速箱下箱体的装配。上箱盖装配凸沿的制作方法如下。

01 选择上箱盖实体底面作为草图绘制平面，单击"标准视图"工具栏中的"正视于"按钮 ↧，使绘图平面转为正视方向。再单击"草图"控制面板上的"中心线"按钮 ↗，在草图绘制平面上绘制两条以系统坐标原点为交点的垂直中心线，如

图 9-38　生成上箱盖
实体圆角特征

图 9-39 所示。

02 单击"草图"控制面板上的"边角矩形"按钮口，绘制装配凸沿的矩形轮廓，并标注尺寸，如图 9-40 所示。

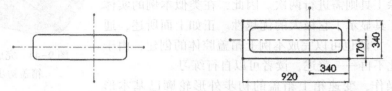

图 9-39　创建草图绘制中心线　　　图 9-40　绘制上箱盖装配凸沿的矩形轮廓

03 单击"草图"控制面板上的"绘制圆角"按钮┐，在弹出的"绘制圆角"属性管理器中输入圆角半径为 100，再单击装配凸沿草图中矩形的 4 个顶点，创建草图圆角特征，如图 9-41 所示。

04 单击"特征"控制面板上的"拉伸凸台/基体"按钮🔳，在"凸台-拉伸"属性管理器中设置拉伸类型为"给定深度"，并在深度输入框中输入拉伸深度值为 20；保持其余选项为系统默认值不变，单击"确定"按钮✓，生成上箱盖装配凸沿，如图 9-42 所示。

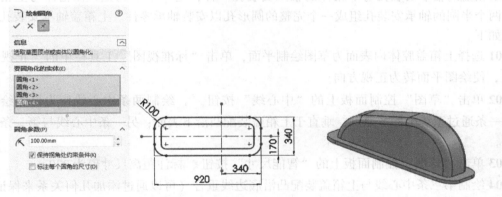

图 9-41　绘制草图圆角　　　　　　图 9-42　生成上箱盖装配凸沿

3. 生成上箱盖初步轮廓

在完成了上箱盖实体和装配凸沿的制作后，可以通过 SOLIDWORKS 2018 中的抽壳工具来完成上箱盖初步轮廓的设计，具体步骤如下。

01 选择上箱盖装配凸沿的下表面，单击"特征"控制面板上的"抽壳"按钮🔳，系统弹出"抽壳"属性管理器，在"厚度"输入框中输入抽壳厚度值为 20；保持其他选项为系统默认设置不变，进行抽壳参数定义，如图 9-43 所示。

02 单击"确定"按钮✓，完成抽壳操作，创建完成上箱盖腔体。最后生成的变速箱上箱盖初步轮廓如图 9-44 所示。

从图 9-44 中可以发现，抽壳操作在完成上箱盖内部材料去除的同时，也很好地进行了内部角点的圆角。当然，它不是通过圆角工具来完成的，这是因为抽壳操作实质上也是一种在所选实体内部保

图 9-43　定义抽壳参数

持同一壁厚的去除材料操作。通过拉伸切除工具实现上箱盖腔体的创建时，还需进行一次腔体内部的圆角操作。也就是说，在实现等壁厚的切除操作时，抽壳工具可以一次性操作实现，而使用拉伸切除工具则需进行两次。因此，在类似本例的实体建模中，抽壳工具显示了它极大的优越性。正如上面所述，通过"拉伸切除"方法也可以完成本例上箱盖腔体的创建，由于篇幅所限，在此不再——赘述，读者可以自行练习。

图 9-44　完成变速箱上箱盖初步轮廓

通过以上操作，变速箱上箱盖的初步外形轮廓已基本形成，下面将进行上箱盖其他特征的创建。

9.2.2　创建孔特征

与变速箱下箱体相似，孔特征是上箱盖设计中的一个主要特征。上箱盖中的孔较多，如轴承安装孔、上箱盖装配孔、大闷盖安装孔等。本节将根据不同孔的类型特点，选择合适的设计方法来分别实现。

1. 创建轴承安装孔

上箱盖的轴承安装孔与下箱体的轴承安装孔一样，是一个半圆孔。在箱体与上箱盖装配后，两个半圆的轴承安装孔组成一个完整的圆形孔以安装轴承零件。上箱盖轴承安装孔的制作过程如下。

01 选择上箱盖腔体内表面为草图绘制平面，单击"标准视图"工具栏中的"正视于"按钮，使绘图平面转为正视方向。

02 单击"草图"控制面板上的"中心线"按钮，绘制两条中心线作为草图绘制的基准：一条通过系统坐标系原点，垂直于上箱盖装配凸沿下表面；另一条中心线与第一条中心线平行。

03 单击"草图"控制面板上的"智能尺寸"按钮标注距离尺寸值为330。

04 绘制第三条中心线与上箱盖装配凸沿底边线重合（可以通过添加几何关系来保证），如图 9-45 所示。

05 绘制轴承安装孔凸台轮廓草图。单击"草图"控制面板上的"圆"按钮，分别以图 9-45 中的圆心1、圆心2为圆心画圆，并标注直径尺寸分别为240和280，如图 9-46 所示。

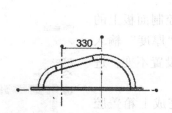

图 9-45　绘制轴承安装孔凸台中心线

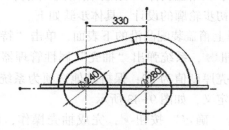

图 9-46　绘制轴承安装孔凸台轮廓草图

06 单击"草图"控制面板上的"剪裁实体"按钮，剪裁掉草图中水平中心线以下的半圆，如图 9-47 所示，完成上箱盖轴承安装孔凸台轮廓草图。

07 单击"草图"控制面板上的"直线"按钮，在草图绘制平面上绘制两条直线，直线的端点分别为大、小圆弧端点，如图 9-48 所示。

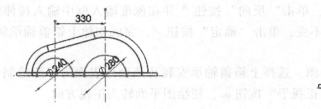

图 9-47　剪裁后的轴承安装孔凸沿轮廓草图

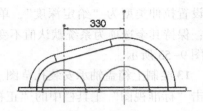

图 9-48　完成上箱盖轴承安装孔
凸台轮廓草图的绘制

08 单击"特征"控制面板上的"拉伸凸台/基体"按钮 🗔，在"凸台–拉伸"属性管理器中设置拉伸类型为"给定深度"，单击"反向"按钮 ⇡ 并在深度输入框中输入拉伸深度值为 100；保持其余选项为系统默认值不变，单击"确定"按钮 ✔，完成创建上箱盖轴承安装孔凸台，如图 9-49 所示。

图 9-49　上箱盖轴承
安装孔凸台

09 创建上箱盖装配凸沿草图轮廓。选择上箱盖装配凸沿下表面为草图绘制平面，单击"标准视图"工具栏中的"正视于"按钮 ⊥，使绘图平面转为正视方向。再单击"草图"控制面板上的"边角矩形"按钮 ▢，绘制上箱盖装配凸沿的矩形轮廓，并标注尺寸，如图 9-50 所示。

10 添加几何关系。单击"草图"控制面板"显示/删除几何关系"下拉列表框中的"添加几何关系"按钮 ⊥，弹出"添加几何关系"属性管理器。选择上箱盖装配凸沿草图矩形下边与轴承安装孔凸台边线为"所选实体"，单击"添加几何关系"选项组内"共线"按钮 ╱，设置几何关系为"共线"；类似地，添加上箱盖装配凸沿草图矩形上边与上箱盖内腔表面边线的几何关系为"共线"，单击"确定"按钮 ✔，如图 9-51 所示。

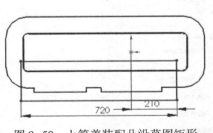

图 9-50　上箱盖装配凸沿草图矩形

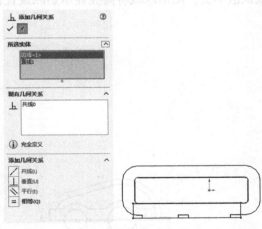

图 9-51　添加几何关系

11 单击"草图"控制面板上的"绘制圆角"按钮 ⌐，在弹出的"绘制圆角"属性管理器中输入圆角半径为 40，单击上箱盖装配凸沿草图中矩形的下面两个顶角边，创建草图圆角特征，如图 9-52 所示。

271

12 单击"特征"控制面板上的"拉伸凸台/基体"按钮 ，在"凸台-拉伸"属性管理器中设置拉伸类型为"给定深度"，单击"反向"按钮 并在深度输入框中输入拉伸深度值为80；保持其余选项为系统默认值不变，单击"确定"按钮 ，完成创建上箱盖轴承装配凸台，如图9-53所示。

13 绘制上箱盖轴承安装孔草图。选择上箱盖轴承安装孔凸台外表面为草图绘制平面，再单击"标准视图"工具栏中的"正视于"按钮 ，使绘图平面转为正视方向。

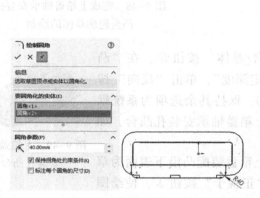

图9-52　创建圆角特征　　　　　　　　　　　　　图9-53　生成上箱盖装配凸台

14 单击"草图"控制面板上的"圆"按钮 ，捕捉上箱盖轴承安装孔两个半圆凸台的圆心，并以这两个圆心为圆心绘制两个圆；然后标注直径尺寸分别为200和160，如图9-54所示。

15 单击"特征"控制面板上的"拉伸切除"按钮 ，在"切除-拉伸"属性管理器中设置切除方式为"给定深度"，在深度输入框中输入切除深度值为100；保持其他选项设置为系统默认值不变。图形区域将高亮显示切除设置，如图9-55所示。

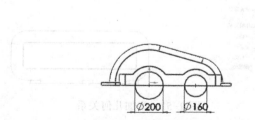

图9-54　绘制上箱盖轴承安装孔草图　　　　图9-55　设置拉伸切除特征属性

16 单击"确定"按钮 ，完成实体拉伸切除的创建。拉伸切除后的上箱盖效果如图9-56所示。

2. 制作上箱盖安装孔

上箱盖安装孔用来装配箱体与上箱盖，为了综合应用SOLIDWORKS 2018强大的建模功能，这里将采用"简单直孔"工具来创建孔特征。具体创建步骤如下。

01 选择上盖安装凸沿下表面为草图绘制平面，单击"标准视图"工具栏中的"正视于"按钮![正视于]，使绘图平面转为正视方向。再单击"特征"控制面板上的"简单直孔"按钮![简单直孔]，

图9-56 创建上箱盖轴承安装孔

系统弹出"孔"属性管理器。设置钻孔终止条件为"完全贯穿"，在![孔直径]孔直径输入框中输入直径值为40，单击"确定"按钮![确定]，系统自动进行切除操作生成孔特征，如图9-57所示。

02 编辑钻孔位置。在设计树中右击步骤1中所创建的孔特征，在弹出的快捷菜单中选择"编辑草图"命令，如图9-58所示。

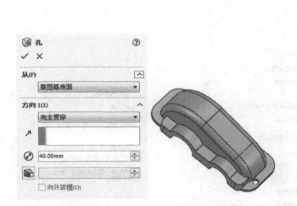

图9-57 利用"简单直孔"工具创建孔特征

图9-58 编辑草图快捷菜单

注意：从上面的创建过程可以发现，利用"简单直孔"工具虽然在模型上生成了孔特征，但是上面的操作还不能确定孔在模型面上的位置，还需要进一步对孔进行定位。

03 单击"草图"控制面板上的"智能尺寸"按钮![智能尺寸]，标注孔位置尺寸，如图9-59所示。单击"完成"按钮![完成]，退出草图编辑状态，完成孔的位置编辑。

04 重复步骤01~步骤03，创建其他各箱体装配孔特征，并编辑位置尺寸。各孔的位置如图9-60所示。钻孔完成后的上箱盖外形如图9-61所示。

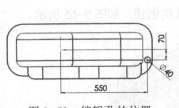

图9-59 编辑孔的位置

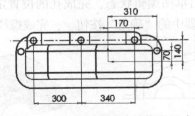

图9-60 上箱盖装配孔的位置尺寸

图9-61 钻孔后变速箱上箱盖外形图

3. 生成大闷盖安装孔

变速箱上箱盖的大闷盖安装孔通常是内螺纹的盲孔，可以通过 SOLIDWORKS 2018 中提供的"异型孔"工具来生成。具体步骤如下。

01 选择上箱盖轴承安装孔凸台外表面为草图绘制平面，单击"标准视图"工具栏中的"正视于"按钮 ↓，使绘图平面转为正视方向。

02 单击"特征"控制面板上的"异型孔向导"按钮 ⬮，系统弹出"孔规格"属性管理器，选择钻孔类型为"直螺纹孔"，并在"标准"下拉列表框中选取国际标准 ISO；在"大小"下拉列表框中选择"M20×2.0"，在"螺纹线"选项组中设置螺纹线深度值为 20；其余各项保持系统默认值不变，如图 9-62 所示。

03 单击"位置"标签，系统弹出"孔位置"属性管理器，如图 9-63 所示。

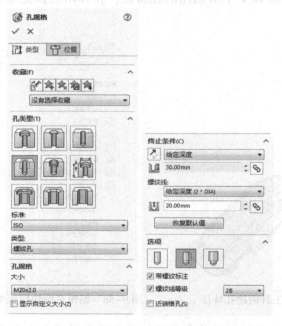

图 9-62   "孔规格"属性管理器   图 9-63   "孔位置"属性管理器

04 此时"草图"控制面板上的"点"按钮 ▫ 处于被选中状态，鼠标指针变为 ↘ 样式。

05 单击"草图"控制面板上的"点"按钮 ▫，取消其选中状态。通过鼠标拖动孔的中心到适当的位置，此时鼠标指针变为 ↘ 样式。

06 单击"草图"控制面板上的"智能尺寸"按钮 ⬩，标注孔位置尺寸，如图 9-64 所示。单击"草图绘制" ⬜ 按钮，退出草图编辑状态，完成孔的位置定义。

07 单击"孔位置"属性管理器中的"确定"按钮 ✓，完成螺纹孔的创建，如图 9-65 所示。

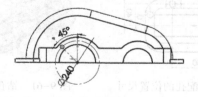

图 9-64   定义孔的位置尺寸

图 9-65   完成创建螺纹孔

08 重复步骤01~步骤07，并按图9-66所示定义孔的位置尺寸，完成后上箱盖外形创建，如图9-67所示。

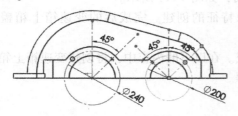

图9-66　定义孔的位置尺寸　　　　　　图9-67　通过"异型孔"工具创建的孔特征

说明：本例中分别通过3种不同的方法创建完成孔特征。在实际的应用过程中，可以根据不同的类型及使用者的熟练程度来选择合适的创建手段。

9.2.3　创建上箱盖加强筋

在箱体类零件的制作过程中，加强筋是常用的一种特征，可以通过SOLIDWORKS 2018中的"筋"工具来创建。如前所述，筋的种类较多，其不同的形式及创建方法可以参见本书前面各相关章节介绍，在此不再重复赘述。变速箱上箱盖筋特征的制作步骤如下。

01 选择"右视基准面"为加强筋的草绘平面，单击"标准视图"工具栏中的"正视于"按钮，使绘图平面转为正视方向。

02 单击"草图"控制面板上的"直线"按钮，绘制加强筋的草图轮廓，并标注尺寸，如图9-68所示。

03 单击"特征"控制面板上的"筋"按钮，系统弹出"筋"属性管理器。单击"平行与草图"按钮，设置筋的生成方向为"平行于草图方向"；单击"两侧"按钮，设置筋的生成方式为"在草图的两边均等地添加材料"，并在厚度输入框中输入厚度值为20，保持其余选项为系统默认值不变。图形窗口中将高亮显示加强筋的成形方向，如图9-69所示。

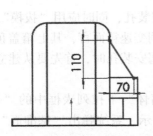

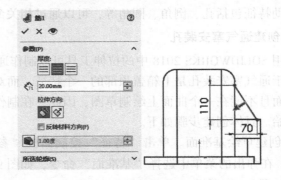

图9-68　绘制加强筋草图直线　　　　　　图9-69　设置加强筋的属性

04 单击"确定"按钮，最终的筋特征如图9-70所示。

说明：现在，已基本完成了上箱盖单侧主体特征的创建。下面将使用SOLIDWORKS 2018中所提供的"镜像"工具来复制已生成的上箱盖特征，完成上箱盖全部的主体特征。

05 镜像特征。单击"特征"控制面板上的"镜像"按钮

图9-70　上箱盖加强筋的最终效果

，系统弹出“镜像”属性管理器，在“要镜像的特征”选项组的列表框中选取前面绘制的全部特征；选择“前视基准面”为镜像基准面，如图 9-71 所示。

06 单击“确定”按钮✓，完成实体镜像特征的创建。完成后的变速箱上箱盖主体图如图 9-72 所示。

至此，变速箱上箱盖的主体特征创建完成。在以下的内容中，将创建变速箱上箱盖的一些辅助特征，包括通气塞安装孔、倒角及圆角等。

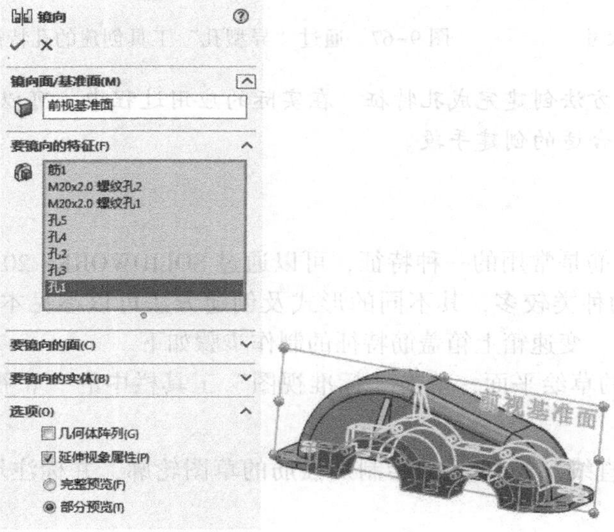

图 9-71　选取镜像特征及基准面

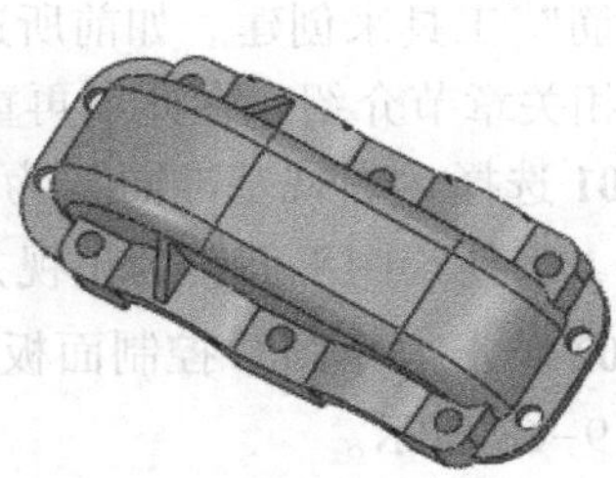

图 9-72　变速箱上箱盖主体图

9.2.4　辅助特征的创建

辅助特征包括孔、倒角、圆角等，可以通过相关命令创建这些特征。

1. 创建通气塞安装孔

利用 SOLIDWORKS 2018 中的拉伸工具可以制作通气塞安装孔，同时应用“拔模”特征。

由于通气塞安装孔是上箱盖顶部的一个特征，而对于本例变速箱而言，其上箱盖顶部为一曲面，而且不能在一个曲面上绘制草图，因此，在制作通气塞安装孔时，首先要从建立草绘基准面开始。具体创建步骤如下。

01 创建草绘基准面。单击“特征”控制面板“参考几何体”下拉列表框中的“基准面”按钮，在弹出的菜单中选择“基准面”命令，如图 9-73 所示。系统弹出“基准面”属性管理器，如图 9-74 所示。

02 设置基准面的设计参数。在“基准面”属性管理器中的“第一参考”选项组中选择“上视基准面”为基准面创建的参考平面，并在偏移距离输入框中输入所创建的基准面与上视基准面的偏移距离值为 290；保持其余选项的系统默认值不变。图形区域将高亮显示所做的设置，如图 9-75 所示。

03 单击“确定”按钮✓，完成通气塞安装孔草绘基准面的创建，如图 9-76 所示。

04 选择“基准面 1”为通气塞安装孔的草绘平面，单击“标准视图”工具栏中的“正视于"按钮 ，使绘图平面转为正视方向。单击"草图"控制面板上的"圆"按钮 ⊙，绘制通气塞安装孔凸台的草图轮廓，使圆心与系统坐标原点重合。

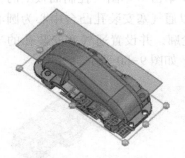

图 9-73 "参考几何体"　　　　图 9-74 "基准面"属性　　　　图 9-75 图形区域高亮显示
　　　　　下拉列表框　　　　　　　　　　管理器　　　　　　　　　　　基准面生成的设置

05 在弹出的"圆"属性管理器的"半径"输入框中输入圆的半径值为 40，保持其余选项的系统默认值不变，单击"确定"按钮 ✓，如图 9-77 所示。

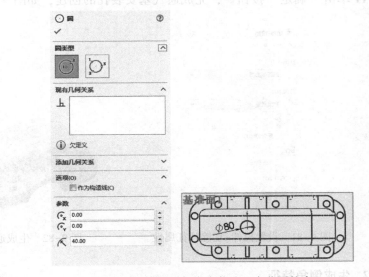

图 9-76 创建完成的草绘基准面　　　　图 9-77 绘制通气塞安装孔凸台草图轮廓

06 单击"特征"控制面板上的"拉伸凸台/基体"按钮 ⬚，系统弹出"凸台-拉伸"属性管理器。设置拉伸终止条件为"成形到实体"，选择拉伸方向为向外拉伸，并在"实体/曲面实体"选择区内选取上箱盖实体；单击"拔模"按钮 ⬟，设置拔模角度为 5°，勾选"向外拔模"复选框；保持其余选项的系统默认值不变。图形区域将高亮显示所做的设置，如图 9-78

277

所示。

07 单击"确定"按钮 ✓，完成通气塞安装孔凸台的创建，如图 9-79 所示。

08 选择通气塞安装孔凸台上表面为通气安装孔的草绘平面，单击"标准视图"工具栏中的"正视于"按钮 ↧，使绘图平面转为正视方向。

09 单击"草图"控制面板上的"圆"按钮 ⊙，以通气塞安装孔凸台中心为圆心绘制孔的草图轮廓，并设置通气塞安装孔的半径尺寸值为 20，如图 9-80 所示。

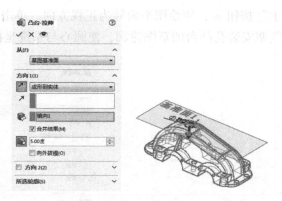

图 9-78　设置通气塞安装孔凸台设计参数

图 9-79　生成通气塞安装孔凸台

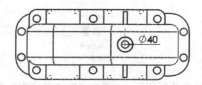

图 9-80　绘制通气塞安装孔的草图轮廓

10 单击"特征"控制面板上的"拉伸切除"按钮 ⊡，系统弹出"切除-拉伸"属性管理器。设置拉伸类型为"完全贯穿"，图形区域高亮显示"拉伸切除"的方向，如图 9-81 所示。

11 单击"确定"按钮 ✓，完成通气塞安装孔的创建，如图 9-82 所示。

图 9-81　设置拉伸-切除特征属性

图 9-82　生成通气塞安装孔

2. 生成倒角特征

这里要创建轴承安装孔的倒角特征，具体步骤如下。

01 单击"特征"控制面板上的"倒角"按钮 ◔，系统弹出"倒角"属性管理器。设置倒角类型为"角度距离"，在"距离"输入框中输入倒角的距离值为 5，在角度输入框中输入角度值为 45°。选择生成倒角特征的轴承安装孔外边线，如图 9-83 所示。

02 单击"确定"按钮 ✓，完成倒角特征的创建，如图 9-84 所示。

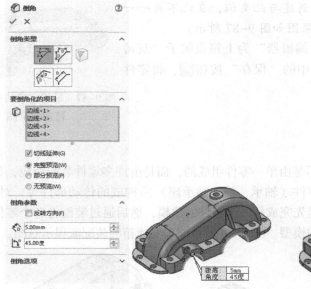

图 9-83　设置倒角特征　　　　　　　图 9-84　生成下箱体的倒角特征

3. 生成圆角特征

变速箱上箱盖中的铸造圆角可以利用 SOLIDWORKS 2018 中的圆角工具来创建，具体步骤如下。

01 单击"特征"控制面板上的"圆角"按钮 ，系统弹出"圆角"属性管理器。设置圆角类型为"恒定大小圆角"，在"圆角半径"输入框中输入圆角的半径值为 5；保持其他选项为系统默认值不变。然后选择上箱盖筋特征的外边线，如图 9-85 所示。

02 单击"确定"按钮 ，完成下箱体筋圆角特征的创建，如图 9-86 所示。

图 9-85　设置圆角特征　　　　　　　图 9-86　生成的筋圆角特征

说明：其他各处的铸造圆角的创建与此类似，在此不再一一赘述，最终生成的变速箱上箱盖效果图如图9-87所示。

03 通过特征管理器中的"材质编辑器"为上箱盖赋予"灰铸铁"的材质。单击"标准"工具栏中的"保存"按钮🖫，将零件文件保存为"上箱盖.SLDPRT"。

图9-87　最终完成的变速箱上箱盖效果图

9.3　变速箱装配

在机械设计中，大多数设备都不是由单一零件组成的，而是由许多零件装配而成，如螺栓螺母等装配而成的紧固件组合、轴类零件（轴承、轴、轴承座）所构成的传动部件等。对于大型、复杂的设备，它们的建模过程通常是先完成每一个零件的建模，然后通过装配将各个零件按照设计要求组合在一起，最后构成完整的模型。图9-88所示即为变速箱的装配流程示意图。

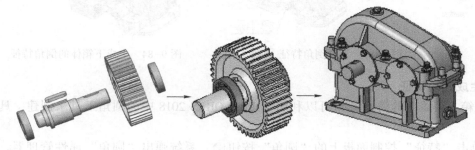

图9-88　变速箱的装配过程

9.3.1　装配低速轴组件

低速轴组件包括低速轴、键、轴承、大齿轮等。下面将具体介绍它们的装配过程。由于轴是装配的主体，是其他零件装配的基础。因此，在建立低速轴组件的过程中，需先调入轴零件，并把它设为"固定"。

9.3.1　装配低速轴组件

1. 轴−键配合

轴与键可通过轴上的键槽相配合，通过添加键与键槽之间的位置约束关系，即可完成轴−键的装配。

轴−键的装配步骤如下。

01 新建装配体文件。启动SOLIDWORKS 2018，单击"标准"工具栏中的"新建"按钮🗋，在打开的"新建SOLIDWORKS文件"对话框中单击"装配体"按钮🗗，再单击"确定"按钮。

02 系统出现SOLIDWORKS 2018建立装配体文件界面，并弹出"开始装配体"属性管理器，单击"浏览"按钮，如图9-89所示。

03 弹出"打开"对话框，选择前面所创建的零件"低速轴.SLDPRT"，在"打开"对话框中的预览区将出现所选零件的预览结果，如图9-90所示。

04 定位低速轴。单击"打开"对话框中的"打开"按钮，系统自动关闭"打开"对话框，进入SOLIDWORKS 2018装配界面。此时鼠标指针变为样式，捕捉系统坐标原点，将低速轴定在原点处，如图9-91所示。

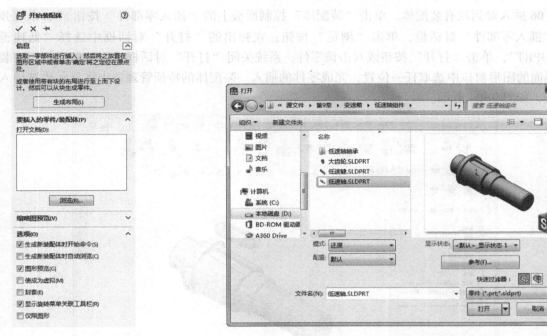

图 9-89　"开始装配体"
属性管理器

图 9-90　打开所选装配零件

说明：这时，在 SOLIDWORKS 2018 装配界面的特征管理器中将会出现"低速轴"零件。同时，低速轴零件名称前面显示了该零件的装配状态——固定，如图 9-92 所示。如前所述，SOLIDWORKS 2018 将第一个调入装配的零件默认为"固定"状态，即它是装配的基础。

05 通过右击特征管理器中的零件，在弹出的快捷菜单中选择"浮动"命令，如图 9-93 所示，可以改变零件的装配状态。在本例中，由于低速轴是轴组件的装配基础，所以保持系统的默认状态不变。

图 9-91　定位低速轴

图 9-92　系统显示的装配状态

图 9-93　改变零件的装配状态

06 插入键到现有装配体。单击"装配体"控制面板上的"插入零部件"按钮 ⚙️，系统弹出"插入零部件"对话框，单击"浏览"按钮；在弹出的"打开"对话框中选择"低速键.SLDPRT"，单击"打开"按钮或双击该零件，系统关闭"打开"对话框返回装配界面；在装配界面的图形窗口中选取任一位置，完成零件的插入。装配体的特征管理器中将显示出被插入的键，如图 9-94 所示。

图 9-94　插入键到装配体

07 添加装配关系。右击特征管理器中的"低速键"，在弹出的快捷菜单中选择"添加/编辑配合"命令，或者单击"装配体"控制面板上的"配合" 🔧 按钮，弹出"配合"属性管理器，如图 9-95 所示。选择键的上表面和键槽的底面为配合面，如图 9-96 所示。

图 9-95　"配合"属性管理器

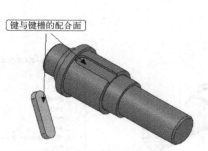

图 9-96　选择配合面

08 单击"配合"属性管理器中"标准配合"选项组中的"重合关系"按钮 ⏚ ，添加配合面的关系为"重合"，单击"确定"按钮 ✔ 完成添加。此时，"配合"属性管理器变为"重合"属性管理器，同时显示所添加的配合，如图 9-97 所示。

09 重复步骤 07~步骤 08，选择配合面为键的侧面与键槽的侧面重合，键的曲面端与键槽的曲面端重合，如图 9-98 所示。

这样，键的位置已完全确定，单击"确定"按钮 ✔ 完成轴-键的装配，效果如图 9-99 所示。

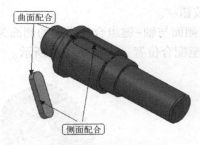

图 9-97 设置配合关系   图 9-98 添加装配关系   图 9-99 完成后的轴-键配合

如前所述，零件的装配即是添加零件间的约束关系。对于一个模型来说，它在空间的位置是由 3 个自由度来决定的。因此，要确定一个零件在装配体中的位置，必须限制它在空间的 3 个自由度，也就是添加 3 个约束关系。

在 SOLIDWORKS 2018 中，当一个零件的位置关系未确定时，将在装配特征管理器中的零件前面以符号"（-）"显示这种欠定位状态，图 9-94 所示设计树中的"（-）低速键"。当添加的约束关系满足确定零件位置的需要时，零件前面的欠定位符号"（-）"将去除，即显示出完全定位状态，并在"配合"项内显示所添加的配合关系，如图 9-100 所示。

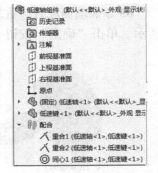

2. 齿轮-轴-键配合

在完成了轴-键的配合以后，可以进一步进行齿轮-轴-键的装配，具体操作如下。

图 9-100 装配状态显示

01 单击"装配体"控制面板上的"插入零部件"按钮 ⬚，系统弹出"插入零部件"属性管理器，单击"浏览"按钮；在弹出的"打开"对话框中选择"大齿轮.SLDPRT"，单击"打开"按钮或双击该零件，系统关闭"打开"对话框返回装配界面。在装配界面的图形区域选取任一位置，完成零件的插入。装配体的特征管理器中将显示出被插入的大齿轮，如图 9-101 所示。

02 添加装配关系。右击设计树中的"大齿轮"，在弹出的快捷菜单中选择"添加/编辑配合"命令，或者单击"装配体"控制面板上的"配合"按钮 ✅，系统弹出图 9-95 所示的"配合"属性管理器。选择大齿轮键槽底面和轴-键组件中键的上表面为配合面，如图 9-102所示。

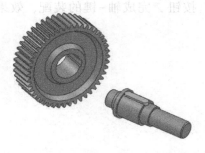

图 9-101　插入"大齿轮"到装配体

键上表面与
键槽底面

图 9-102　选择配合面

03 单击"配合"属性管理器中"标准配合"选项组中的"重合关系"按钮 人，添加配合面的关系为"重合"，单击"确定"按钮 ✓。

04 重复步骤 03，选择大齿轮键槽侧面与轴-键组合件中键的侧面为配合面，如图 9-103 所示。单击"确定"按钮 ✓，大齿轮移至配合位置，如图 9-104 所示。

键侧表面与
键槽侧表面

图 9-103　添加键与键槽的装配关系

图 9-104　大齿轮按装配关系变动后的位置

05 添加端面配合。重复步骤 04，选择大齿轮前端面与轴肩后端面为配合面，如图 9-105所示。单击"确定"按钮 ✓，完成大齿轮的装配，如图 9-106 所示。

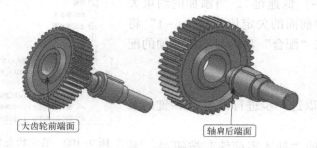

大齿轮前端面　　　　　　　　　轴肩后端面

图 9-105　轴与大齿轮的端面配合

图 9-106　完成后的齿轮-轴-键配合

3. 轴-轴承配合

在低速轴的两端安装"轴承 6319"，具体的装配步骤如下。

284

01 单击"装配体"控制面板上的"插入零部件"按钮 ![icon]，系统弹出"插入零部件"属性管理器。单击"浏览"按钮，在弹出的"打开"对话框中选择前面所创建的"轴承6319.SLDPRT"，在装配界面的图形窗口中选取任一位置，完成零件的插入。装配体的特征管理器中将显示出被插入的"轴承6319"零件，且处于"欠定位"状态，如图 9–107 所示。

02 添加装配关系。右击设计树中的"轴承6319"，在弹出的快捷菜单中选择"添加/编辑配合"命令，或者单击"装配体"控制面板上的"配合"按钮 ![icon]，系统弹出图 9–95 所示的"配合"属性管理器。选择轴承孔内表面、轴外表面为配合面，如图 9–108 所示。

单击"配合"属性管理器中"标准配合"选项组的"同轴心"按钮 ![icon]，添加配合面的关系为"同轴心"，单击"确定"按钮 ![icon]。"配合"属性管理器变为"同轴心"，并在"配合"选项卡下内显示所添加的配合，图形区域"轴承6319"移至与低速轴同轴心位置，如图 9–109 所示。

图 9–107　插入"轴承6319"到装配体

图 9–108　选择配合面

03 重复步骤 02，选择配合面为轴承内圈的端面与轴肩外端面，如图 9–110 所示。

图 9–109　添加"同轴心"关系

图 9–110　选择配合端面

单击"配合"属性管理器"标准配合"选项组中的"重合关系"按钮 ![icon]，添加配合面的关系为"重合"，单击"确定"按钮 ![icon]。完成后的轴-轴承配合如图 9–111 所示。

04 重复步骤 01~步骤 03，将"轴承6319"安装在轴的另一侧。至此，低速轴组件已全部装配完成，最后的组件图如图 9–112 所示。

285

图 9-111　轴-轴承配合　　　　　　图 9-112　低速轴组件

05 保存组件。单击"标准"工具栏中的"保存"按钮 ▦，将零件保存为"低速轴组件 . SLDASM"。

9.3.2　装配高速轴组件

高速轴组件包括高速轴、高速键、小齿轮以及轴承 6315，如图 9-113 所示。

高速轴组件的装配与低速轴组件的装配过程与方法相同，可参照本章 9.3.1 节进行操作，在此不再赘述。装配完成的高速轴组件如图 9-114 所示。

图 9-113　高速轴组件　　　　　　图 9-114　装配完成后的高速轴组件

装配完成后，单击"标准"工具栏中的"保存"按钮 ▦，将零件保存为"高速轴组件 . SLDASM"。

9.3.3　下箱体-低速轴组件装配

9.3.3　下箱体-低速轴组件装配

下箱体-低速轴组件通过低速轴组件中的轴承与下箱体中的轴承孔相配合，具体的装配过程如下。

01 新建装配体文件。启动 SOLIDWORKS 2018，单击"标准"工具栏中的"新建"按钮 ▯，在打开的"新建 SOLIDWORKS 文件"对话框中选择"装配体"，单击"确定"按钮，如图 9-115 所示。

02 进入 SOLIDWORKS 2018 建立装配体文件界面，并弹出"开始装配体"属性管理器，单击"浏览"按钮，如图 9-116 所示。

03 弹出"打开"对话框，选择零件"下箱体 . SLDPRT"，在"打开"对话框中的预览区将出现所选零件的预览结果，如图 9-117 所示。

04 单击"打开"对话框中的"打开"按钮，系统会自动关闭"打开"对话框，进入 SOLIDWORKS 2018 装配界面。此时鼠标指针变为 样式，捕捉系统坐标原点，将下箱体定位在原点处，如图 9-118 所示。SOLIDWORKS 2018 将"下箱体 . SLDPRT"零件默认为"固定"状态，如图 9-119 所示。

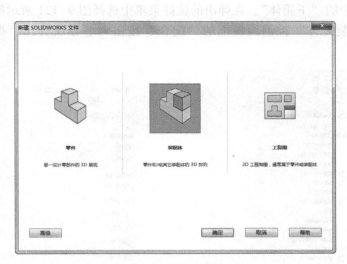

图 9-115　新建装配体零件

图 9-116　"开始装配体"
属性管理器

图 9-117　打开零件"下箱体.SLDPRT"

图 9-118　定位下箱体到系统坐标原点

图 9-119　下箱体的装配状态

05 装配低速轴组件。单击"装配体"控制面板上的"插入零部件"按钮![icon]，系统弹出"开始装配体"属性管理器，单击"浏览"按钮；在弹出的"打开"对话框中选择"低速轴组件.SLDASM"，单击"打开"按钮或双击该零件，在装配界面的图形区域选取任一位置，完成零件的插入。此时，低速轴组件处于"欠定位"状态，如图 9-120 所示。

06 添加装配关系。右击设计树中的"下箱体"，在弹出的快捷菜单中选择图 9-121 所示的"添加/编辑配合"项，或者单击"装配体"控制面板上的"配合"按钮，系统弹出"配合"属性管理器，如图 9-122 所示。

图 9-120　插入低速轴组件　　　图 9-121　选择"添加/编辑配合"　　　图 9-122　"配合"属性管理器

07 选择低速轴中轴承外表面、下箱体轴承孔内表面为配合面，如图 9-123～图 9-125 所示。

图 9-123　选取配合面　　　　　　　图 9-124　添加"同轴心"配合关系

288

在"配合"属性管理器中，单击"距离"按钮，并在"距离"输入框中输入距离值为27.5，单击"确定"按钮，完成低速轴组件的装配，如图9-126所示。

图9-125　添加装配关系　　　　　图9-126　完成下箱体-低速轴组件装配

9.3.4　下箱体-高速轴组件装配

下箱体-高速轴组件的配合与下箱体-低速轴组件配合操作相似，具体步骤如下。

01 插入高速轴组件。单击"装配体"控制面板上的"插入装配体"按钮，系统弹出"开始装配体"属性管理器，单击"浏览"按钮。在弹出的"打开"对话框中选择"高速轴组件.SLDASM"，再在装配界面的图形窗口中选取任一位置，插入高速轴组件，如图9-127所示。

02 添加装配关系。右击设计树中的"高速轴组件"，在弹出的快捷菜单中选择图9-121所示的"添加/编辑配合"选项，或者单击"装配体"控制面板上的"配合"按钮，弹出图9-122所示的"配合"属性管理器。

03 选择"轴承6315"外表面、下箱体小轴承孔内表面为配合面，如图9-128所示。

图9-127　插入高速轴组件　　　　　图9-128　选取配合面

04 单击"配合"属性管理器中"标准配合"选项组的"同轴心"按钮，添加配合面的关系为"同轴心"。单击"确定"按钮，"配合"属性管理器变为"同轴心"属性管理器，并在"配合"选项卡下显示所添加的配合。同时，图形区域高速轴组件移至同轴心位置，如图9-129所示。

05 重复步骤02~步骤04，选择下箱体小轴承安装孔凸缘外表面与高速轴组件中"轴承6315"的外侧面为配合面，如图9-130所示。

06 在"配合"属性管理器中单击"距离"按钮，并在"距离"输入框中输入距离值

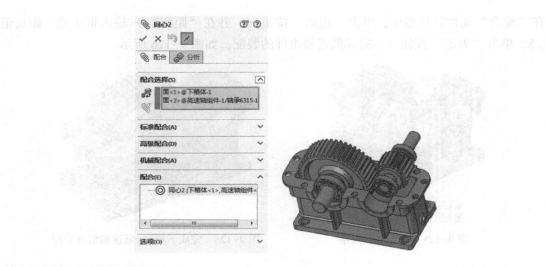

图 9-129　添加"同轴心"配合关系

为 32.5。单击"确定"按钮 ✓，完成下箱体-高速轴组件配合，如图 9-131 所示。

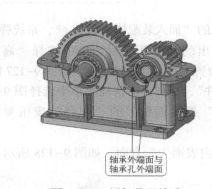
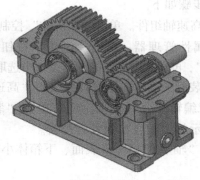

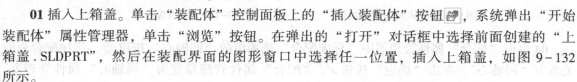

图 9-130　添加装配关系　　　　　图 9-131　完成后的下箱体-高速轴组件配合

9.3.5　上箱盖-下箱体装配

至此，变速箱箱体内的传动部分已全部安装完成。本节开始，将装配变速箱的其他零件。

首先是上箱盖-下箱体的装配，过程如下。

01 插入上箱盖。单击"装配体"控制面板上的"插入装配体"按钮 ，系统弹出"开始装配体"属性管理器，单击"浏览"按钮。在弹出的"打开"对话框中选择前面创建的"上箱盖.SLDPRT"，然后在装配界面的图形窗口中选择任一位置，插入上箱盖，如图 9-132所示。

02 添加装配关系。右击设计树中的"上箱盖"，在弹出的快捷菜单中选择"添加/编辑配合"选项，或者单击"装配体"控制面板上的"配合"按钮 ，系统弹出"配合"属性管理器。

03 选择"上箱盖"安装凸缘下表面和下箱体上表面为配合面，如图 9-133 所示。

04 单击"配合"属性管理器中"标准配合"选项组的"重合"按钮 ，添加配合面的关

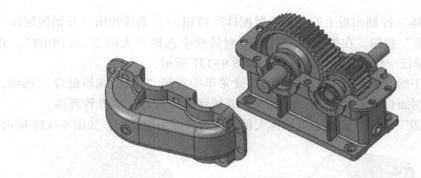

图 9-132　插入上箱盖

系为"重合"。单击"确定"按钮✔，图形区域"上箱盖"移至与下箱体配合面重合的位置，如图 9-134 所示。

上箱盖安装凸缘下表
面与下箱体上表面

图 9-133　选取上箱盖-下箱体配合面　　　图 9-134　添加"重合"配合关系

05 重复步骤 02~步骤 04，分别选择下箱体侧面与上箱盖侧面、下箱体前端面与上箱盖前端面为配合面，如图 9-135 所示。

06 在"配合"属性管理器单击"标准配合"选项组的"重合"按钮⋏；单击"确定"按钮✔，完成上箱盖-下箱体的装配，如图 9-136 所示。

上箱盖侧面与
下箱体侧面

上箱盖端面与
下箱体端面

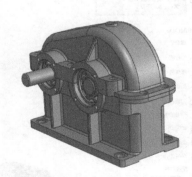

图 9-135　选择配合面　　　　　　图 9-136　完成上箱盖-下箱体的装配

9.3.6　大闷盖的装配

大闷盖的装配包括大、小闷盖及大、小透盖的装配。大闷盖的装配过程如下。

9.3.6　大闷盖的
装配

01 单击"装配体"控制面板上的"插入装配体"按钮 ![icon]，系统弹出"开始装配体"属性管理器，单击"浏览"按钮。在弹出的"打开"对话框中选择"大闷盖.SLDPRT"，在装配界面的图形区域选择任一位置，插入大闷盖，如图9-137所示。

02 右击设计树中的"大闷盖"，在弹出的快捷菜单中选择"添加/编辑配合"选项，或者单击"装配体"控制面板上的"配合"按钮 ![icon]，系统弹出"配合"属性管理器。

03 选择"小闷盖"小端外表面、下箱体大轴承孔内表面为配合面，如图9-138所示。

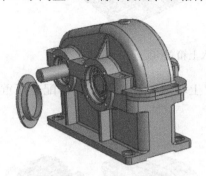

轴承孔内表面与
大闷盖小端表面

图9-137　插入大闷盖

图9-138　选取配合面

04 单击"配合"属性管理器中"标准配合"选项组的"同轴心"按钮 ![icon]，添加配合面的关系为"同轴心"。单击"确定"按钮 ✓，"配合"属性管理器变为"同轴心"属性管理器，并在"配合"选项卡下显示所添加的配合。同时，图形区域"小闷盖"移至同轴心位置，如图9-139所示。

05 重复步骤02~步骤04，选择下箱体大轴承安装孔凸缘外表面与小闷盖大端内表面的为配合面，如图9-140所示。

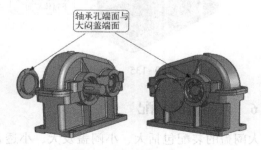

轴承孔端面与
大闷盖端面

图9-139　添加"同轴心"配合关系

图9-140　选取配合面

06 单击"配合"属性管理器中"标准配合"选项组的"重合"按钮 λ，添加配合面的关系为"重合"，单击"确定"按钮 $\checkmark$。

07 对齐螺孔。重复步骤 05~步骤 06，选择大闷盖上的一个安装孔与变速箱侧面一个螺孔为配合面，添加配合关系为"同轴心"，单击"确定"按钮 $\checkmark$，完成大闷盖的安装，如图 9-141 所示。

大透盖、小闷盖和小透盖的装配方法与大闷盖的装配方法相同，在此不再讲述。大闷盖装配的最后效果如图 9-142 所示。

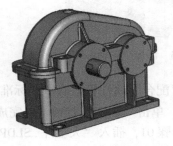

图 9-141 完成大闷盖安装 　　　　图 9-142 大闷盖的装配效果图

9.3.7 紧固件的装配

9.3.7 紧固件的装配

在完成了传动件的装配和箱体、箱盖及大闷盖的装配以后，才可以进行紧固件的装配。紧固件的装配包括螺栓、螺母及垫片等。在变速箱的模型中，紧固件的数量较多，在此仅以上、下箱体的联接螺栓，螺母及垫片的安装为例说明紧固件的装配过程。

上、下箱体的联接紧固件安装步骤如下。

01 单击"装配体"控制面板上的"插入装配体"按钮 📷，系统弹出"开始装配体"属性管理器，单击"浏览"按钮。在弹出的"打开"对话框中选择"螺栓 M36.SLDPRT"，在装配界面的图形区域单击任一位置，插入螺栓，如图 9-143 所示。

02 右击设计树中的"螺栓 M36"，弹出快捷菜单，选择"添加/编辑配合"选项，或单击"装配体"控制面板上的"配合"按钮 ✍，弹出"配合"属性管理器。选择"螺栓 M36"螺栓外表面、上箱盖安装孔内表面为配合面，如图 9-144 所示。

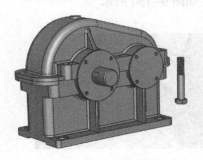

螺栓外表面
与孔内表面

图 9-143 插入"螺栓 M36" 　　　　图 9-144 选取配合面

03 单击"配合"属性管理器中"标准配合"选项组的"同轴心"按钮 ◎，添加配合面的关系为"同轴心"。单击"确定"按钮 $\checkmark$，图形区域"螺栓 M36"移至同轴心位置，如

图 9-145 所示。

04 重复步骤 01～步骤 03，选择螺栓端面与上箱盖表面为配合面，如图 9-146 所示。

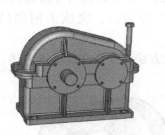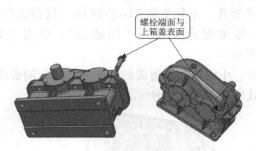

图 9-145　添加"同轴心"配合关系　　　　图 9-146　选取配合面

05 单击"配合"属性管理器中"标准配合"选项组的"重合"按钮⚄，添加配合面的关系为"重合"。单击"确定"按钮✓，完成螺栓的安装，如图 9-147 所示。

06 重复步骤 01，插入"大垫片.SLDPRT"，如图 9-148 所示。

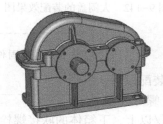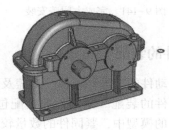

图 9-147　下箱体-螺栓配合效果图　　　　图 9-148　插入"大垫片"

07 添加大垫片配合关系。右击设计树中的"大垫片"，在弹出的快捷菜单中选择"添加/编辑配合"选项，或单击"装配体"控制面板上的"配合"按钮◎，系统弹出"配合"属性管理器。

08 选择"大垫片"内孔表面与"螺栓 M36"螺杆外表面，添加配合关系为"同轴心"；选取"大垫片"下表面与上箱盖安装凸缘上表面为配合面，添加配合关系为"重合"，如图 9-149 所示。

09 单击"确定"按钮✓，完成大垫片的装配，如图 9-150 所示。

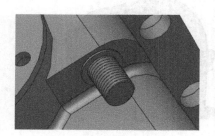

图 9-149　选取配合面　　　　　　图 9-150　大垫片的装配

10 重复步骤 01，插入"螺母 M36×4.0.SLDPRT"，如图 9-151 所示。

11 添加大垫片配合关系。右击设计树中的"螺母 M36×4.0"，在弹出的快捷菜单中选择

"添加/编辑配合"选项，或单击"装配体"控制面板上的"配合"按钮⬜️，系统弹出"配合"属性管理器。

12 选择"螺母 M36×4.0"内孔表面与"螺栓 M36"螺杆外表面为配合面，添加配合关系为"同轴心"；选取"螺母 M36×4.0"下表面与大垫片上表面为配合面，添加配合关系为"重合"，如图 9-152 所示。

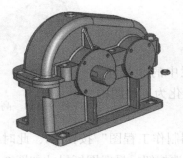

图 9-151　插入"螺母 M36×4.0"

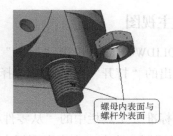

图 9-152　选取配合面

13 单击"确定"按钮✔️，完成"螺母 M36×4.0"的装配，如图 9-153 所示。

参照上述步骤，可以完成其他紧固件的装配。装配完成后的变速箱如图 9-154 所示。

图 9-153　"螺母 M36×4.0"的装配

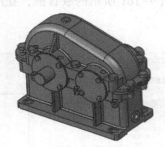

图 9-154　紧固件的装配

9.3.8　螺塞和通气塞的安装

螺塞和通气塞的安装较简单，可参照本章 9.3.7 节中螺栓的安装步骤进行操作。图 9-155 和图 9-156 是通气塞、螺塞安装中所使用的配合面。

安装完成的变速箱如图 9-157 所示。

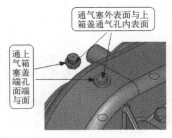

图 9-155　通气塞与上
　　　箱盖的配合面

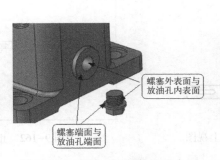

图 9-156　螺塞与下箱体的配合面

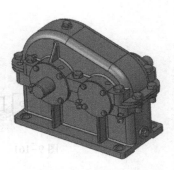

图 9-157　装配完成的变速箱

9.4　高速轴工程图制作

轴类零件是机械中常见的零件，它的主要作用是支撑传动件，并通过传动件来实现旋转运动及传递转矩。本实例会将图 9-158 所示的高速轴机械零件转化为工程图。

9.4.1　创建主视图

01 启动 SOLIDWORKS，单击"标准"工具栏中的"打开"按钮 ，在弹出的"打开"对话框中选择将要转化为工程图的零件文件。

图 9-158　高速轴零件图

02 单击"标准"工具栏中的"从零件/装配图制作工程图"按钮 ，此时会弹出"图纸格式/大小"对话框，选中"自定义图纸大小"单选按钮，设置图纸尺寸如图 9-159 所示。单击"确定"按钮，完成图纸设置。

03 此时在右侧将出现此零件的所有视图，如图 9-160 所示。将上视图拖动到图形编辑窗口，会出现图 9-161 所示的放置框，在图纸中合适的位置放置正视图，如图 9-162 所示。

图 9-159　"图纸格式/大小"对话框

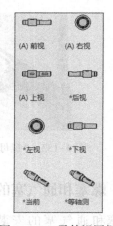

图 9-160　零件视图框

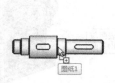

图 9-161　上视图

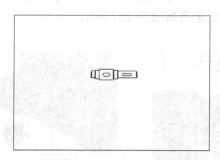

图 9-162　正视图

04 在图形窗口中的空白区域右击，在弹出的快捷菜单中选择"属性"命令，此时会出现"图纸属性"对话框，如图 9-163 所示，在"比例"选项框中将比例设置成 1:2。单击"确定"按钮，将会看到此时的三视图将在图纸区域显示成放大一倍的状态，如图 9-164 所示。

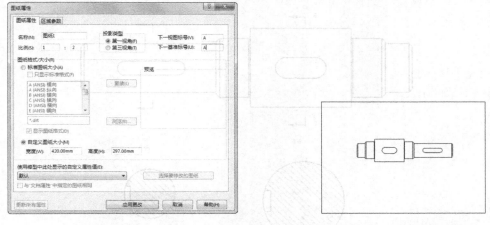

图 9-163 "图纸属性"对话框　　　　　图 9-164 放大后的视图

9.4.2 创建剖视图

01 单击"视图布局"控制面板上的"剖面视图"按钮⇅，弹出"剖面视图辅助"属性管理器，在属性管理器中选择"竖直"切割线⇅。在图形操作窗口放置剖面图，系统弹出"剖面视图"属性管理器，在"剖切线"选项组中勾选"反转方向"复选框，如图 9-165 所示。

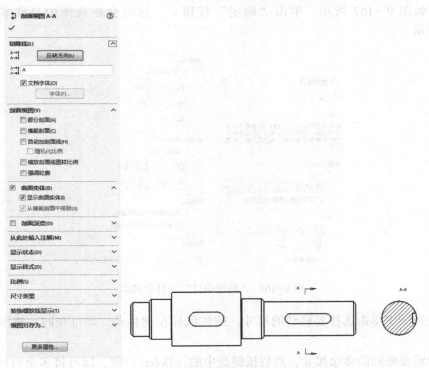

图 9-165 "剖面视图"属性管理器及生成的剖面图

02 移动视图。单击生成的剖面图 A-A，选择菜单栏中的"工具"→"对齐工程图视图"→"解除对齐关系"命令。单击该视图，拖动它到正视图的下方。

297

03 采用同样的方式生成剖面 B-B，结果如图 9-166 所示。

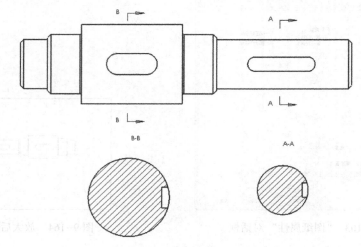

图 9-166　生成剖面 B-B

9.4.3　标注基本尺寸

01 单击"注解"控制面板上的"模型项目"按钮 ，会出现"模型项目"属性管理器，设置各参数如图 9-167 所示。单击"确定"按钮 ，这时会在视图中自动显示尺寸，如图 9-168 所示。

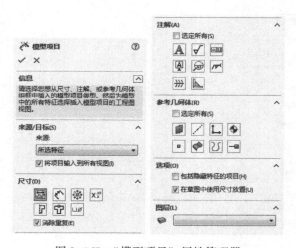

图 9-167　"模型项目"属性管理器

02 在主视图中单击选择要移动的尺寸，按住鼠标左键移动，即可在同一视图中动态地移动尺寸位置。

03 选中将要删除的多余尺寸，然后按键盘中的〈Delete〉键，即可将多余的尺寸删除，调整后的视图如图 9-169 所示。

04 单击"草图"控制面板上的"中心线"按钮 ，绘制视图中缺少的中心线，如图 9-170 所示。

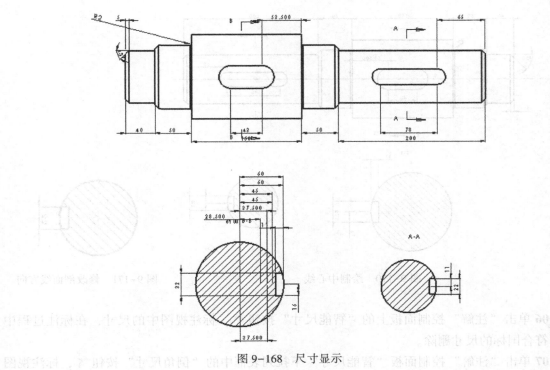

图 9-168　尺寸显示

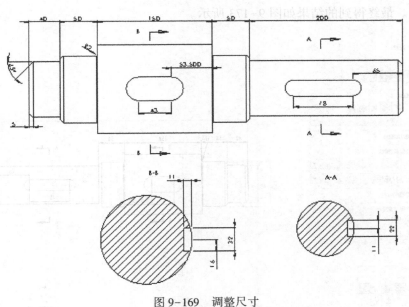

图 9-169　调整尺寸

05 修改剖面线方向。单击需要修改的剖面线，在弹出的"区域剖面线/填充"属性管理器中更改剖面线的角度为 0°。结果如图 9-171 所示。

说明： 在标注尺寸时将会出现"尺寸"属性管理器，如图 9-172 所示，在这里可以修改尺寸的公差、符号等。例如要在尺寸前加直径符号，只需在标注尺寸文字框内 <DIM> 前单击鼠标，在下面选取直径符号 ⌀ 即可。

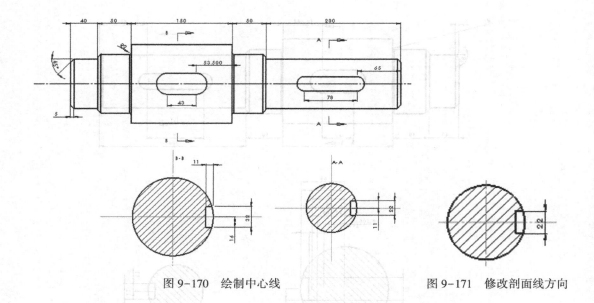

图 9-170　绘制中心线　　　　　　　　图 9-171　修改剖面线方向

　　06 单击"注解"控制面板上的"智能尺寸"按钮 ✏，标注视图中的尺寸，在标注过程中将不符合国标的尺寸删除。

　　07 单击"注解"控制面板"智能尺寸"下拉列表框中的"倒角尺寸"按钮 ✓，标注视图中的倒角尺寸。最终得到的结果如图 9-173 所示。

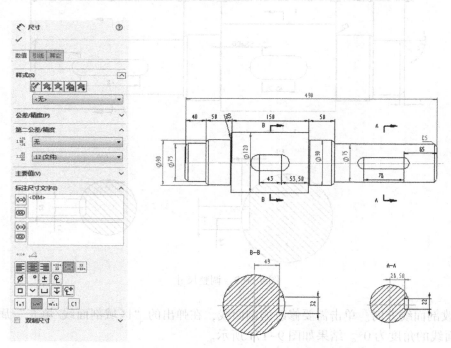

图 9-172　"尺寸"属性管理器　　　　　　图 9-173　添加倒角尺寸

　　08 标注尺寸公差。单击选择轴径为 $\Phi120$ 的尺寸标注，出现"尺寸"属性管理器，在"公差/精度"选项组中选择公差类型为"双边"、输入上偏差为 0.083、下偏差为 0.043、在

300

"单位精度" $x_{x\pm.01}^{x\pm.01}$ 框内选择单位为 ".123"; 其他选项设置如图 9-174 所示。

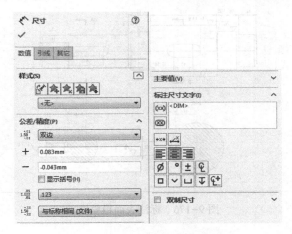

图 9-174 "尺寸"属性管理器

9.4.4 标注表面粗糙度符号和形位公差

01 单击"注解"控制面板上的"表面粗糙度符号"按钮 √, 出现"表面粗糙度"属性管理器, 设置各参数如图 9-175 所示。

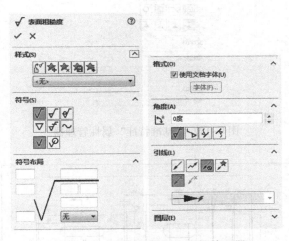

图 9-175 "表面粗糙度"属性管理器

02 设置完成后, 移动鼠标指针到需要标注表面粗糙度的位置, 单击即可完成标注。单击"确定"按钮 √, 表面粗糙度即可标注完成。下表面的标注需要设置角度为 180°, 标注表面粗糙度效果如图 9-176 所示。

03 单击"注解"控制面板上的"基准特征"按钮 🔠, 出现"基准特征"属性管理器, 设置各参数如图 9-177 所示。

04 设置完成后, 移动鼠标指针到需要添加基准特征的位置单击, 然后拖动到合适的位置再次单击, 完成标注。单击"确定"按钮 √ 退出, 效果如图 9-178 所示。

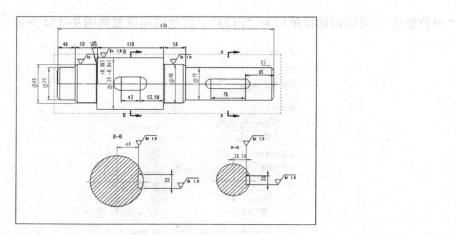

图 9-176　标注表面粗糙度

图 9-177　"基准特征"属性管理器

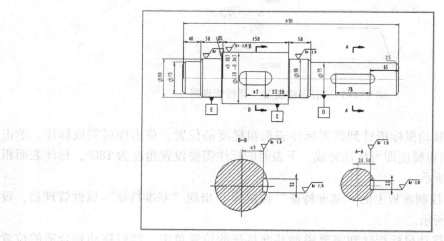

图 9-178　添加基准符号

05 单击"注解"控制面板上的"形位公差"按钮⊡，出现"形位公差"属性管理器及"属性"对话框，在属性管理器中设置各参数如图 9-179 所示，在对话框中设置各参数如图 9-180 所示。

图 9-179 "形位公差"属性管理器

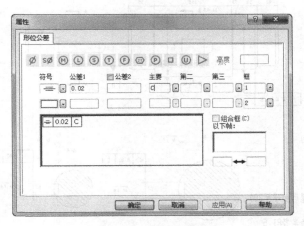

图 9-180 "属性"对话框

06 设置完成后，移动鼠标指针到需要添加形位公差的位置单击即可完成标注，单击"确定"按钮✔即可在图中添加形位公差符号，如图 9-181 所示。

07 单击"注解"控制面板上的"注释"按钮🅰，为工程图添加注释部分，如图 9-182 所示。

08 至此，工程图完成。单击"标准"工具栏中的"保存"按钮💾将工程图保存。

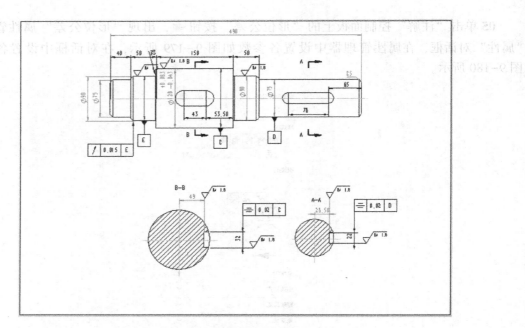

图 9-181　添加形位公差符号

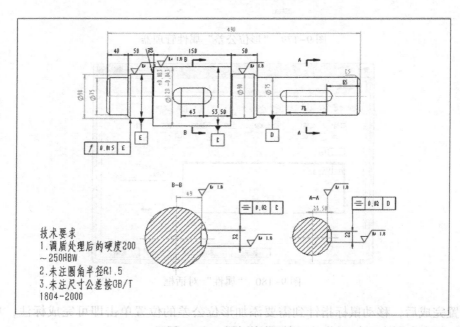

技术要求
1.调质处理后的硬度200
　～250HBW
2.未注圆角半径R1.5
3.未注尺寸公差按GB/T
1804-2000

图 9-182　添加技术要求